特殊煤层开采技术研究

高建平　耿东坤　宋明明◎著

北京工业大学出版社

图书在版编目（CIP）数据

特殊煤层开采技术研究 / 高建平，耿东坤，宋明明著 ． — 北京：北京工业大学出版社，2024.1重印

ISBN 978-7-5639-6768-1

Ⅰ．①特… Ⅱ．①高… ②耿… ③宋… Ⅲ．①煤层—煤矿开采—研究—中国 Ⅳ．① TD823.2

中国版本图书馆 CIP 数据核字 (2019) 第 084070 号

特殊煤层开采技术研究

著　　者：高建平　耿东坤　宋明明

责任编辑：刘卫珍

封面设计：点墨轩阁

出版发行：北京工业大学出版社

（北京市朝阳区平乐园 100 号　邮编：100124）

010-67391722（传真）　bgdcbs@sina.com

经销单位：全国各地新华书店

承印单位：三河市元兴印务有限公司

开　　本：710 毫米 ×1000 毫米　1/16

印　　张：16.5

字　　数：330 千字

版　　次：2021 年 10 月第 1 版

印　　次：2024 年 1 月第 3 次印刷

标准书号：ISBN 978-7-5639-6768-1

定　　价：50.00 元

前　言

随着我国经济社会的不断发展，我国煤炭工业进入了快速发展时期，煤炭不仅满足了国民经济高速增长对能源的需求，而且保证了现代化建设中实施可持续发展战略、保持国民经济持续快速健康发展的需要。我国发展煤炭工业有着极其优越的自然条件，煤炭储量丰富，品种齐全，分布地域广阔，可为工农业的发展提供大量的煤炭，能够充分满足国民经济发展的需要。

提高煤炭产量，不仅要提高采煤机械化程度和管理水平，还要不断优化巷道布置、改革采煤方法，使其与井田地质条件相适应。我国幅员辽阔，煤层赋存状态千变万化，地质条件的多样性和地质构造的复杂性决定了开采方法的差异性。因此，对特殊煤层的开采来说，必须加强相关技术研究，使特殊煤层的开采变得更安全、经济、高效，为我国的能源事业提供技术支持与保障。本书即由此出发，在分析我国煤炭开采现状的基础上，对薄煤层、厚煤层、不稳定煤层以及各种复杂构造煤层等特殊煤层的开采技术进行了研究。

本书共九章。其中，第一章为我国煤炭开采与工业发展的现状，主要对我国煤炭能源的分布、我国的煤炭开采现状以及我国的煤炭工业发展现状进行研究。第二章为薄、厚煤层开采的技术发展现状，对目前薄、厚煤层的开采技术的发现现状进行了研究。第三章为薄煤层开采的方法与选择，对薄煤层的开采技术进行了深入研究。第四章为薄煤层的机械化开采技术，针对薄煤层的开采机械设备与相关技术进行了研究。第五章为厚煤层的放顶煤开采技术研究，对厚煤层的放顶煤开采技术的原理、方法等进行了研究。第六章为厚煤层的分层开采与大采高开采技术研究，主要包括分层开采、大采高开采等技术。第七章为其他特殊煤层的开采技术研究，主要包括对不稳定煤层和特殊构造煤层的开采技术研究。第八章为煤层开采与软岩工程，对煤层开采中的软岩工程进行了研究。第九章为煤层开采的软岩工程治理技术研究，主要对软岩工程中的不稳定现象及其支护技术进行了研究。

为了保证内容的丰富性与研究的多样性，笔者在撰写本书的过程中参阅了很多关于特殊煤层开采方面的资料，在此对他们表示衷心的感谢。

最后，由于笔者水平有限，加之时间仓促，书中难免有疏漏和不妥之处，恳请广大读者批评指正。

目　录

第一章　我国煤炭开采与工业发展的现状

　　能源作为制约一个国家发展的重要因素，其生产供给直接影响着一个国家的发展，随着全球经济发展进程的加快，世界各国对能源的需求也与日俱增。甚至由此引发了许多社会、政治问题，能源问题已经上升到关系国家安全、国家发展的战略问题，能源的需求和供给也渐渐演变成多国博弈的焦点。随着我国经济的不断发展，特别是第二产业的不断发展，我国对能源的需求不断加大，能源问题日渐凸显，能源是保障经济和社会发展的基础条件，因此必须要正视我国的能源问题，本章针对我国煤炭能源的开采以及其工业现状进行了简要分析。

第一节　我国的煤炭能源概况

一、能源基本知识

（一）能源分类

1. 按来源分

（1）来自地球以外天体的能量

①地球以外天体的能量主要是太阳的辐射能。人类需要的能量绝大部分都是直接或间接来源于太阳能。

②其他星球或天体发射到地球上的各种宇宙线的能量。

（2）地球本身蕴藏的能量

其主要包括地球内部的热能；地壳及海洋存有的矿物资源和原子核能。

（3）地球和其他星球相互作用而产生的能量

潮汐能就是以月球引力为主而产生的。

2. 按能源开发和制取方式分类

（1）一次能源

自然界天然存在的、可直接开采利用的能源。例如，煤、石油、天然气、水力等。

（2）二次能源

由一次能源加工转换成另一种形态的能源产品。例如，焦炭、煤气、电力等。

3. 按对能源的利用史分类

（1）常规能源

世界上长期应用的五大常规能源有：水力、煤炭、石油、天然气、核裂能。

（2）新能源

许多古老能源若采用先进技术和方法后，能进行广泛运用，就是新能源。其主要有：太阳能、海洋能、生物质能等。

（二）国际能源度量单位

1. 标准煤（煤当量）

能源统一计量单位。凡能产生 7000 大卡[①]（29.27MJ）低位热量的任何能源均可折算为 1kg 标准煤。

2. 标准油（煤当量）

凡能产生 10 000 大卡（41.8MJ）低位热量的任何能源均可折算为 1kg 标准油。

（三）人类社会发展的能源时期及能源的作用

①柴草时期：1875 年以前的时期。

②煤炭时期：1875～1965 年，煤炭占世界能源结构中的 62%，世界进入煤炭时期。

③石油时期：1965 年之后，石油超过煤炭，世界进入石油时期。

④当前时期：世界能源面临一个新的转折点向多能源结构过渡。

在不同的能源时期下的全球人口数量及人类生活所需能源情况如下。

①柴草时期：全球人口约为 8 亿人。

②煤炭时期：全球人口约为 30 亿人。

③石油时期：全球人口为 44～56 亿人。

④维持最低生活：需要 0.4 t 标准煤/（人·a）。

⑤丰衣足食的现代化生活：12～1.6 t 标准煤/（人·a）。

⑥高级现代化生活：23 t 标准煤/（人·a）。

---

① 1 大卡 ≈4.187kJ

二、能源的重要性

能源是国家经济发展的基础,是人类赖以生存的五大要素之一(阳光、空气、水、食物、能源),也是 21 世纪的热门话题。社会的进步和发展离不开能源。在过去的两百多年里,建立在煤炭、石油、天然气等化石能源基础上的能源体系极大地推动了人类社会的发展。然而,近些年来,人们也看到了化石能源开采过程中所带来的一些不良后果,如资源日益枯竭,环境不断恶化,水资源遭到破坏等,因此进入 21 世纪后,全球范围内都在广泛开展新能源研究,努力寻求一种清洁、安全、可靠的可持续能源系统,这也是全球未来的能源发展战略。然而新的可再生能源系统的建立,是一个长期的过程,要想使其成为能源开发与消费的主体,至少需要数十年,甚至上百年的时间。目前世界范围内,仍然以化石能源为主,其在能源消费总量构成中占 90% 以上。因此在今后一个相当长的时期内,化石能源的开采与利用仍然是能源开发与消费的主体,并占有统治地位。

我国是世界上能源开采与消费的大国,我国能源消费量占世界总能源消费量的 10% 以上,仅次于美国,居世界第二位。但我国人均商品能源消费甚低,约为世界该平均值的 1/2,美国的 1/10。自改革开放以来,我国经济一直保持着持续高速增长。全面建设小康社会目标要求我国继续保持较高的经济增水平。我国以往的经济增长主要是依靠投资和消耗大量能源,造成高能耗工业多,能源浪费严重,能源效率低等问题。从能源利用效率上来说,我国能源效率也与世界发达国家存在一定差距。因此合理利用与开发能源,促进经济发展是我国今后能源战略的主要内容之一。在未来的经济结构调整中,我国应降低能耗,充分发挥能源效率,走集约化发展的道路。但同时我国经济总量巨大,未来经济的高速增长,即使是集约化发展,也必然对能源的需求呈现强劲的增长趋势。

三、中国煤炭分类

中国煤炭分类,是根据煤的煤化程度和工艺性能指标把煤划分成的大类,根据煤的性质和用途的不同,把煤的大类进一步细分。中国从低变质程度的褐煤到高变质程度的无烟煤都有储存。

首先按煤的挥发分将所有煤分为褐煤、烟煤和无烟煤;对于褐煤和无烟煤,再分别按其煤化程度与工业利用的特点分别分为 2 个小类和 3 个小类;烟煤部分按挥发分为 10% ~ 20%、20% ~ 28%、28% ~ 37% 和大于 37% 四个阶段其分别为低、中、中高及高挥发分烟煤。关于烟煤黏结性,则按黏结指数 G 区分:

0～5 为不黏结和微黏结煤；5～20 为弱黏结煤；20～50 为中等偏弱黏结煤；50～65 为中等偏强黏结煤；大于 65 则为强黏结煤。对于强黏结煤，又把其中胶质层最大厚度 $Y > 25$mm 或奥亚膨胀度 $b > 150\%$（对于 $V_{daf} > 28\%$ 的烟煤，$b > 220\%$）的煤分为特强黏结煤。在煤类的命名上，考虑到新旧分类的延续性，仍保留气煤、肥煤、焦煤、瘦煤、贫煤、弱黏煤、不黏煤和长焰煤 8 种。

在烟煤类中，对 $G > 85$ 的煤需再测定胶质层最大厚度 Y 值或奥亚膨胀度 b 值来区分肥煤、气肥煤与其他烟煤类的界限。

当 $Y > 25$mm 时，如 $V_{daf} > 37\%$，则划分为气肥煤；如 $V_{daf} < 37\%$，则划分为肥煤。当 $Y < 25$mm，则按其 V_{daf} 值的大小而划分为相应的其他煤类。如 $V_{daf} > 37\%$，则应划分为气煤类；如 $V_{daf} > 28\% \sim 37\%$，则应划分为 1/3 焦煤；如 $V_{daf} < 28\%$，则应划分为焦煤类。

这里需要指出的是，对 G 值大于 100 的煤来说，尤其是矿井或煤层若干样品的平均 G 值在 100 以上时，则一般可不测 Y 值从而确定为肥煤或气肥煤类。

在我国的煤类分类国标中还规定，对 G 值大于 85 的烟煤，如果不测 Y 值，也可用奥亚膨胀度 b 值（%）来确定肥煤、气煤与其他煤类的界限，即对 $V_{daf} < 28\%$ 的煤，暂定 $b > 150\%$ 的为肥煤；对 $V_{daf} > 28\%$ 的煤，暂定 $b > 220\%$ 的为肥煤（当 V_{daf} 值 $< 37\%$ 时）或气肥煤 [当挥发份（V_{daf}）值 $> 37\%$ 时]。当按 b 值划分的煤类与按 Y 值划分的煤类相互矛盾时，则以 Y 值确定的煤类为准。因而在确定新分类的强黏结性煤的牌号时，可只测 Y 值而暂不测 b 值。

在漫长的地质演变过程中，煤田受到多种地质因素的作用；因为成煤年代、成煤原始物质、还原程度及成因类型上的差异，再加上各种变质作用并存，致使中国煤炭品种多样化。

四、我国煤类的煤质特征

（一）褐煤

褐煤的最大特点是水分含量高、灰分含量高、发热量低，根据 176 个井田或勘探区统计资料，褐煤全水分为 20%～50%，灰分一般为 20%～30%，收到极低位发热量一般为 11.71～16.73MJ/kg。

（二）低变质烟煤

在我国，低变质烟煤不仅资源量丰富，而且这类煤灰分低、硫分低、发热量高，可选性好，煤质优良。各主要矿区原煤灰分均在 15% 以内，硫分小于 1%。其中，不黏煤的平均灰分为 10.85%，平均硫分为 0.75；弱黏煤平均灰分为 10.11%，平均硫分为 8.7%。根据 71 个矿区统计资料，长焰煤收到基低位发热量为 16.73 ～ 20.91MJ/kg；弱黏煤、不黏煤收到基低位发热量为 20.91 ～ 25.09MJ/kg；低变质烟煤化学反应性优良。

（三）中变质烟煤

中变质烟煤原煤灰分一般在 20% 以上，基本无特低灰煤和低灰煤，硫分也较高，已发现保有资源量的 20% 以上的硫分高于 2%，而低硫高灰者，其可选性也较差。我国华北地区是中变质煤的主要分布地区，其中山西组煤的灰分、硫分相对较低，可选性较好是我国炼焦用煤的主要煤源，而太原组煤属于中硫、中高硫居多，脱硫困难，但结焦性比山西组煤好的煤。

（四）高变质煤

在高变质煤中，贫煤的灰分和硫分都较高，如山西西山煤灰分 15%，硫分为 1% ～ 3%；贵州六枝贫煤灰分 17% ～ 36%，硫分为 3% ～ 6%，贫煤属中高热值煤，其收到基低位发热量一般为 23.00 ～ 27.18MJ/kg。

（五）无烟煤

我国无烟煤的特点是低中灰、中灰、低硫 - 中硫，收到基低位发热量一般为 22.70 ～ 22.70MJ/kg；煤灰熔融温度高，快煤机械强度高。

由此可见，我国煤炭资源的煤类齐全，包括了从褐煤到无烟煤各种不同煤化阶段的煤，但是量和分布极不均衡。褐煤和低变质烟煤资源里占全国煤炭资源总数的 5% 以上，动力燃料煤资源丰富而中变质煤，即传统意义的"炼焦用煤"数量较少，特别是焦煤资源。就煤质而言，我国低变质烟煤煤质优良，是优良的燃料、动力用煤，有的煤还是生产水煤浆和水煤气的优质原料。其中，变质烟煤主要用于炼焦。

五、我国煤炭资源基本特征

我国具有工业价值的煤炭资源主要赋存在晚古生代的早石炭世到新生代新近纪。目前我国煤炭资源预测总量为 5.06 万亿 t（北方至垂深 2000m，南方至垂深 1500m）。随着逐年开展地质勘探工作，煤炭累计探明储量不断增加，截止到 1996 年底，全国煤炭累计探明储量为 10 273 亿 t 我国煤炭资源在地理分布上有如下特点。

（一）分布广泛

在全国 33 个省级行政区划中（不含台湾地区），除上海和香港特别行政区外，都有不同质量和数量的煤炭资源，全国 63% 的县级政区中都分布着煤炭资源，到 2017 年底，经发现并做了不同程度地质勘探工作的煤矿区达 5845 处（未计台湾地区）。

（二）西多东少，北多南少

在我国 5.06 万亿 t 煤炭资源总量中，分布在大兴安岭—太行山—雪峰山以西的晋、陕、蒙、宁、甘、青、新、川、渝、黔、滇、藏 12 个省（自治区、直辖市）的煤炭资源总量达 4.50 万亿 t，占总量的 89%，而该线以东的 19 个省（自治区、直辖市）只有 0.56 万亿 t，仅占全国的 11%。分布在昆仑山—秦岭—大别山一线以北的京、津、冀、辽、吉、黑、鲁、苏、皖、沪、豫、晋、陕、宁、甘、青、新 17 个省（自治区、直辖市）的煤炭资源量达 4.74 万亿 t，占全国总量的 93.6%，而该线以南的 14 个省（自治区、直辖市）只有 0.32 万亿 t，仅占总量的 6.4%。这种客观地质条件形成的不均衡分布格局，决定了我国北煤南运、西煤东调的长期发展态势。

此煤炭资源分布西多东少、北多南少的格局与我国地区的经济发达程度和水资源分布均呈逆向分布，使煤炭基地远离了消费市场，煤炭资源中心远离了消费中心，从而加剧了远距离输送煤炭的压力。因为矿区水资源贫乏，必然给煤炭生产、加工、运输等带来一系列困难，同时大规模采矿活动和大量用水，必然要使本来就脆弱的生态环境进一步恶化，同时也给煤矿开采增加困难。

（三）共伴生矿产种类多，资源丰富

我国含煤地层和煤层中的共生、伴生矿产种类繁多。含煤地层中有高岭岩（土）、耐火黏土、铝土矿、膨润土、硅藻土、油页岩、石墨、硫铁矿、石膏、硬石膏、石英砂岩和煤层气等；煤层中除有煤层气（瓦斯）外，还有镓、锗、铀、钍、钒等微量元素和稀土金属元素；地层的基底和盖层中有石灰岩、大理岩、岩盐、矿泉水和泥炭等，共 30 多种，其分布较为广泛，储量相对丰富。有些矿种还是我国的优势资源。

煤矿开发利用共生、伴生矿产资源的条件十分优越。因为不少有益矿产都是以煤层夹矸或顶、底板出现的，有的虽然单独成层存在，但距煤层很近，利用采煤的技术和设备，略加改造生产和运输的系统，就可以随着采煤附带或单独开采出来。这样不但可以节省大量投资，充分利用矿产资源，而且可以延长煤矿的服务年限，是一项利国、利民、利矿的事业。因此所有的煤炭开发企业都必须研究分析本矿区的资源特点，有条件的应加快开发利用步伐，走以煤为本、综合开发、多矿种经营的路子，这是提高煤矿经济效益的必由之路。

（四）优质动力煤丰富

我国煤类齐全，从褐煤到无烟煤各个煤化阶段的煤都有赋存，能为各工业部门提供各种用途的煤源。但各煤类的数量不均衡，地区间的差别比较大。

我国虽然煤类齐全，但真正具有潜力的是低变质烟煤，而优质无烟煤和优质炼焦用煤都不多，属于稀缺煤种，因此应当引起各方面的高度重视，采取有效措施，切实加强保护和合理开发利用。

（五）煤层埋藏较深，适于露天开采的储量很少

据第二次全国煤田预测结果，埋深在 600m 以上浅的预测煤炭资源量，占全国煤炭预测资源总量的 26.8%，埋深在 600～1000m 的占 20.0%，埋深在 1000～1500m 的占 25.1%，埋深在 1500～200m 的占 28.1%。据对全国煤炭保有储量的粗略统计，煤层埋深小于 300m 的约占 30%，埋深在 300～600m 的约占 40%，埋深在 600～100m 的约占 30%。一般来说，京广铁路以西的煤田，煤层埋藏较浅，不少地方可以采用平硐或斜井开采，其中晋北、陕北、内蒙古、新疆和云南的少数煤田的部分地段，还可露天开采；京广铁路以东的煤田，煤层埋藏较深，特别是鲁西、苏北、皖北、豫东、冀南等地区，煤层多赋存在大平原之上，上覆新生界松散层多在 200～400m，有的已达 600m 以上，建井困难，而且多需特殊凿井。与世界主要产煤国家比较而言，我国煤层埋藏较深。同时，由于沉积环境和成煤条件等多种地质因素的影响，我国多以薄中厚煤层为主，巨厚煤层很少，因此可以作为露天开采的储量甚微。

据《中国煤炭开发战略研究》课题组统计结果，我国适宜露天开采的煤田主要有 13 个，已划归露天开采和可以划归露天开采的煤储量共计为 41 243 亿 t，仅占全国煤炭保有储量的 4.1%。而且在我国可以划归露天开采储量的煤中，煤化程度普遍较低，最高为气煤，最多为褐煤。露天开采具有效率高、成本低、生产安全、经济效益好等特点。然而，我国煤矿露天开采发展缓慢，中华人民共和国成立以来，产量比重一直在 10% 以下，多数年份在 5% 以下，近年来只占 3%～4%，而世界上开采条件好的国家，煤矿露天开采比重在 50% 以上，开采条件差的国家，也都超过了 10%。我国煤矿露天开采比重太低，究其原因是煤层赋存条件所决定的。

（六）煤矿开采条件差

我国煤矿的地质条件复杂，开采条件较差，在世界产煤国家中属于中等偏下，露天开采量不到总量的5%，矿井平均开采深度超过400m，最深达1160m，国有重点煤矿高瓦斯和瓦斯突出的矿井占48%，有自燃发火危险的矿井占57.6%，有粉尘爆炸危险的矿井占88.1%。同时我国煤矿的煤岩赋存条件也给高效安全开采带来了困难，如薄煤层比例较大，煤层软、顶板软、底板软煤层较多，部分坚硬顶板煤层地质构造多、煤层的连续性差，大倾角煤层比例较大，受到底板水、顶板水的威胁等。

第二节　我国的煤炭开采现状

一、我国煤炭资源开发开采条件

（一）我国煤田构造特征

我国位于亚洲大陆东南部，在现代板块构造格局中属欧亚板块与太平洋、菲律宾海板块和印度板块的拼合部，煤田构造相对复杂。中国大陆由于受到古亚洲、特提斯和太平洋三大地球动力学体系的控制，形成了准噶尔－松辽块体、塔里木块体、华北块体、华南块体和青藏块体五大块体。我国各煤盆地在经历了盆地基底形成、含煤地层沉积和后期变形后形成了现在的东北、华北、西北、华南、滇藏五个赋煤区。西北赋煤区和滇藏赋煤区含煤岩系形成后基本处于挤压－汇聚型地球动力学体系作用之下，煤田构造样式由较强烈褶皱、逆冲断层、推覆构造等挤压构造组成，构造复杂。东北赋煤区自三叠纪以来主要受太平洋地球动力学体系作用，煤田构造样式为伸展型构造。宽缓褶皱与阶梯状、地堑－地状的断层组合发育，绝大多数煤田构造复杂。华北赋煤区受到过三大地球动力学体系的作用，构造组合样式较多，煤田构造变形强度总体呈现四周强、中心弱的特点，除鄂尔多斯盆地中心外，其他地区煤田构造比较复杂。与华北赋煤区相比，华南赋煤区构造变形强度和构造复杂程度均超过了华北赋煤区；在华南赋煤区，推覆构造、滑脱构造更加广泛而强烈；华南西部以紧密褶皱为主，华南东部断层更加发育；除少数地区外，挤压型和伸展型构造均有清晰显示。

除此之外，火成岩、陷落柱对煤炭资源的开发开采也有较大的影响。在我国，构造是影响煤炭资源开发和煤矿开采最重要因素之一。为适应现代化采煤技术和提高经济效益的要求，应用高分辨率地震技术，开展采区地震勘探，进一步查明煤田构造的工作正在逐步展开。这一项工作的开展，充分证实了我国煤田构造的复杂性。1991～1995年，中国煤田地质总局所属地震勘探队在38个煤矿采区的46个范围内开展了高分辨率地震，新发现断距1m以上断层78条。例如，安徽淮北矿区祁南井田，经精查地质勘探和高分辨率地震勘探，21km内发育断层为50条。又如，山西阳泉矿区五矿，经三维地震后，14km范围内长轴大于20m的陷落柱多达27个。

（二）我国中西部煤田开发条件

1. 水资源缺乏问题

我国是一个水资源较为贫乏的国家，水资源年平均总量为2804亿 m^3。按人口平均，仅相当于世界人口平均占有量的1/4。不仅如此，我国水资源区域分布极不均衡，其中昆仑山、秦岭、大别山线以北的17个省、直辖市、自治区面积约占全国面积的一半，而水资源约为600亿 m^3，仅占全国水资源总量的1/5；太行山以西的北方广大地区水资源量为45亿 m^3，仅占北方水资源量的75%。显然，我国水资源分布存在着南丰北缺，东多西少的特点，这正好与煤炭资源的西多东少、北丰南缺形成反向分布的格局。据统计，晋、陕、蒙、宁及附近地区13个正在生产和建设的大型煤矿区，近期日需水量约90万 m^3，而这些矿区水源的日供水能力仅为需水量的一半。我国煤炭资源主要分布于太行山以西的干旱、半干旱地区，这一地区煤炭资源的开发不可避免地将面临水资源缺乏的严峻问题，且随着工农业和经济社会的发展，中西部矿区的缺水问题将日益严重。

2. 生态环境脆弱

我国中西部地区，生态环境脆弱，其地处干旱、半干旱气候带，年降水量小，蒸发量远大于降水量。我国中西部地区地处干旱、半干旱气候带，年降水量小，蒸发量远大于降水量，水土流失较为严重。据报道，我国中西部地区局部地段环境质量有所改善，但荒漠化趋势尚未得到根本遏制。煤炭资源的进一步开发势必增加该区域的环境负担，如不采取有效措施，保护和改善环境只是空话。

（三）我国东部煤田开发条件

我国东部（主要指华北东部）煤田开发和开采主要有两个问题。

① "巨厚新生界" 问题。

② "三高" 问题。

在我国东部地区频繁出现高水压、高地温、高地压问题（"三高"问题），不少煤田上覆新生界地层厚数十米至数百米。"巨厚新生界"地层存在于华北东部。其煤矿开采时间长，开采强度大，开采延深速度大（每10年延深100～250m）。现在，该区大部分矿井开采深度在500～100m，有的矿井开采深度已超过了1000m。高水压、高地温、高地压问题日趋严重。近年来，部分认为矿床水文地质条件相对简单的矿井，也相继发生了奥灰岩洛水突水淹井事故，损失惨重。在我国东部，由于地壳薄和现代裂谷作用，地壳深部热能散发强烈，大地热源值高。据煤田业技术咨询委员会地质分会调查，华北东部不少矿井已经出现了高于280℃的热害，港口温度为30～380℃，地温梯度一般高于30℃，而突水温度可达36～410℃。这必然引起工作条件恶化，增大通风，加大成本的情况。由于华北东部不少矿区高地应力和断层附近残余构造应力异常存在以及矿井深部开采围岩自重压力增大等原因，常常造成煤矿井港失稳以及突发冲击性地压，对煤矿造成巨大危害。

二、我国煤炭资源开采现状

我国煤矿开采技术装备属于多种"所有制"共存，其管理水平参差不齐，既有世界先进采煤工艺与装备的现代化矿井，也有近乎原始开采的小煤窑，国有重点煤矿的装备和技术水平相对好些，但国有重点煤矿的煤炭产量仅占一半左右。

近几年来，煤矿企业重组，严格审查与关闭不合格的小煤窑等，使国有重点煤矿的产量比重有所上升，目前基本维持在一半左右。随着经济的快速增长，近些年来我国的煤炭产量呈现强劲的增长趋势。据统计，我国煤炭2005年产量达20亿t，2006年达21亿t，2010年达32亿t。对煤炭的需求也将急剧增加，到2020年，对煤炭的需求将超过30亿t。2020年，我国人均能源消费将由2005年的约1.01标准煤，增加到3.0t标准煤左右。这种对煤炭急剧增长的需求，也给煤炭资源的开采带来了巨大压力，尤其是关闭大量小煤矿后，国有重点煤矿的产量与安全压力很大，我国的煤矿开采为国家提供了70%的能源，为900万人提供了就业岗位。在开采条件复杂多变、国家整体投入不足、总体装备水平低下、作业条件艰苦的情况下，煤矿企业提供了国家能源的基石，有力地保障了国家经济的高速增长，为国家经济建设、税收收入和提高人民的生活质量做出了巨大贡献。

我国的煤矿开采技术与装备自从1949年以来逐渐进步，1949年以前的煤矿开采几乎都是落后的手工操作，没有什么机械化。20世纪50年代后，我国开始研制和应用采煤机，1964 年研制成功 MLQ64 型浅截深单滚筒采煤机，与 SGW-4 型可弯曲刮板输送机配套，采用金属摩擦支柱和金属铰接顶梁，形成了基础的普通机械化采煤工艺。1978 年后，研制了单体液压支柱与双滚筒采煤机和 150 型刮板输送机配套，形成了第二代普通机械化采煤工艺（高档普采）。1988 年后，无链牵引采煤机和大功率刮板输送机、单体液压支柱等设备配套形成了第三代普采工艺（又称新高档普采）。

自 1954 年世界上第一个综合机械化采煤工作面在英国问世以来，延续多年的普通机械化采煤也进入了新的历史阶段，并发展成为各先进采煤国的主导采煤技术。我国的综合机械化采煤技术起步于 20 世纪 70 年代。1970 年，我国研制的第一套综采设备在大同矿务局投入工作性试验。在 1973 年和 1978 年，两次大批量引进国外综采成套设备 143 套。80 年代，我国综合机械化采煤技术逐步成熟，并进入全面推广应用阶段。近 30 年来，我国在机械化采煤装备、工艺及相关技术的研究和开发工作上做了大量科研工作，形成了适用于我国不同层次和范围的采煤综合机械化装备技术。

目前我国国有重点煤矿采煤机械化程度达到 78%，综采程度达 63%。在厚煤层开采方面，我国高效机械化基本上只有两条道路：一条是成套引进国外先进设备；另一条是采用国产设备进行放顶煤开采工艺。这两条路都达到了工作面年产 600kt，甚至上千万吨的水平。

三、我国煤矿目前的采煤工艺

由于开采条件和煤矿所有制的多样性以及地区资源赋存条件和经济发展的不平衡，我国长壁工作面的采煤工艺主要有爆破采煤工艺（简称炮采）、普通机械化采煤工艺（简称普采）和综合机械化采煤工艺（简称综采）三种，其中综合机械化采煤工艺是目前采煤技术发展的方向。在我国煤矿中，国有重点煤矿以综采为主，地方国营煤矿以普采和炮采为主，而乡镇煤矿则以炮采为主。

高新技术方面，以高分辨率三维地震勘探技术为核心的精细物探技术，结合其他的高精度、数字勘探技术的应用推广，极大地提高了井田的精细化勘探程度，为大型矿井设计提供了技术保障。深井、厚冲积层条件下的矿井建设水平不断提高，采用钻井法、冻结法两种凿井工艺，基本解决了近 600m 厚松散冲积层的矿井建设难题，达到了国际领先水平：千米深凿井技术和工艺取得了突破性进展，立井井筒施工速度达到每月 230m 以上，创造了世界纪录。煤巷、半煤岩巷掘进技术装备得到长足发展，成功研制了一系列高可靠性的半煤岩巷掘进机，配合巷道锚杆锚索支护新技术，显著地提高了巷道掘进施工的机械化水平，为我国现代化矿井建设提供了有力的技术保障。

与此同时，我国最近几年自主研究开发了具有国际先进水平的大功率电牵引采煤机，具有电液控制功能的大采高强力液压支架，大运力重型刮板运输机及转载机，大倾角、大运力胶带输送机，可为开采煤层厚度为 5m 左右、配套能力为每小时 2500t、年生产能力为 600000t 的综采工作面提供成套装备及开采工艺，在比较复杂的开采条件下实现高产高效。2010 年，神华集团万利一矿年产 800kt 大采高综采成套装备在井下试验成功，低渗透性煤层群无煤柱煤与瓦斯共采关键技术取得突破，全国建成安全高效矿井（露天）368 处，原煤产量达 10.36 亿 t，占全国产量的 43%。

（一）壁式体系采煤法

1. 优点

①港道布置简单，港道掘进和维护费用低投产快。

②运输系统简单，占用设备少，运输费用低。

③减少了工作面长度的变化给生产带来的不利影响，可采用综合机械化采煤分层开采，也可采用放顶煤整层开采。无论整层开采或分层开采，均有利。

④通风线路短，风流方向转折变化少，同时使港道交叉点和枫桥等通风构筑物也相应减少。

2. 缺点

长距离的倾斜港道，使掘进及辅助运输、行人比较困难，有时存在污风下行问题。

（二）分层采煤法

分层采煤又可分为倾斜分层、水平分层、斜切分层三种。厚煤层沿倾斜面划分分层的采煤法为长壁放顶煤采煤法。开采 6m 以上缓斜厚煤层时，先采出煤层底部长壁工作面的煤，随即放采上部顶煤的采煤法。

1. 优点

①单产高。工作面内具有多个出煤点，而且在工作面内可实现分段平行作业，即在不同地段采煤和放煤同时进行，因而易于实现高产。

②效率高。由于放顶煤工作面的一次采出厚度大，生产集中，放煤工艺劳动量小以及出煤点增多等，其生产效益和经济效益大幅度提高。

③成本低。放顶煤开采比分层开采减少了分层数目和铺网工序，由此节省了铺网费用，此外其他材料、电力消耗，工资费用等也都相应减少。

④港道掘进量小减少，便于采掘接替。

2. 缺点

①煤损失多。在目前的技术水平条件下，放顶煤开采的掘进量和港道维护费用工作面煤炭采出率一般比分层开采低10%左右。

②易发火。由于煤损失较多，在回采期间采空区就有可能发生自燃。

③煤尘大。在放顶煤工作面，采煤机割煤、支架操作时的架间漏煤及放煤均为煤粉的来源。

④瓦斯易积聚。与分层开采相比，放顶煤开采的产量集中，瓦斯散发面大，采空区高度大，易于积聚。

（三）掩护支架采煤法

在急斜煤层，沿走向布置采煤工作面，用掩护支架将采空区和工作空间隔开，向俯斜推进的采煤法。

（四）伪倾斜柔性掩护支架采煤法

在急倾斜煤层中，伪倾斜布置采煤工作面，用柔性掩护支架将采空区和工作空间隔开，沿走向推进的采煤法。

（五）倒台阶采煤法

在急倾斜煤层的阶段或区段内，布置下部超前的台阶形工作面，并沿走向推进的采煤方法。

（六）正台阶采煤法

在急倾斜煤层的阶段或区段内，沿伪倾斜方向布置成上部超前的台阶形工作面，并沿走向推进的采煤方法。

（七）水平分层采煤法

急斜厚煤层沿水平面划分分层的采煤方法。

（八）斜切分层采煤法

急斜厚煤层中沿与水平面成25°～30°度的斜面划分分层的采煤方法。

（九）房柱式采煤法

沿港道每隔一定距离先采煤房直至边界，再后退采出煤房之间煤柱的采煤法。

1. 优点

①设备投资少，一套柱式机械化采煤设备的价格为长壁综采的1/4。

②采掘可实现合一，建设期短，出煤快，设备运转灵活，搬迁快。

③巷道压力小，便于维护，支护简单，可用锚杆支护顶板。

2. 缺点

采区采出率低，一般为50%～60%；通风条件差、漏风大。

四、我国煤炭开采现状问题

近年来，厚煤层开采设备国产化进程迅速发展，尤其是大采高和放顶煤开采的液压支架，基本上实现了国产化。然而，我国除了世界上先进的采煤装备，国有重点煤矿的机械化程度较高外，我国地方国有煤矿和乡镇、个体煤矿的机械化程度仍然较低，尤其是占全国总产量30%的乡镇、个体煤矿，机械化程度几乎为零。这也是我国煤矿开采技术的现状，多种所有制并存、先进和落后的生产工艺并存、安全高效的现代化矿井与事故率极高的落后小煤井并存，这种现状也必然带来我国煤矿开采的问题。

（一）机械化程度低

虽然我国国有重点煤矿的机械化程度较高，达78%，其中综采程度达63%，但与国内外先进采煤国家相比，仍然处于落后状态，各类煤矿的装备和技术水平差异很大。如果考虑到地方国有煤矿和乡镇、个体煤矿，则整个煤矿行业的机械化程度很低，地方国有煤矿的机械化程度只有25%，乡镇、个体煤矿的机械化程度几乎为零。这必然导致井下用人多，劳动强度大，这也是我国煤矿事故死亡率高的主要原因之一。

（二）安全生产形势严峻

1. 我国煤矿安全现状

当前我国煤矿安全生产形势总体稳定、趋向好转，但形势依然严峻。根据2018年的数据统计，全国煤矿共发生事故224起、死亡333人。其中，较大事故17起、死亡69人；重大事故2起、死亡34人。虽然事故率、死亡率都有所下降，但是煤矿安全形势仍然严峻。我国煤矿开采条件复杂，随着开采深度的增加，煤与瓦斯突出、冲击地压、水害、热害等威胁日益严重，复合灾害加剧。资源整合小型煤矿致灾因素普查不到位，灾害事故风险大。与世界先进采煤国家相比，我国煤炭安全水平也有待进一步提高。

此外，煤矿职业危害也十分严重，据不完全统计，全国煤矿尘肺病患者达30万人，占全国尘肺病患者的50%左右。仅国有重点煤矿每年新增尘肺病患者近5000例，平均每年死亡2500人以上；地方国有煤矿和乡镇煤矿至今尚未建立报告制度。目前农民工已成为职业危害的主要受害群体。煤矿尘肺病每年造成的直接经济损失为数十亿元。

2.煤矿地质条件及自然灾害状况

中国煤矿绝大多数是井工矿井，地质条件复杂，灾害类型多，分布面广，在世界各主要产煤国家中开采条件最差、灾害最严重。

（1）地质条件

在国有重点煤矿中，地质构造复杂或极其复杂的煤矿占36%，地质构造简单的煤矿占23%。据调查，我国大中型煤矿平均开采深度为456m，采深大于600m的矿井产量占28.5%。小煤矿平均采深为196m，采深超过300m的矿井产量占145%。

（2）瓦斯灾害

国有重点煤矿中，高瓦斯矿井占21.0%；煤与瓦斯突出矿井占21.3%；低瓦斯矿井占57.7%。地方国有煤矿和乡镇煤矿中，高瓦斯和煤与瓦斯突出矿井占15%。随着开采深度的增加，瓦斯涌出量的增大，高瓦斯和煤与瓦斯突出矿井的比例还会增加。

（3）水害

中国煤矿水文地质条件较为复杂。国有重点煤矿中，水文地质条件属于复杂或极复杂的矿井占27%，属于简单的矿井占34%。地方国有煤矿和乡镇煤矿中，水文地质条件属于复杂或极复杂的矿井占8.5%。中国煤矿水害普遍存在，大中型煤矿有500多个工作面受水害威胁。在近2万处小煤矿中，有突水危险的矿井有900多处，占总数的4.6%。

（4）自然发火危害

中国具有自然发火危险的煤矿所占比例大、覆盖面广。大中型煤矿中，自然发火危险程度严重或较严重的煤矿占72.9%。国有重点煤矿中，具有自然发火危险的矿井占47.3%。小煤矿中，具有自然发火危险的矿井占85.3%。由于煤层自燃，中国每年损失煤炭资源2亿t左右。

（5）煤尘灾害

中国煤矿具有煤尘爆炸危险的矿井普遍存在。全国煤矿中，具有煤尘爆炸危险的矿井占煤矿总数的60%以上，煤尘爆炸指数在45%以上的煤矿占

16.3%。国有重点煤矿中具有煤尘爆炸危险性的煤矿占 87.4%，其中具有强爆炸性的占 60% 以上。

（6）顶板灾害

中国煤矿顶板条件差异较大。多数大中型煤矿顶板属于Ⅱ类（局部不平）、Ⅲ类（裂隙比较发育），Ⅰ类（平整）顶板煤矿约占 11%，Ⅳ类、Ⅴ类（破碎、松软）顶板煤矿约占 5%。

（7）冲击地压

中国是世界上除德国、波兰以外煤矿冲击地压危害最严重的国家之一。大中型煤矿中具有冲击地压危险的煤矿达 47 处，占 5.16%。随着开采深度的增加，现有冲击地压矿井的冲击频率和强度在不断增加，还有少数无明显冲击地压的矿井也将逐渐显现出来。

（8）热害

热害已成为中国矿井的新灾害，国有重点煤矿中有 70 多处矿井采掘工作面温度超过 26℃，其中 30 多处矿井采掘工作面温度超过 30℃，最高达 37℃。随着开采深度的增加，矿井热害日趋严重。

（三）资源回收率低

煤炭作为国家不可再生的、主体的能源虽然目前尚有 5.06 万亿 t 的资源预测总量，但实际的保有储量仅为 1.00 万亿 t；而且近年来，煤炭资源过度开采，各种开采方式并存，加之赋存条件复杂，企业的现实利益等，也造成了资源的大量浪费。据估计，全国煤矿的煤炭资源回收率总体不足 50%，而且乡镇、个体煤矿的不足 30%。低的资源回收率大大缩短了矿井的服务年限，浪费了大量宝贵的煤炭资源。煤炭资源回收率受多种因素的影响，其主要内容如下。

1. 地质因素的影响

煤层厚度与地质构造有关，其会因地质结构的差异而变化。而煤层厚度对煤炭资源回收率的影响较大。地质结构主要影响采煤工作面的布置，影响采区的设计，影响采煤机械化的施工作业，从而影响煤炭资源的实际回收率。

2. 生产技术水平的影响

因为先天环境的影响，不同煤层储存条件有差异，对应的开采方式也不同，进而影响到煤炭资源的回收率。我国煤炭资源开采机械化水平较低，一般是炮采、一般机械化开采、综合机械化开采、放顶煤开采等方式。不同采煤方式对应的煤炭回收标准不同，这些也间接影响煤炭资源的回收率。

3.组织管理水平的主观影响

煤炭企业组织管理方法对煤炭回收率有直接性影响。当前，我国大多数煤炭企业在组织管理上为矿井设计管理、采区生产管理、生产考核管理三种。

这三种方式对应的煤炭回收率不同。分析煤炭资源回收的影响要素，基于统计分析的方法，对地质结构、生产技术、管理水平三个影响维度进行煤炭资源回收率指标的合理性分析，细化得出14个具体的评价指标，分别为地质构造层面的地质构造复杂程度、煤层结构、煤层厚度、煤层倾斜角度、煤层顶板岩性；生产技术层面的采煤方法、机械化水平、设计合理性等；管理水平层面的日常生产管理、煤炭回收管理、施工质量量化考核。

（四）管理和技术人才短缺

1.收入降低

随着煤炭行业进入寒冬期，再到现在的转型期，大部分煤炭企业选择了降低职工工资，以降低企业成本支出。加之许多企业曾经长期欠发工资，一大批技术人才为了养家糊口、保障生活质量，不得不离开矿山，另谋高就。

2.提前离岗

许多煤炭企业通过内部离岗的方式减少人员、降低成本，而离岗的年龄普遍设定在50岁左右，有的甚至45岁就可以离岗。这就导致一批经验丰富的技术人才在本应该为企业发展出谋划策的最佳年龄，过早地离开了工作岗位，从而造成了巨大的技术人才浪费。

3.培养不力

许多煤炭企业"轻培养重使用"，缺乏技术人才培养长期规划，总是临时抱佛脚。例如，自从煤炭行业陷入寒冬后，就停止了一切人员招聘工作，连续四五年不招聘大中专院校毕业生，人为造成人才断层等问题。

4.激励不足

现在煤炭企业的技术人才大多只能按照职级拿工资，不能合理体现技术价值，不能按照贡献大小获取收益，无法激励职工在专业技术领域持续攀登。

对此，卜昌森认为，要以国企改革为契机，认真解决分配体制机制等方面存在的问题，激发企业的内生动力，并给出了四条解决路径：用好现有的人才，充分发挥他们的聪明才智；培育好企业发展的后继人才，特别是各类工程技术人才；引入发展急需的各类专业人才；借好高等院校、科研机构等基地的人才，为企业技术提升出力。

五、煤炭开采发展方向

针对我国煤炭开采现状所存在的问题，煤炭开采技术发展的方向及相关技术突破的重点主要内容如下。

（一）解决顶板事故问题

在顶板控制设计理论指导下"量体裁衣"，实现采掘工作面，生产综合机械化、自动化，从根本上解决顶板事故灾害问题。相关技术突破重点包括以下几点。

①占全国矿井总数 85% 的中小型煤矿薄及中厚煤层易拆装电液控制轻型综采支架的设计和制造问题。

②实现支护机械化、自动化综掘装备设计和制造机械化开采是安全生产的主题。近期由于机械化飞速进展使高产、高效矿井发展迅速。2002 年高效矿井产量占全国煤炭开采总产量的 1/4，百吨死亡率为 0.082 人。2007 年高效矿井产量占全国煤炭开采总产量的 1/3，百吨死亡率为 0.04 人。按百吨死亡率 0.04人作为国际先进标准，我国的煤炭产能中还有较大的比重是不科学的。

（二）提高现代管理水平

提高煤矿现代化管理水平，实现煤矿安全开采和环境灾害控制信息化、智能化、可视化。

（三）对自然灾害采取措施

在"实用矿山压力控制理论"的指导下，以机械化采集井下矸石为主题的绿色高强填充材料，实现无煤柱填充开采，控制瓦斯、冲击地压、水害等重大事故和环境灾害问题。

科技是第一生产力，近年来我国的煤炭开采技术稳步提升，但依旧存在一些问题需要改进，所以技术研发和生产是非常重要的。

第三节　我国的煤炭工业发展现状

一、煤炭工业的基本情况

考虑资源现状与能源安全，作为人口众多的发展中国家，我国的能源国策立足于本国资源国情，是符合国情的现实选择。从资源上看，我国煤炭储量相对丰富，相较于石油和天然气储量而言较高。

我国石油资源短缺，已探明的化石能源资源中，石油储量仅占5.3%，储采比为24。从长远看，若无新的大油田发现，石油年产量将难以满足国内日益增长的石油需求。

（一）从远景储量看

随着石油的大量开采与勘探技术的日益完善，未探明的储量越来越少。据统计，在世界范围内，石油储量的增加速度急剧下降，20世纪60～80年代，石油储量增加2倍多；80～90年代，增加60%；90～21世纪初，增加仅4%。石油资源的短缺将加大对煤炭的依赖，从而提高了煤炭在我国能源领域的地位。近年我国天然气资源探明程度进展加快，但其在化石能源中比重不到3%，潜力有限。从长远看，供求之间缺口很大。资源条件决定了煤炭在我国能源结构中将在较长时期内占有核心地位，解决能源需求首先应当立足国内资源。

（二）从安全角度看

能源安全是国家经济安全的基础，能源的供给应保证国民经济和社会持续发展的需要。据统计我国的石油进口量，2005年达8000000t，进口依存度为30%；2010年石油进口超过1亿t进口依存度在40%以上。石油进口不仅使外汇支付压力不断增大，而且涉及国家能源安全。目前进行的洁净煤技术研究与开发就是为缓解这一问题而采取的重要措施。

（三）从发展的角度看

随着国民经济的增长，能源消费将会持续增加。按国民经济预期年均增长7%，国内煤炭需求年均增长2000000t，近两年的实际情况，远超过了这个预测。能源既是国民经济增长的重要影响因素，又是社会发展的基本影响因素。通常一个国家的人均能源消费量反映了该国人民的生活质量。随着我国小康社会建设水平的不断提高，我国人均能源消费量将有较大幅度增加。到2020年，我国一次能源需求总量将达到21亿t以上标准煤，与世界能源消费增长保持相同的趋势。未来20年世界能源与中国能源需求都将持续增长，从能源安全与经济合理的角度看，国内能源缺口还主要依靠煤炭来解决，为此人们应当进一步提高煤炭资源采出率和利用率。

二、煤炭能源的重要性

随着时代的进步，人类对能源的要求逐步提高，其基本要求如下。
①可以保障供应，可获取性好。

②价格低廉，具有足够的市场竞争力，经济性好。

③不污染环境，能源本身洁净或可洁净利用，清洁性好。

（一）从可获取性上看

我国煤炭资源丰富，这是煤炭具有良好获得性的重要基础。经过中华人民共和国成立以来几十年的努力，我国的煤炭工业取得了长足的发展，煤炭产量居世界领先地位。长期以来，煤炭作为我国的主要能源保证了国民经济快速增长的需要。由于煤炭资源赋存范围大，容易实现增产，对于满足国内能源需求有较大的灵活性和较高的可靠性。

20 世纪 90 年代中期我国煤炭的产量增加主要是通过地方煤矿实现的，国有地方煤矿与乡镇地方煤矿的产量一度超过 60%。这说明我国的煤炭生产有着巨大的潜力，这也表明我国煤炭具有良好的获得性。

（二）从经济性上看

煤炭价格低廉，具有强大的市场竞争力。按照同等发热量计算，结合各国不同的具体情况，使用天然气、油的运行成本（包括燃料价格、运杂费、人工、折旧、维修费等）一般为燃用动力煤的 2～3 倍。北京燃用天然气、柴油的运行成本约为燃用动力煤的 3～4 倍。这一经济原因使得缺能国家尤其是发展中国家普遍选择用煤，把煤炭作为基础能源。对于盛产煤炭的国家，不仅发展中国家如此，发达国家也把煤炭放在国内能源消费结构中的重要位置。例如，澳大利亚、美国等国家。美国年产约 10 亿 t 商品煤，是发电的主要一次能源。因此，从经济性考虑，煤炭应是我国的主要基础能源。

（三）从清洁利用方面上看

1. 排放污染物

煤燃烧会产生污染物，如粉尘和 SO_2，这一问题如不解决，将在很大程度上影响和制约国民经济的健康发展。近年来，国家加大了环境治理的投入，并取得了初步成效。

2. 温室气体

CO_2 的大量排放将给全球气候变化带来严重的不利影响，这是人们长期关注的问题。据有关专家研究，中国 CO_2 排放的 90% 以上来自于能源消费，其中煤炭消费占 60% 以上。

然而，科技时代的到来为人们洁净、高效地利用能源创造了必要的技术支持条件，提供了前所未有的机遇，使煤炭能够成为可持续利用的能源。据美国能源部的研究，美国开发的先进燃烧发电系统的效率由 20 世纪末的 33% 提高到了 2015 年的 60%；燃料成本降低了 10% ~ 20%；SO_2、NO_2 和 TSP（总悬浮颗粒物）排放量降低到排放标准的 1/10；CO_2 排放量减少了 45%。国际合作与交流将促进能源环境技术的借鉴与推广应用。在煤炭液化方面，我国建有世界先进水平的研究中心，并已与国外合作建有示范厂，数年之后可实现产业化生产。我国煤炭气化技术比较成熟，广泛用于城市民用燃气，对提高煤炭利用效率和降低污染排放有广阔前景。此外，水煤、浆型煤等洁净技术均有重大进展。煤炭的清洁开采与选煤新技术的推广应用，进一步提高了煤炭质量，减少了污染。

从能源资源的可获得性、经济性与清洁利用三方面综合来看，从现在到可以预见的未来相当长的时间内，煤炭是中国最主要的基础能源，煤炭工业不是夕阳工业。正确认识我国煤炭工业的地位与发展前景对于煤炭行业从业人员是十分重要的。我国在新旧世纪交替的前后几年间，由于体制改革与市场转型等原因，煤炭工业一度出现了全行业亏损的局面。

与此同时，出现了煤炭工业整体评价思想混乱，煤炭工业是夕阳工业的说法也一时盛行。由于缺乏冷静与科学判断，一时的困难被看作煤炭工业的最终前景，煤炭院校相继转向，这一时期，各校矿业类专业缩减招生，毕业的学生也大都转行。中国矿业大学成为原煤炭部所属十几所高校中仅存的一所矿业院校，与我国数百万煤矿职工大军和世界第一产煤大国的现实形成鲜明反差。

另外，由于煤炭产量的持续增长和煤矿机械化、智能化程度的迅速提高，生产现场急需矿业类及相关专业高级专门人才。据调查，有的国营重点煤矿已近十年没有接收新毕业的大学生，形成了人才断层。而中小矿井更是人才短缺，使得小矿井技术落后，事故多发，资源浪费严重，对于整个煤炭行业的健康发展十分不利。高校作为育人的基地，有必要在传授专业技术知识的同时，使大家了解煤炭行业的发展趋势。这些内容应是专业知识的组成部分和从业人员必备的知识，从而有助于工程技术人员和矿业院校师生确定学习与研究的方向，提高学习与研究的兴趣和自觉性。

三、煤炭工业存在的主要问题

（一）资源问题

我国煤炭资源管理工作薄弱，煤炭开发秩序比较混乱，焦、肥、瘦煤等稀缺煤种得不到有效保护，煤炭回采率低下。现阶段，我国煤炭资源综合回收率仅为30%左右。其中，产量占全国煤炭总产量30%以上的小煤矿资源回收率仅有10%～15%，生产力水平低下、生产工艺落后、资源浪费破坏严重，适合建设大型煤炭基地的整装煤田为数不多，被随意分割肢解现象严重，有些地区将国家明令实行保护性开采的稀缺焦煤资源化整为零，分割开发致使优质资源不能得到合理利用，国家大型煤炭企业后备资源短缺且乏力，矿权管理不规范，一些企业受利益驱动纷纷"跑马圈地"，恶意抢注探矿权和抢占煤炭资源。有些政府主管部门无视国家规定，将整块资源化整为零甚至将大型矿区规划区内的资源挂牌拍卖，出让采矿权，严重影响了大型煤炭企业后备资源保障。部分煤炭企业在生产开发过程中存在着"采厚弃薄""吃肥丢瘦"等浪费资源现象，煤炭资源丰富，开采条件较好的地区更加突出。另外，国家稀缺珍贵煤种没有得到保护。

（二）科技创新问题

煤炭科技工作的定位、内容、重点领域和发展方向等方面都缺乏统一的协调组织，且管理原有科技创新体系已经打破，但新的科技创新体系仍没有形成，各专业领域之间缺乏必要的信息沟通和协调机制，未能充分利用国外和相关领域的最新科技成果来促进安全与生产科技的发展；产学研结合不够紧密，所进行的一些科技活动仅限于解决各生产企业内部的个体问题，即缺乏进行煤炭共睦，关键性科技攻关的激励机制。

（三）人才问题

煤炭人才培养机制弱化，企业人才流失严重。目前煤炭专业在校生已由最初的70%下降到不足10%，其源头的枯竭使企业人才队伍成为"无源之水"，由于煤炭行业艰苦的特点，加之前几年煤炭行业经济困难出现了人才"招不来，留不住"的困难局面，对煤炭工业可持续发展造成了严重影响。

（四）体制与机制问题

体制与机制的制约因素仍较突出，从煤炭产业管理体制和制度上看煤炭行业发展缺乏公平竞争环境。当前我国能源行业管理的政府职能过度分散，缺少代表国家意志统一的能源管理部门，能源特别是煤炭法律法规体系尚不健全，法律对煤炭行业的保护难以落实，社会保障体系不完善，下岗失业人员还不能得到妥善安置，煤炭资源型城市转型和发展存在很大困，能源价格形成机制存在较大缺陷，占煤炭消费总量50%以上的电煤价格"瘴气"没有放开，煤炭成本不完整，一些与煤炭开采加工相关的成本费用，如资源价值环境治理，矿井关闭退出等费用没有或很少列入现行成本。煤矿自身长远发展缺乏资金，积累历史遗留下来的企业资产损失和潜在亏损没有得到很好地处理。煤矿生产、安全和职工生活积累了大量欠账。受历史和经济转型等多重因素的影响，煤矿退休人员、内退下岗职工、伤病亡群体增多，其生活非常困难，矿区职工子女就业压力依然十分沉重。这些问题严重阻碍了煤炭工业的健康发展。

（五）生态环境问题

煤炭开采对生态环境影响严重，土地资源方面，目前全国煤矿开采塌陷土地为 $100 \sim 110 km^2$；森林资源方面，按全国煤矿平均生产千吨煤炭消耗木材 $8 \sim 110 km^3$ 估算，每年煤炭企业消耗木材 $1000 \sim 1200 m^3$，占全国木材消耗量的 40% 左右；水资源方面，按目前全国煤炭生产排水量 $18 \sim 20 m^3$ 计算，年生产排水约 22 亿 m^3，这些矿井水资源得到回收利用的不足 40%，大部分排放浪费污染了地表水体。

（六）煤矿安全问题

我国煤炭工业生产力发展水平不均衡，煤矿企业安全生产基础脆弱、管理薄弱，煤矿安全生产形势非常严峻。事故总量居高不下，百吨死亡率大大高于世界主要产煤国家平均水平，在利益驱动下，煤矿超能力、无能力矿井生产，安全投入严重不足，重特大事故没有得到有效控制，尘肺病危害严重、煤矿职业卫生形势严峻，全国煤矿一年因伤亡事故和职业病造成的经济损失相当于原国有重点煤矿 2002 年销售收入的 5%，对社会稳定产生了较大负面影响。

四、适应市场经济规律，促进煤炭工业的健康发展

煤炭供求失衡和全行业亏损的困难，为煤炭行业的整顿提供了契机。在社会主义市场经济体制下，生产经营者应当树立牢固的市场观念，自觉按照市场经济规律办事，正确认识企业局部利益和行业整体利益的关系。

随着经济全球化进程的加快，煤炭工业的发展面临更大的挑战。在这种形势下提出的煤炭工业发展规划突出了以市场为导向，以企业为主体，以改革与科技进步为动力，以结构调整为重点的要求。新的规划的实施由过去的政府为主体转变为以企业为主体，主要体现在如下几方面。

（一）提高煤炭产业集中度

实施组建大公司与大企业集团。借鉴发达国家的经验，国外大型企业无不是通过兼并与联合发展起来的。国内煤炭企业集中化发展道路也需要实施兼并与重组，发挥优势企业的管理效能。在计划经济时期，这方面已组建东北内蒙古煤炭公司、神华集团公司等的经验。在逐步转向市场经济以后，也有组建山西焦煤集团公司等成功经验。按地域、煤种、运输通道和市场组建，通过资产重组建立大型煤炭企业，发展对全国煤炭供需平衡和参与国际竞争起关键作用的大公司与企业集团，可以对内稳定市场，对外适应加入世界贸易组织的需要，从而促进煤炭工业的持续健康发展。

（二）提高煤炭工业科技水平

煤炭工业健康发展的根本出路在于科技创新。针对以往科技创新成果少，科研成果转化为生产力更少的情况，实施科教兴煤，努力完善以大型企业为主体，高等院校、科研实体为依托的技术创新体系。高校与科研机构也需探索与之相适应的新型科技服务体系和机制，从而提高我国煤炭工业技术与装备水平，提高煤炭全行业的产量与效益水平，提高资源回收率，保障安全生产。

新的技术创新体系本身强调科研成果要有创造性、新颖性，而以大型企业为主体必然要求科研成果有实用性，能够促进生产力的发展，能为企业带来经济效益和社会效益。这一体系有利于促进科学技术向生产力转化，对科研工作有积极的引导作用。作为本书重要内容的厚煤层错层位巷道布置采全、厚采煤法的理论研究与实际应用也是在这一体系下开展的。该项研究成果提出了回采港道布置于不同层位的立体化设计思想，以国内外首创的技术领先优势被列为国家重点技术创新项目，并获得国家发明专利授权（ZL98100544.6）；作为采矿工程领域的主导技术，以突出的经济效益与社会效益得到了山西焦煤集团公司（现西山煤电股份有限公司）的大力支持，一次投入2360万元资金进行项目实施，已经取得了预期效果并进行了推广使用。该项目成果的迅速转化体现了新的技术创新体系的优越性。该采煤法也成为我国原创拥有完全独立自主知识产权（发明专利）并投入实际使用的现代化采煤方法。

（三）大力发展洁净煤技术

煤炭作为我国主要的一次能源，在可获得性与经济性方面具有无可辩驳的优势，在清洁利用方面则相对薄弱。洁净煤技术自20世纪80年代为解决美国、加拿大边界酸雨问题提出之后，在国外得到较快发展。美国年产煤约10亿t，

90%用于燃煤发电，空气状况良好。欧盟、日本都积极发展洁净煤技术，并取得了良好的环境效益。

近年来，我国高度重视洁净煤技术的发展，颁布了系列相关的政策法规，进行了大量的工作，已形成了产业推广、实验示范和研究开发三个不同的发展层次。今后还将以更大的力度发展该项技术，并且结合提高燃煤效率统筹进行科研与产业化推广，使之既可以增加煤炭企业的经济效益，又可以保证煤炭工业可持续发展的需要。节能、提高能源利用率与环境保护将是全民面临的长期任务。

（四）加强上下游产业联系

有条件的地方，发展坑口电站，改输煤为输电，发展煤-化工、煤-焦、煤-建材等高耗能、高附加值产业，合理开发矿区资源，努力提高经济效益。煤炭企业还要因地制宜地发展接续产业与替代产业。随着衰老矿井的资源枯竭，应使煤矿逐步转向非煤产业，并而保证矿区的可持续发展。煤炭工业所面临的问题与今后的发展战略应是矿业高等院校教育与科研选题关注的热点，煤炭工业的健康发展也将为学校提供更好的教学科研平台。

第二章 薄、厚煤层开采的技术发展现状

我国煤炭资源储量丰富，赋存条件多样，在我国能源结构中，煤炭资源占据着主体地位，煤炭资源生产及销量是一次能源生产及消费的主体部分。我国煤层分布中薄和及薄、厚和特厚、中厚煤层的分布参差不齐，实现煤炭资源的高效开采必须发展适应不同煤层条件的综合机械化开采设备。随着高产、高效矿井的建设及现阶段煤炭产业结构的升级，综合机械化采煤技术不断地发展完善。保证了经济发展过程中对煤炭资源的需求，实现了煤炭资源开采的高效安全化发展。

第一节 薄煤层开采技术的发展现状

一、薄煤层开采的特点

薄煤层在我国煤炭总量中占有极大的份额，储备丰富，可采储量也相当可观，但实际现在对薄煤层的开采产量的占比却非常低，远远低于正常水平，且产量呈逐年下降的趋势。根据煤炭行业近几年来制定的科学发展观与可持续发展战略，国家在加大力度对煤炭资源进行整合重组的同时，不断促进煤炭行业综合机械化采煤技术向前发展。发展薄煤层采煤机械化等提高薄煤层煤炭资源开采率的采煤技术、研制薄煤层综采成套机械设备，逐渐提高薄煤层开采的机械化水平，对减小劳动强度、提高煤炭的开采率与煤炭开采的安全性具有很重要的意义。

薄煤层由于其开采厚度较小，与中厚及厚煤层相比，主要有以下开采特点。

①煤层薄、采高低、劳动效率低。煤层厚度多在1.3m以下，并且煤层硬度多大于3～4，使得人员进入或在工作面内作业及设备移动都十分困难，采煤机经常需要挑顶或割底，机电事故增多，工作面内的工作条件差，劳动强度大，煤质相对较硬，炸药、截齿、刨刀的吨煤消耗量较大，回采成本较高。

②采掘比例大，掘进率高，采掘接替紧张。随着刨煤机、螺旋机等设备的投入，工作面推进加快，而回采巷道多为半煤岩巷，综掘设备难以投入，爆破

时不能一次全断面爆破，煤矸分装，掘进速度慢，造成工作面接替紧张。

③煤层的厚度、角度变化，以及褶曲、断层等构造对采煤方法影响很大。薄煤层工作面受地质赋存条件的影响较大，如褶曲或断层等通常需要重新布面，或者回采时重新开切眼搬家，使采出率降低。

二、薄煤层开采的必要性

据统计，我国煤层的可采储量占总可采储量的比例，缓倾斜煤层为85.95%，倾斜煤层为10.16%，急倾斜煤层为3.80%。我国煤炭产量的绝大部分来自缓倾斜煤层，在总产量中占84.90%。在缓倾斜煤层中，薄煤层的储量约占20.00%，但薄煤层的产量只占10.00%左右，远远低于其储量所占的比例，并且产量比重有进一步下降的趋势。

我国薄煤层的开采长期以来不景气。分析其原因主要有两方面。一是客观因素，二是人为因素。客观因素是薄煤层工作面空间小，机械化困难，对薄煤层机组要求条件高，不但机组外形要合适，而且要求功率大，性能可靠、结构简单，对顶、底板的适应能力强，机械故障率低。目前，我国薄煤层机组的设计制造水平还存在不少问题，急需强力、高可靠性、高效率、自动化程度高的采煤机。人为因素对薄煤层开采的影响是不可忽视的，有些矿因储量丰富、地质条件好，根本不把薄煤层开采摆到日程上，有些地区对1.0m以下的煤层不采或很少开采，从指导思想上就不重视薄煤层开采。

近年来，我国煤炭企业紧紧依靠科技创新，加强安全高效矿井建设，大力发展综合机械化采煤，使机械化程度提高了，企业经济效益稳步上升了，从而实现了高效、快速、全面的发展。但是随着采煤机械化的快速发展，矿区中厚煤层储量比例逐渐下降，1.5m以下薄煤层储量比例相对上升。如果薄煤层不能及时合理开采，必然造成资源浪费，以致缩短矿井服务期限，影响矿区持续发展，降低国家对煤矿建设投资的回报率，这给国家带来的损失是相当大的。因此，如何创出薄煤层大量开采之路，保证高产、高效矿井可持续发展，是全国煤炭行业所关注的重要问题之一。薄煤层开采已越来越引起人们的重视，提高整个矿区薄煤层的开采能力，实现高产、高效和可持续发展已成为我们主要的研究发展方向。

三、薄煤层机械化采煤技术现状

薄煤层由于受自身地质条件的限制，采用机械化作业具有一定的难度。如果推广采用传统开采作业方法对煤炭的开采质量和开采率都会产生不良影响。

为了进一步提高薄层煤炭的开采效果，相关领域的科研人员对薄煤层机械化开采技术进行了深入研究，以找到一种具备普适性的机械化采煤方法，但是受到薄煤层苛刻的地理环境的限制，薄煤层的机械化采煤设备始终无法得到大范围的推广。目前薄煤层采用的机械化作业技术主要是薄煤层综合机械化采煤技术。为了满足市场需求，应最大化地发挥综合机械化采煤技术在薄煤层中的作用，并充分运用现有的薄煤层新机械技术，促进薄层煤炭的综合机械化技术更具科学性与合理性。

四、薄煤层机械化开采中存在的问题

薄煤层在我国的华东、西南地区分布范围非常广，由于地理环境的特殊、作业条件差，多选用于长壁式采煤法，薄煤层开采与中厚煤层相比，难度更大。

1. 环境影响

薄煤层开采也就是意味着对高度较低的煤矿区域进行开采，这就限制了煤层开采工作面的厚度，当薄煤层工作面高度在 1m 左右时，人员的行动都会受到限制，机械设备作业的行动能力更为不便，因此，施工难度明显增加，支护设备的设计要针对薄煤层开采实际情况进行考虑，设计与制作难度都非常大。

2. 掘进效率与接替作业

掘进作业是煤矿生产效率的关键影响因素，薄煤层回采巷道以半煤岩或煤岩为主，由于高度的限制，巷道掘进采用人工爆破、人工装煤，人员流动量较大，掘进效率也不高，并且上、下工作面的接替不够合理，巷道与开采不能实现阶梯式衔接，工作难度大的同时，作业时间也会明显增加。

3. 地质条件

与中厚煤层相比较，薄煤层厚度、断层等地质变化条件不利于煤层开采工作的开展。在地质条件的影响下，长臂式采煤作业面的布设难度非常大，这不仅影响开采效率，还会造成多种安全隐患的存在，容易危及作业人员的安全。同时，这种情况下的开采作业也会导致煤矿生产率降低，其相应的收益效果也不乐观。

结合以上内容，可以看出薄煤层开采环境差、难度高、作业安全性低、施工效率差、经济效益也不乐观。因此，当务之急是加强薄煤层机械化开采设备的应用，机械化开采模式的启动可以减少人工劳作量，实现自动化生产，提高生产效率。

五、薄煤层机械化采煤技术发展趋势

为了提高薄煤层矿区的生产效率和煤炭资源的产量，提高煤矿井下开采作业的安全性和可靠性，实现井下无人化开采作业，薄煤层采煤技术应该向着更高产高效、自动化程度更高、可靠性更高的方向发展。

一是将一些自动化、智能化技术集成应用在煤炭开采机械设备中，如工作面的三维定位技术、视频监控技术、煤岩自动识别技术、自动找直技术及相关辅助机构等。

二是建立对液压支架、采煤机、刮板运输机、转载机和破碎机等综采成套设备的计算机远程集中协同控制的控制基地，将井下作业设备整个作业流程形成程序化、智能化作业，实现地面控制、地下无人的管理作业模式。

三是薄煤采煤机要向大功率、电牵引方向发展，在技术可行、成本可控的范围之内提高其适应性。采用交流变频调速牵引技术，用集成化程度高、更轻巧、体积小的新型变频器取代传统变压器等电器控制装置，结构经过优化设计后，机身长度变短，提高了采煤机对薄煤层特殊煤层环境的适应性。液压支架要向电液一体化控制方向发展，集成基于图像识别的煤岩识别技术，在采煤过程中能够实现液压支架对煤岩界面的自动识别，并能够满足工作智能化判别运行补偿位移。刮板运输机要向矮型、重型、耐磨方向发展，从而能够很好适应小煤层厚度及顶板起伏变动大的特殊环境，减小故障率，提高其可靠性。

（一）薄煤层开采技术及发展趋势

我国薄煤层的开采经历了以下几个发展阶段：20 世纪 50 年代薄煤层开采主要采用炮采工艺；60 年代开始使用深截煤机掏槽，爆破落煤；70 年代薄煤层机组得到较大发展，分别研制出不同类型的刨煤机，包括钢丝绳牵引刨煤机、全液压驱动刨煤机和刮斗刨煤机等，1974 年研制成功 BM-100 型薄煤层滚筒采煤机；90 年代天府矿务局和徐州矿务局分别从俄罗斯和乌克兰引进螺旋钻采煤机；2003 年新汶矿业集团引进 2 台三钻头的螺旋钻采煤机，使一些采用传统采煤工艺不能开采的薄煤层、极薄煤层得到有效开采和利用。

（二）爆破落煤开采技术及发展趋势

我国于 20 世纪 50 年代初革新了采煤方法，即推行长壁式采煤法。采用煤电钻打眼爆破落煤和刮板输送机运煤，并组织正规循环作业，从而提高了薄煤层回采工作面的产量，改善了技术经济效果。在这个基础上，从 1952 年起引进了苏联的技术和装备，如 KWII-1 型截煤机，CKP-11 型、CKP-20 型及 CKP-

30 型刮板输送机等，从而加速了我国长壁采煤体系的建立，促进了采煤方法的全面改革，改变了矿井的技术面貌。

爆破落煤工艺的发展过程，也是回采工作面技术和装备不断革新的过程，即由人工手锤打眼、风镐落煤转变为煤电钻打眼由轻型输送机发展到 SGWD 型、SGW 型可弯曲输送机，由木材支护发展到摩擦式金属支柱、金属铰接顶梁、单体液压支柱和切顶支柱（墩柱），由单一铵梯炸药和瞬发电雷管发展到多种煤矿许用炸药和毫秒电雷管。在发展多种爆破技术的同时，不断改进爆破工作面的相应装备，如发展高性能发爆器，从一次发爆雷管 30 发逐步发展到 200 发；增大了工作面输送机及其传递装置的功率，从 11kW 发展到 264kW；加强了中部槽结构和中部槽连接强度，以及垂直、水平方向弯曲的可靠性能，中部槽宽度从 300 mm 发展到 630 mm，加大了运输量，从而改善了爆破装煤的辅助装置；研制出适应不同条件的输送机系列，以增大爆破装煤、运煤能力。此外，还研制了适用不同煤层及顶板性质的各种金属顶梁、炮采液压支架，从而改善了爆破回采工作面的顶板支护状况。这些不断更新的技术和装备有力推动了爆破采煤工艺的不断进步，使薄煤层炮采工作面的生产能力日益提高。

（三）我国综合机械化采煤技术及发展趋势

在煤炭资源的开采过程中，自动控制化技术的使用及其工作面生产工艺的不断优化，有助于我国综合机械化采煤装备技术真正实现自动化。

中小煤矿综合机械化发展水平将不断提升。随着适应中小煤矿复杂地质条件技术装备的不断研究，适应薄与极薄煤层、急倾斜煤层及其他条件下的综合机械化采煤技术成套装备不断出现并完善，短壁机械化开采设备的适应性不断提升，相关研究人员对现有设备进行研发，设计出不断适合中小煤矿特殊开采的机械设备，保证开采活动的高可靠性及高采出率。

我国综合机械化采煤技术装备随着设备关键原部件的不断研发，将实现工作面装备系统成套化的发展趋势。

1. 刨煤机开采技术及发展趋势

随着电液一体化控制技术的应用推广和定程推溜传感技术的提高，刨煤机开采技术的采区无人化开采方式在薄煤层开采应用中已逐渐趋向成熟，成为目前薄煤层开采技术中发展比较完善的一种开采方式。刨煤机包括溜刨和拖钩刨。该种采煤作业方式的工作面较常采用的是中部在机头前面、机尾 2～4m（可能还要大一些）的液压支架布置方式，沿工作面液压支架基本呈凸状弧形布置，刨深由定程推溜传感设置的定程推溜来确定。刨煤机综合机械化采煤技术大致工艺流程为：刨煤机刨煤—定程推溜—刨煤—定程推溜至 600mm—拉架。晋城煤业集团于 2004 年采购了一套全自动刨煤机设备，并应用在了凤凰山矿的薄煤层采区，整个该采区薄煤层的开采实现了完全由计算机控制的远程管理模式及完全无人化的开采作业方式，这不仅提高了煤矿煤炭的生产效率，同时避免了人员伤亡等事故的发生。

刨煤机开采方法主要是借助刨刀的整套设备，再加上相关的运输设备，从而实现薄煤层开采作业。

当前我国刨煤机开采方法应用率较高，主要应用在倾角 25° 以下、地质强度中、煤层稳定等的薄煤层工作面中，刨煤机在开采过程中的优点如下所示。

①煤机自身的结构比较简单，有利于维护、割煤速度快、效率好，能够到达每秒 3m 的切割水平，其切割深度可延伸到 25cm，并且能够利用运输设备实现落煤、装煤，同时还具备采高设定功能，刨煤机自身的高度较低，可促进薄煤层自动生产的形成。

②刨煤机开采不需要动力组件全部设置在工作面中，大部分可留在工作面的两侧，这样不仅能够节省布设时间，提高作业速度，还能够降低布设难度，提高生产操作的便利性，在煤层区间，刨煤机与运输设备共同实施自动操作模式，具有远程操控的优势，从而实现煤层区域内无人作业也可生产的目的，增加了生产安全性。

刨煤机开采法也存在不足之处。首先是刨煤机的能力方面需要进一步提升，主要是提高刨煤机的撞击功率，以此来提高刨头的破煤效率，并加强刨煤机组件性能，以提高零件的抗磨性，保证在使用过程中安全、可靠。例如，必须保证刨刀组装全套性能要求以及质量要求，耐磨性、强度要符合使用要求，以此增加刨煤机的使用寿命；加强刨头的灵活性，就目前多数刨煤机刨头使用中发生啃低、飘刀等现象，不利于刨煤机工作效率的提升。所以，加强刨头推进方向的调整，以保证灵活性非常重要。现阶段,刨煤机的主要发展方向是提高刨刀、刨头的性能、质量、灵活性及功能。

刨煤机采煤于 20 世纪 40 年代在德国问世，欧洲的主要产煤国——德国、波兰、俄罗斯、法国、西班牙等使用刨煤机开采的煤炭产量占总产量的 50% 以上。在德国，1.6m 以下的薄煤层中几乎全部采用刨煤机采煤；1.6 ～ 2.2m 的中厚煤层中，大部分也采用刨煤机采煤；当煤层厚度超过 2.5m 时，滚筒采煤机才占主要位置。在波兰，每年使用刨煤机的工作面平均有 65 个。在俄罗斯，每年使用刨煤机的工作面达到 150 多个。澳大利亚、南非等主要产煤国薄煤层工作面也都使用全自动化刨煤机。使用刨煤机效率最高的是美国，其薄煤层刨煤机

工作面年产量可达 300×10^4t 以上。

我国自 20 世纪 60 年代起先后引进了一些国外刨煤机设备。例如，1980 年，徐州矿务局引进德国 8/30 牵引滑行刨煤机；1989 年，四川省松藻矿务局引进德国布朗公司 KHS-2 型紧凑型刨煤机；1993 年，云南省后所煤矿引进德国 CS34/4 型滑行拖钩刨煤机，开滦矿务局从俄罗斯引进 GH75 型滑行刨煤机等。刨煤机的引进对我国刨煤机的发展起到了一定的借鉴和推动作用，但各矿引进刨煤机的应用效果有所不同，有的较好，产量、效率较高，消化了国外的技术，但大多数不理想，产量、效率不高，未能坚持下来。其原因是多方面的，有煤层赋存条件不适应的问题，也有刨煤机性能和配套不合理的问题，有主辅巷道布置和采区生产系统能力不足的问题，也有职员培训和管理的问题。以上原因造成刨煤机一直未能得到广泛推广和应用，致使薄煤层刨煤机开采技术在我国长期处于落后状态。

随着刨煤机技术的不断进步，人们对刨煤机开采方法认识的加深，以及国内煤炭行业形势的好转，近几年，国内陆续从德国 DBT 公司引进了 5 套刨煤机。其中，铁法矿务局引进 2 套，分别在小青矿和晓南矿进行了应用；晋城矿务局引进 1 套，在凤凰山矿实施了开采；西山矿务局引进 1 套，在马兰矿的优质煤层中使用；大同矿务局引进 1 套，在晋华宫煤矿应用。引进的模式基本上都是引进刨煤机主机，然后由国内厂家配液压支架、转载机喷雾泵、乳化液泵站及移动变电站等。从实际使用效果来看，这些进口的刨煤机都取得了不错的成绩。2000 年铁法煤业（集团）有限公司采取"买核"引进 9-34Ve/4.7 型滑行刨煤机，采高为 0.8～1.75m，电机功率为 2×315kW。工作面远程控制系统采用 PRO-MOS 监控系统和 PM4 支架电液控制系统，技术配置真正实现了计算机远程控制和自动化操作。该技术已经在生产中得到应用，为我国薄煤层高产高效开采找到了突破口。

2. 滚筒采煤机开采技术及发展趋势

滚筒采煤机开采配套设备主要有双滚筒采煤机、刮板输送机和液压支架等。以电牵引、自动化操控检测及诊断技术为一体的采煤机和电液混合驱动控制的液压支架等较为先进的设备应用到薄煤层开采领域，是当前薄煤层采煤技术主要发展方向之一。该种滚筒式采煤机薄煤层开采技术的作业方式与中厚煤层基本一样，即采煤机在工作面两端开切口，然后沿工作面全场切割，采煤机过后拉架推溜，完成一个循环。采用滚筒采煤机开采方式需要在以下几个方面进行完善和改进。

①根据采煤机滚筒受力分解图对采煤机机身、截割及牵引部等部位进行结构优化设计，使其机身能够高度满足薄煤层低采高的要求，缩短机身长度，保证截割及牵引部等部位的强度，以满足特殊工况下的正常使用，延长设备寿命，提高采煤效率。

②对刮板输送机中部槽的结构进行改进，优化其结构，降低其槽高。

③对液压支架顶梁的结构进行优化设计，满足其承载能力的前提下减小其厚度，保证通风断面满足大瓦斯涌出量的矿区瓦斯的排放。滚筒采煤机开采方式能够很好地适应煤层厚度变化大和顶底板高低波动不平的工作面，且对断层较多的煤层同样适应，支护效果好，生产效率高，产量大。在满足薄煤层相应地质条件的情况下，应优先采用滚筒采煤机开采方式。

滚筒采煤机开采法的优点有，滚筒采煤机在传统滚筒式采煤机的性能基础上进行改进，其适应能力比较好，生产效率有保障，一直以来都是中厚煤层开采中的主要应用技术。现阶段，薄煤层开采范围正在逐渐扩展，滚筒式采煤机在薄煤层开采中也有应用，并且有一定的开采效率技，优势突出，结构简单、操作方便、适应性强、性能条件好、安装维护科学方便，同时滚筒采煤机在改进后机身尺寸有效缩减，远程控制能力增强，电气调速合理，适用于各种不同的地质条件中，此外装卸成本较少，可降低煤炭企业的成本投入。

滚筒采煤机开采法也有缺点，不足主要体现在三个方面。①电机功率不够。电机功率对设备的作用发挥影响非常大，功率高则效率好已经成为具有科学依据的论证。采煤机机身高度限制了电动机功率的提升，如何实现两者结合，是薄煤层滚筒采煤机的研究方向之一；②薄煤层地质赋存条件复杂多变，切割中采煤机会遭遇坚硬矸石等，时常受到冲击、震动，所以优化采煤机整体动态设计理应是今后发展的关键；③改进滚筒结构和液压系统，而促进电机性能提升，实现远程自动操控和运输机的无链牵引和电牵引。

我国薄煤层滚筒采煤机的研制始于 20 世纪 60 年代，主要用于改装、革新类机组。这类薄煤层滚筒采煤机主要有 MLQ 系列（如 MQ-64 型、MLQ-80 型、MLQ3-10 型等）采煤机，装机功率为 0～100kW，采用钢丝绳或链牵引，牵引传动方式为液压调速加齿轮减速，主要液压元件为叶片泵、叶片马达，牵引力为 90kN，牵引速度为 0～2.5m/min，适用于采高为 0.8～1.5m、煤质硬度为中硬以下的缓倾斜薄煤层。目前，这类采煤机在中小型煤矿仍有使用，平均年产量为 $8 \times 10^4 \sim 14 \times 10^4$t。

20 世纪 70～80 年代初期我国自行研制开发了中小功率薄煤层滚筒采煤机。比较典型的有 ZB2-100 型单滚筒骑槽式采煤机和 BM 系列骑槽式滚筒采煤机，

BM 系列包括 BMD-100 型单滚筒采煤机和 BM-100 型双滚筒采煤机。其中，ZB2-100 型采煤机功率为 100kW，链牵引，牵引传动方式为液压调速加齿轮减速，主要液压元件为叶片泵、叶片马达，牵引力为 90kN，牵引速度为 0 ~ 2.4m/min，适用于采高为 0.75 ~ 1.3m、煤质硬度为中硬以下的缓倾斜薄煤层。该采煤机仅在淄博矿务局使用过，平均年产量为 10×10^4t。BM 系列采煤机在我国多个局矿均有使用，是薄煤层开采的主力机型之一。

20 世纪 80 年代，为满足开采较硬薄煤层的需要和提高薄煤层滚筒采煤机的可靠性，研制了新一代的薄煤层滚筒采煤机。例如，MG150-B 型采煤机、5MG200-B 型采煤机、MG344-PWD 型强力爬底板采煤机及 MG375-AW 型采煤机。

进入 20 世纪 90 年代，为满足厚薄煤层并存、薄煤层作为解放层开采矿井的迫切需要，并结合当代中厚煤层滚筒采煤机技术，研制了新一代 MG200/450-BWD 型薄煤层采煤机。该采煤机采用多电机驱动，交流变频调速、无链牵引等技术；总装机功率达 450kW，其中截割功率为 2×200kW，牵引功率为 2×25kW；牵引力为 400kN；牵引速度为 0 ~ 6m/min；采用骑输送机布置方式，可用于采高为 1.0 ~ 1.7m 的薄煤层综合机械化工作面。在此基础上又研制出 MG250/550-BWD 型采煤机。为满足广大中小型矿井薄煤层普采与高档普采工作面的需要，研制了 MG250-BWD 型采煤机，该机机面高度为 699mm，可适应采高为 0.85 ~ 1.5m 的薄煤层普采和高档普采工作面。

国内几种类型薄煤层滚筒采煤机基本情况比较见表 2-1。

表 2-1 国内几种类型薄煤层滚筒采煤机基本情况比较

型号	采高范围 /m	牵引力 /kN	牵引（速度）方式	生产时间 / 年
BM-100	0.75 ~ 1.30	120	（液压）锚链牵引	1970
MG150-B	0.80 ~ 1.50	160	（液压）锚链牵引	1970
5MG200-B	1.00 ~ 0.80	180	（液压）锚链牵引	1970
MG344-PWD	0.90 ~ 1.60	350/262	（交流）齿轮 - 销轨式无链牵引	1980
MG250-BW	0.85 ~ 1.50	300	（液压）无链牵引	1980 ~ 1990
MG200/450-BWD	1.00 ~ 1.70	440	（液压）无链牵引	1990
MG250/550-BWD	1.00 ~ 1.70	440	（液压）无链牵引	1990

3. 螺旋钻开采技术及发展趋势

螺旋钻机开采主要是由螺旋钻机完成采煤作业工作面的整个采煤作业工作，包括煤炭的落、装、运等全部过程，对其设备的维护保养也是在工作面巷道中现场解决。该种采煤方式适应的煤层厚度一般为 0.6 ~ 0.8m。其工艺过程大致为，螺旋钻机完成采、装、运等过程之后，通过刮板输送机将煤从回采点处运出，之后再用单轨吊车将煤运出煤仓。螺旋钻机采煤技术有以下优势，能对巷道进行很好的支护，工作面作业危险系数小，可靠性高；一次性采煤作业不需进行回采，作业流程简单；开采速度快，效率高，采煤含铅块等其他杂质少；几乎可以实现无人操作。

螺旋钻机适用于煤与瓦斯突出等危险的工作面。徐州矿务局采购一套螺旋钻机采煤设备，应用于其下属韩桥煤矿，完全实现了地下无人作业及管理的自动化作业方式，煤矿开采的安全性大大提高了，避免了人员伤亡等情况的发生，践行了国家提倡的"以人为本安全开采"的采煤作业，同时提高了该矿区的煤炭开采率。随着更高产高效、自动化更高、适应更好、配套设备更加齐全的螺旋钻采煤技术的发展，薄煤层的开采效率将大大提高。

螺旋钻采煤法是苏联顿巴斯矿区顿涅茨克矿业研究院开发的一种薄煤层采煤方法，于 1979 年在顿巴斯矿区马斯宾斯克煤矿试验成功，并推广应用。该采煤法是一种新型的无人工作面采煤方法，可将煤层可采厚度由 0.6 ～ 0.8m 下降到 0.4m，对开采松软煤层具有极高的推广使用价值。它是一种开采缓倾斜薄煤层的新型采煤法，广泛应用于开采围岩较稳定的薄煤层和极薄煤层，并且可以用来采边角煤、"三下"压煤和回收各种煤柱。因此，螺旋钻采煤法具有广泛的发展前景。

螺旋钻采煤法与薄煤层高档普采及综采相比具有以下优点。

①投资方面，螺旋钻采煤法比薄煤层高档普采及综采投资降低 60%。

②安全生产状况方面，螺旋钻采煤法的人员和机组设备全部在工作巷内就可将煤采出，安全状况比薄煤层综采或高档普采好得多。

③工效方面，薄煤层综采或高档普采直接工效一般在 1.5 ～ 3t/ 工，而螺旋钻采煤法直接工效为 12 ～ 14t/ 工。

④开采释放层的速度和效果方面，采用螺旋钻采煤法煤的可采范围为总面积的 95% 以上，不仅可以多出煤，而且可以充分释放瓦斯。

螺旋钻采煤法也有不足的方面。

①钻杆装卸效率慢。钻杆装卸多通过人工实现，为良好的实现钻杆和三爪离合器的对接，需不断进行微调，效率极低。依据实践显示，井下进行一次钻杆装卸的时间平均在 10min 以上，这极大地延缓了工作效率。所以，实现钻杆的高效装卸必是其未来发展的方向之一。

②提升钻头过岩能力。鉴于薄煤层地质条件的复杂和矸石含量较高，提升钻头的耐磨性和过岩能力，对于提升生产效率、保障生产连续性意义重大。

③解决钻孔充填问题。在钻探开采时，需要根据顶板状况留下一定宽度的小煤柱进行支撑，若能有效解决这一问题，可进一步提升煤炭开采量，并实行对低强度顶板煤层的开采。

近年来，国外许多产煤大国由于特厚煤层的开采储量日益枯竭，因此对螺旋钻采煤法产生了极大的兴趣。螺旋钻采煤机是在用于露天开采的螺旋钻机的基础上逐步改造成型的。

我国近几年也引进了一些螺旋钻采煤机，并取得了较好的经济效益。1998年我国从俄罗斯进口了2台BTR-L型螺旋钻采煤机，并在徐州韩桥煤矿进行了井下工业试验，效果很好。

2003年，新汶矿业集团从乌克兰引进2台薄煤层螺旋钻采煤机（适用于0.6～0.9m的薄煤层），分别在潘西矿和南冶矿进行了前进式和后退式采煤工艺试验，并获得了成功，单面单台钻机月产达5800t。

据测算，薄煤层、极薄煤层应用螺旋钻采煤与传统的炮采工艺相比，吨煤直接生产成本降低了80元，平均工效由5t/工提高到10t/工，彻底解决了传统采煤工艺不能开采的薄煤层、极薄煤层的有效利用问题，而且从根本上改善了现场作业环境，使职工的人身安全有了保障。例如，潘西煤矿螺旋钻采煤工艺的应用，具有效率高、安全系数高、资源开采率高的特点，适用于我国采用传统的开采方法的薄煤层，值得在全国推广应用。

在引进国外设备的同时，我国也加大了整机开发的力度，并取得了显著的成绩。提高薄煤采煤机械设备的智能化、自动化水平，实现操控方式和设备功能自动检测报警停机及故障判别诊断的自动化，保证设备运行的可靠性和安全性，实现作业面的无人化，提高煤炭开采的经济效益。

（四）我国综合机械化采煤技术装备发展现状

今后总的发展趋势是浅矿井的数目将大为减少，中深矿井的数目明显增加，深矿井的数目将成倍增加，并将出现更多的特深矿井，矿井的平均开采深度也将进一步增大0.6km左右。显然这种情况会对我国煤矿目前和今后的开拓和开采工作带来了深远的影响。因此，从现在起就应对深矿井开拓和开采的技术问题给予充分重视，认真加强这个领域中的研究工作。

深层煤矿开采工作极为重要，不仅是提高我国煤炭基础产量的一种方式，同时是开发新型煤矿开采技术的一种手段。所以，在未来的煤矿开采过程中，要不断积累经验，并对煤矿开采工作中遇到的问题及时的进行研究与探讨，以从根本上解决煤矿开采深度不达标的相关问题，为我国进一步加深煤矿开采深度提供有利的技术条件支持。

1. 综合机械化采煤技术概述

在采煤作业过程中，利用机械化生产在作业面进行支护、爆破煤层、顶板管理、装运煤炭等活动的全部流程，称为综合机械化采煤技术，其主要的优势在于通过减少人力劳动，提高工作效率，有效降低作业过程中安全事故的发生率，从而提高煤炭企业的竞争力。在传统的采煤技术下，由于缺乏科学方法的指导，造成煤炭资源极大的浪费与污染，为协调人与自然、经济发展与可持续发展的关系，应不断提高综合机械化采煤技术的水平，从装备、工艺及智能化水平等方面进行创新，重点关注深层煤炭资源开发与勘探，优化技术装备，提高资源利用效率。

2. 中厚煤层综合机械化开采技术与装备

在中厚煤层机械化开采过程中，主要使用的方法有综采放顶煤开采、分层开采、大采高综合开采等技术，由于分层开采效率较低，现阶段该方法已很少被采用，在 3.5 ~ 6.0m 煤层的安全高效开采过程中，主要使用的是大采高综合开采技术，目前，个别工作的采煤机为进口产品，大部分采煤机装备已实现了国产化。在厚度大于 7m 的厚煤层开采过程中，综合开采放顶煤开采技术占据着重要地位，随着相关项目的开展，截割高度为 2.8 ~ 5.5m、采放高度为 14 ~ 20m 的特厚煤层综放开采技术体系已形成，综合机械化开采技术末与成套装备研发取得重大突破。液压支架的作阻力达到 17 000kN、最大支护高达 7.2m、支架寿命达到 50 000 次循环，支架循环移架迷度有 20s 缩短至 8s。800 ~ 1000MPa 高强度焊接结构钢、360 ~ 440mm 大缸径双伸缩立柱新型密封结构的研发，新型二级护帮、微隙准刚性四连杆机构等的不断出现，满足了煤炭企业安全高效的生产要求。国内首套整体插装式电液换向阀及自动反冲洗高压过滤站的研制，使得采煤机最大割煤高度达 7m，总装机功率为 2600kW、装备中单线 CAN（控制器局域网络）总线通信和操作界面及控制器分离两件式结构被广泛使用，适应重载冲击及内外组合冷却的高强度摇臂不断优化，采煤机运行信息分析及故障诊断技术以 CAN 总线结构、智能化专家系统、DSP（数字信号处理）器的嵌入式控制系统等为基础，提高了设备的智能化及自动化水平。刮板输送机综合监测传输系统不断优化，多电机软驱动及功率平衡技术新型高速低阻拖辊关键技术应用于采煤作业中，使采煤作业工作效率不断提升。

3. 薄煤层开采技术与装备

在薄煤层综合机械化开采过程中，主要采用的方式为滚筒采煤机、螺旋钻机及刨煤机等，由于螺旋钻机要求巷道断面较大且钻孔间要留有小煤柱，加上其较低的采出率，因而不被国内众多煤炭企业所采用。随着技术的不断选步，我国成功研制了 MGl40/330-BWG 型、MG110/265-BWD 型、MG200/450-BED 型等薄煤层采煤机及 MGI1O/l30TPD 型极薄煤层电机牵引采煤机，以 DSP 器为核心的控制系统的使用，有效地提高了控制系统的可靠性。在薄煤层刨煤机开采技术中，主要采用刨煤机、刮板输送机及液压支架配套的刨煤机综采机组，现阶段使用的刨煤机采高为 0.6 ~ 2.5m，可刨普氏系数为 4 的煤，截深最大可达 300mm，刨速为 3m/s，刨链为 42mm，铺设长度达 300m，刨煤机组中电液控制系统及 CNA 总线中央控制系统，实现了采煤、输送及支护的自动化。

4. 短壁机械化开采技术与装备

为有效解决长壁开采残留煤柱、不规则地段、残采煤区及地质构造复杂煤层问题，短壁机械化开采技术不断地发展与完善。该技术是实现中小型煤矿机械化及提高煤炭资源采出率的重要途径。我国研制的 LY 系列连续运输系统、XZ 系列履带行走式液压支架、GP 系列给料破碎机、CMM 系列四臂锚杆钻车、WD13 梭车等一系列短壁机械化开采设备，形成了我国以连续开采机、短机单身滚筒采煤机及掘采一体机为核心的短壁开采技术体系，设备的性能及技术参数已接近国家化水平。

（五）普通机械化开采技术及发展趋势

随着采煤机械化装备的发展，我国薄煤层工作面的采煤工艺也发生了相应的变化并得到了一定的发展。普通机械化采煤工艺是在爆破采煤工艺基础上发展起来的，两者最大的区别就在于落煤和装煤这两项关键性的工序有了根本性的变革。20 世纪 50 年代初，在爆破落煤的采煤工艺中，尽管运煤装备的性能和效果还不够好，但工作面运煤已经实现了机械化。之后把截煤机改装成截装机时，虽然机器结构本身只做了某些小的改进，但在装煤工艺上却有了大的变革，用截盘把 40% 左右的煤装入输送机槽运走，其余煤用人工装入输送机，这就是我国机械化装煤工艺的雏形。

使用 MQ-64 型固定滚筒采煤机组（包括改装机）以后，装煤工序有所简化，装机比重加大。但是由于装煤机本身的缺陷，装煤效率还不高，仍需要一定的劳动力来清理机道浮煤。上述两种采煤机械都需要钢丝绳来牵引，都有拉大绳、拧绳头这一繁重的劳动工序，即采煤机下口准备往上割煤时需要把机器绳筒内的钢丝绳先拉出，再把绳头套在前方固定柱上，才能牵引机器割煤和装煤，由于绳筒容量有限而工作面长，因此采煤机就需要一段段地向前推移。此外，这种原始的滚筒采煤机只能正向割煤，不能反向割煤，且其采煤工艺是单向作业的。

在采用 MLQ-10 型单摇臂滚筒采煤机和变钢丝绳牵引为锚链牵引之后，上述工序才有了根本性的改变。能用摇臂调高的螺旋滚筒和带有上、下翻转的弧形挡煤板使割煤和装煤效率大为提高，同时紧固牵引链在工作面输送机机头、机尾架上，使整台采煤机能方便地沿工作面往返割煤和装煤，取消了拉钢丝绳和移设固定柱的工序，也改变了只能单向作业的工艺，再加上用齿条式或油压式千斤顶推移输送机，从而使落煤、装煤、运煤和移动刮板输送机的全部工序大体实现了机械化作业。在工作面支护上采用金属摩擦支柱和金属铰接顶梁，以替换传统的木支柱支护，从而进一步改进了无排柱放顶和按顶板性质设置排距、柱距的顶板控制技术，但在具体操作上仍依靠人工搬柱、升柱和撤除。这一套采煤工艺使机械化程度大为提高，生产能力增大，安全作业环境有所改进。

经过长期实践和不断完善，普通机械化采煤已成为我国采煤业的主要工艺手段。普通机械化采煤的初级阶段，需要人工打眼爆破开切口，其落煤、装煤和运煤机械属于小功率的轻型设备，强度与性能较差，事故较多；装煤后的浮煤不净，在移输送机前还需人工扒清机道，而且推溜力小；操作系统也不完善，其护顶支柱的实际初撑力极小，操作麻烦；整个工艺的劳动量仍较大，工作面生产能力不高，安全作业也不好。总的来看，这种普采工艺的技术水平和装备水平不高。

20 世纪 70 年代末我国引进和发展了综合机械化采煤技术，在综合机械化采煤技术发展的同时，基于我国的国情还发展了单体液压支柱。这就极大地推进了薄煤层普采工艺的发展。由于采煤机、输送机功率增大，功能日益完善，性能质量提高；液压技术在支护顶板和输送机上的应用使机械化采煤工艺有了新的突破性发展。1998 年后用 MG-150W 型无链牵引双滚筒采煤机代替单滚筒采煤机。该采煤机能够斜切进刀自开切口，一次采全高；可实行往返双向割煤，使采煤机的割煤、装煤能力大为提高，甚至还具有破碎大块煤的能力；输送机的传动功率增大，具有双速功能；中部槽的耐磨性和刚度及其连接强度都大为增强；输送链的破断力提高，链速加快，使运输能力提高；采过后少量底板浮煤，用液压推移装置移中部槽，用铲煤板干净地装入输送机。这一辅助功能，使整个装煤作业完全取消了人力清扫浮煤。这样就使整个采煤工艺中的各项工艺能够协调作业，从而真正实现了全机械化作业。此外，在工作面内还配备了完整的液压动力系统，采用了单体液压墩柱、多型铰接顶梁和滑移长梁，必要时还可以配备相应型号的液压切顶支柱，从而能够以液压力升柱和降柱，甚至移柱。这就大大改善了顶板控制状况，改善了安全作业环境，减轻了体力操作强度，从而使薄煤层普通机械化采煤工艺的技术水平和装备水平进入了一个新的发展阶段。

第二节　厚煤层开采技术的发展现状

一、我国厚煤层开采的现状

（一）厚煤层的概述

众所周知，我国人口众多，是煤矿的消费大国，煤矿在我国的能源中占有举足轻重的地位，甚至可以毫不夸张地说它的地位是不可替代的。虽然我国现有的煤炭的储量相对于其他国家来说是丰富的，但是厚度在 3.5m 以上的厚煤层占据了将近一半的比例，这给我国的煤矿开采带来了巨大的挑战。而我国的厚煤层煤矿大多数分布在新疆地区，新疆地区的煤层厚度甚至有的达到了 40m 以上。据《中国煤田地质学》的划分，我国的煤层单层厚度大概有 5 类，以 8m 作为厚煤层的起点。我国的大采高综采技术可以开采到煤层厚度的 7～8m，综放技术可以开采到煤层厚度的 20m 左右，所以也有一些文献提出了巨厚煤层这一名词，他们将那些超过 40m 厚度的单层煤称为巨厚煤层。所以研究好厚煤层的开采技术对我国的煤矿开采起着至关重要的作用，我们必须予以高度的重视。

（二）能源的重要性

能源是国家经济发展的基础，是人类赖以生存的五大要素之一（阳光、空气、水、食物、能源），也是 21 世纪的热门话题。社会的进步和发展离不开能源。在过去的 200 多年，建立在煤炭、石油、天然气等化石能源基础上的能源体系极大地推动了人类社会的发展。然而，近些年来，人们也看到了化石能源开采过程中所带来的一些不良后果，如资源日益枯竭，环境不断恶化，水资源遭到破坏等，因此进入 21 世纪后，全球范围内都在广泛开展新能源研究，努力寻求一种清洁、安全，可靠的可持续能源系统，这也是全球的未来能源发展战略。然而新的可再生能源系统的建立，是一个长期的过程，要想使其成为能源开发与消费的主体，至少需要数十年，甚至上百年的时间。目前世界范围内，仍然以化石能源为主，其在能源消费总量构成中占 90% 以上。因此在今后一个相当长的时期内，化石能源的开采与利用仍然是能源开发与消费的主体，并占有统治地位。

我国是世界上能源开采与消费的大国，能源消费量占世界总消费量的 10% 以上，仅次于美国，居世界第二位。但人均商品能源消费甚低，约为世界平均值的 1/2，美国的 1/10。改革开放以来，我国经济一直保持持续的高速增长。全面建成小康社会目标要求我国未来经济继续保持较快的、稳定的增长。这种高速的经济增长，必然需要高速的能源增长来支撑。我国以往的经济增长主要是依靠投资和消耗大量能源。但投资对经济增长的贡献已经开始下降。我国当前的经济结构不够合理，高能耗工业过多，能源浪费严重，能源利用效率低，能耗高。我国能源利用效率约为 31.2%，与经济合作与发展组织（OECD）的标准相比还有一定差距。我国能源经济效益也很低，万元 GDP（国内生产总值）能耗为美国的 3 倍，日本的 72 倍，也远高于巴西、印度等发展中国家。因此合理利用与开发能源，促进经济发展是我国今后能源战略的主要内容之一。在未来的经济结构调整中，要降低能耗，充分发挥能源利用效率，走集约化发展的道路。但同时我国经济总量巨大，未来经济的高速增长，即使是集约化发展，也必然对能源的需求呈现强劲的增长趋势。

二、我国煤矿开采技术现状

我国的煤矿开采为国家提供了 70% 的能源，为 900 万人提供了就业岗位。在开采条件复杂、多变、国家整体投入不足、总体装备水平低下、作业条件艰苦的情况下，煤矿企业提供了国家能源的基石，有力地保障了国家经济的高速增长，煤矿企业为国家的经济建设、上缴税收和提高人民的生活质量作出了巨大贡献。

我国的煤矿开采技术与装备自 1949 年以来逐渐在进步，1949 年以前的煤矿开采几乎都是落后的手工操作，没有什么机械化。20 世纪 50 年代后，我国开始研制和应用采煤机，1964 年成功研制了 MLQ-64 型浅截深单滚筒采煤机与 SGW-44 型可弯曲刮板输送机配套，采用金属摩擦支柱和金属铰接顶梁，形成了基础的普通机械化采煤工艺。1978 年后我国又研制了单体液压支柱与双滚筒采煤机和 150 型刮板输送机配套，形成了第二代普通机械化采煤工艺（高档普采）。1988 年后，无链牵引采煤机和大功率刮板输送机、单体液压支柱等设备配套形成了第三代普采工艺（又称新高档普采）。

自 1954 年世界上第一个综合机械化采煤工作面在英国问世以来，延续多年的普通机械化采煤也进入了新的历史阶段，并发展成为各先进采煤国家的主导采煤技术。我国的综合机械化起步于 20 世纪 70 年代。1970 年我国研制的第一套综采设备在大同矿务局投入工作性实验。我国在 1973 年和 1978 年 2 次大批量引进国外综采成套设备 143 套。80 年代，我国综采技术逐步成熟，进入全面推广应用阶段。近年来，我国在机械化采煤装备、工艺及相关技术的研究和开发工作上做了大量科研工作，形成了适用于我国不同层次和范围的采煤综合机械化装备的技术。目前我国国有重点煤矿采煤机械化程度达 78%，综采程度达 63%。在厚煤层开采方面，我国高效机械化基本上只有两条道路，一条是成套引进国外先进设备，另一条是采用国产设备进行放顶煤开采工艺，这两条路都达到了工作面年产 600 万 t，甚至上千万吨的水平。近年来，厚煤层开采设备国产化进程迅速，尤其是大采高和放顶煤开采的液压支架，基本上实现了国产化，工作面能力也达到了千万吨以上水平。

近年来，西方工业化国家对煤炭能源的高需求促进了厚煤层开采技术的发展与进步。由于科学技术的进步，大采高开采也变得越来越成熟，厚煤层的开采经历了由分层开采、放顶煤开采最后到大采高开采三个阶段。根据具体的煤层条件选用合适的开采方法使煤炭资源回收率和开采效益最大化，充分尊重大自然做到与自然环境和谐相处，这是我国厚煤层开采需要面临的关键问题。新疆地区土地面积过大而居民居住密度又相对较大，矿区大多远离居民点；再加上新疆相对恶劣的自然环境，也导致了交通不是十分的便利，因此煤炭资源长期没有得到很好的开发与利用。虽然我国现有的煤炭的储量相对于其他国家来说是丰富的，但是厚度在 3.5m 以上的厚煤层占据了将近一半的比例，这给我国的煤矿开采带来了巨大的挑战。而我国的厚煤层煤矿大多数分布在新疆地区，新疆地区的煤层厚度甚至有的达到了 40m 以上。这些问题都给煤矿的开采带来了巨大的挑战，具体挑战如下。

①机械化程度低。虽然我国国有重点煤矿的机械化程度较高达 78%，其中综采程度达 63%，但与国内外先进采煤国家相比，仍然处于落后状态，各类煤矿的装备和技术水平差异很大。考虑到地方国有煤矿和乡镇、个体煤矿，则整个煤矿行业的机械化程度很低，地方国有煤矿的机械化程度只有 25%，乡镇、个体煤矿的机械化程度几乎为零。这必然导致井下用人多，劳动强度大，这也是我国煤矿事故死亡率高的主要原因之一。

②安全生产形势严峻。我国煤矿的安全状况差有多种原因，如地下开采的比率高达 95% 以上，地质条件复杂，瓦斯浓度高且突出矿井比例大，乡镇、个体煤矿多，达 2 万处，占总产量的 30% 等。近 20 年来，我国的煤矿安全状

况明显改善，但是煤矿事故死亡率仍是世界最高的国家之一。虽然我国的煤矿事故死亡率有所下降，死亡人数大大减少，但是乡镇、个体煤矿仍然是煤矿死亡事故的主体，事故起数和死亡人数仍占有较高的比重。

③资源回收率低。煤炭作为国家不可再生的、主体的能源，虽然目前尚有5.06万亿 t 的资源预测总量，但实际的保有储量仅为 1 万亿 t；而且近年来，煤炭资源过度开采，各种开采方式并存，加之赋存条件复杂、企业的现实利益等，也造成了资源的大量浪费，据估计，全国煤矿的煤炭资源回收率总体不足50%，而且乡镇、个体煤矿的不足 30%。低的资源回收率大大缩短了矿井的服务年限且浪费了大量宝贵的煤炭资源。

④管理和技术人才短缺。由于煤矿企业长期以来待遇差、工作条件艰苦，加之对煤炭能源认识不足、宣传失实，对煤矿形象的误解，原煤炭高校定位纷纷偏离煤炭行业，导致煤矿企业长期以来缺少人才，如许多国有重点煤矿近年来仅补充过少量大学本科毕业生，原有技术人才又纷纷辞职，致使煤矿企业人才奇缺，这必然影响企业的技术进步与科学管理，使煤矿企业的思想认识、管理水平、技术水平等在一种粗放型的平台上徘徊。地方国有煤矿、乡镇、个体煤矿的人才更是短缺。人才的短缺必将对煤矿的生产、安全、技术进步、思想观念、文化意识等产生严重的不利影响。

三、厚煤层开采急需解决的主要问题

厚煤层开采的效益好，可使用的方法也相对较多，无论采用哪一种方法进行开采，都可获得较好的经济效益。在 20 世纪 80 年代初期以前，厚煤层开采的主要方法是分层开采，但是到了 20 世纪 90 年代中期后，由于放顶煤开采的效益好，产量高，在某些矿区试验成功后，全国迅速推广放顶煤开采方法。近年来由于大采高开采技术装备的逐渐成熟，全国又迅速推广大采高方法，这就使得表面上看厚煤层开采经历了由分层开采、放顶煤开采、大采高开采 3 个阶段，但事实上并非如此，就厚煤层开采的沿革而言，经历了由分层开采、放顶煤开采、大采高开采 3 个阶段，但是我们不能简单地说这 3 种方法具有低级到高级的关系，而是针对不同条件而采取的不同方法。有些条件下，需要采取多种方法的综合。例如，在我国新疆等地，存在许多厚度为 30～50m 的煤层，对于该类煤层，显然简单地采用一种方法不尽合理，若井型条件允许，采用分层大采高放顶煤开采，则是一种首选方法。因此根据具体煤层条件选用合适的开采方法，做到与环境协调发展，使煤炭资源回收率和开采效益最大化是当前我国厚煤层开采中面临的主要问题。在放顶煤开采的高潮期，个别条件不适宜放顶煤开采

的矿井也应用了放顶煤技术，这使得资源回收率和开采效益不尽如人意。今天在大采高开采技术比较成熟的条件下，许多矿井都在创造条件应用大采高开采方法，但也可能最后发现有些条件不适宜应用大采高技术。因此针对具体煤层条件和企业的经济实力选择合适的开采方法尤其重要。一般而言，对于井型较小、煤层瓦斯灾害严重、煤层硬度较小、地面需要缓慢下沉的矿井应用分层开采仍然是合适的开采方法。对于瓦斯灾害较小或者瓦斯可以得到有效治理、煤层硬度较小、厚度在 6～15m 的煤层，采用放顶煤开采方法则是较好的选择。对于煤层厚度为 4～7m、煤层硬度较大、工作面生产能力要求较大的煤层，采用大采高开采则是较好的方法。对于许多特厚煤层，如厚度在 10m 以上，甚至达到 30m 或者 50m 时，可以综合应用上述几种方法，其实对于许多巨厚煤层，在埋深等条件允许时，也可以考虑采用露天开采方法。在厚煤层开采过程中，目前急需解决如下一些问题。

第一，煤矿厚度的损失，无论是大采高开采还是分层开采，都很难避免浪费，即完完整整地开采出厚煤层的全部厚度。采用大采高开采的时候，煤层的厚度不一定吻合大采高的开采高度，就算开采高度与煤层厚度相符了，一旦工作人员操作不娴熟或者端面与煤壁冒漏也会降低工作面的采高，从而造成煤层厚度的损失；采用分层开采的时候，煤层的各个分层的划分会在一定程度上造成煤层厚度的损失。

第二，放煤厚度的损失，就目前的技术来说，初未采工作面两端的顶煤损失还是很难解决的问题，尤其是工作面两端的顶煤的损失还是非常大的，虽然通过适当地放煤工艺可以减小一小部分的损失，但是其实很难很好地控制煤炭的损失量。这可能与顶煤的厚度和流动性有关，所以我们就要着重研究放顶煤开采方法适合开采哪类煤矿。

第三，区段煤柱损失，区段煤柱损失是厚煤层开采中煤炭损失的主要损失部分。由于分层开采是需要上下分层的，在进行区段巷道布置与支护时必须要预留出一些煤柱，这就造成了不可避免的浪费，如何回收这部分煤柱资源是我们急需解决的问题。无论是放顶煤开采还是大采高开采，都会不可避免地形成全煤巷道，全煤港道也是需要支撑的。在实际的应用中，尤其是工作面回采过程中，巷道是非常容易出现变形的，这给维护也带来了一定的难度。我们可以通过增加工作面长度、减小区段煤柱宽度和进行科学支护来减小区段煤柱损失，这是有效可行的解决方法之一。

第四，瓦斯防治技术。厚煤层的开采给瓦斯防治带来了许多的困难，有些厚煤层开采强度大、煤岩卸压范围大的也会造成工作面瓦斯超过限制，工作面高度大，容易向采空区漏风，一旦工作面端头漏风现象比较严重就容易引起采空区浮煤自燃，也就是我们平时说的瓦斯爆炸问题，因此我们应特别提出要严格加强研究瓦斯涌出的规律和防治技术的力度。

第五，架型确定问题，一次采高大放顶煤开采时，顶煤厚度大，这就给架型确定带来了新的问题，再一次采高显著增大后，顶板压力、支架工作阻力确定没有可靠的理论可以采用。所以在这种情况下发生了多起支架事故。

厚煤层急需解决的关键问题就是煤炭资源的回收率较低。虽然厚煤层的储煤量是非常巨大的，但是过厚的煤层厚度也给开采带来了非常大的难度，造成了一些煤炭的损失与浪费。

四、厚煤层开采的发展方向

我国虽然在煤矿开采方面起步比较晚，但是通过大家近30年来的不懈努力，近几年来我国煤矿还是给国内经济带来了比较不错的效果。虽然我国的科学技术在日益发展进步，但是大采高综采设备仍然不是那么完善，它不仅受材料的限制，还受设计制造水平等条件的限制，导致它在工作可靠性和技术性能方面，差国际先进水平一大截，因此我们现在煤矿使用的高端煤炭生产装备几乎都是由国外厂商所生产的。虽然多年来，我国在阳泉、邢台、双鸭山、西山、兖州、铁法、枣庄等矿区推广了大采高采矿技术，并且目前已取得了很大的进步。但现在是机械化的时代，为了顺应时代的发展与进步，我们大量采用机械法采煤，目前电牵引采煤机、重型刮板输送机、多点驱动大运力带式输送机和电液控制强力液压支架等具有较先进技术水平的大功率的并且拥有独立知识产权的设备已经被国内综采设备科研设计企业和制造企业研制并开发出，这些配套设施在适宜的矿井条件下，可实现年产超过300万 t 以上的煤产量。但是这种设备和澳大利亚或者美国等发达国家的那种综采工作面全部采用计算机网络化、自动化控制技术的设备是无法相比的，他们的平均生产能力是我们平均生产力的2倍，我国在综机制造业上和国际水平的差距，正是今后我国大采高综采设备发展所需要弥补的。

众所周知，我国是煤炭生产和消费大国，我国一次能源70%来自煤炭，因此煤炭在我国能源结构中具有其他能源无法代替的作用。厚煤层对于实现我国煤矿的高产高效开采起着至关重要的作用。随着科学技术的日益进步，我国的厚煤层开采的装备和技术都取得了长足的进展与进步，并且现在我们所掌握的技术已经处于国际领先水平了。我国的放顶煤开采技术和大采高开采技术都为我国的煤炭开采做出了很大贡献，但是随着煤层厚度的增加，厚煤层开采也遇到了一些急需解决的问题，如提高煤炭资源回收率、瓦斯防治技术等问题，这些问题都在等待着我们去解决。

五、我国厚煤层开采的主要方法

在我国现有煤炭储量和产量中，厚煤层（厚度 ≥ 3.5m）的产量和储量均占45%左右，而且厚煤层是我国实现高产高效开采的主力煤层，具有资源储量优势，由于其煤层厚度大，对其开采可以有多种方法进行选择。随着煤炭市场好转和高产高效开采的迫切需要，放顶煤开采和大采高开采技术得到了快速发展和广泛应用，然而煤炭开采与具体的地质条件、开采条件等有密切关系，因此厚煤层开采要根据煤层条件和技术条件等采用合适的开采方法，并且随着开采煤层厚度和开采强度的增加，还会出现许多迫切需要解决的新的课题，如提高煤炭资源回收率、支架合理选型、瓦斯运移规律与防治技术等。

（一）分层开采

在 20 世纪 80 年代以前，厚煤层主要以分层开采为主，即平行于厚煤层面将厚煤层分为若干个 2 ~ 3m 左右的分层进行自上而下逐层开采，个别也有自下而上逐层开采的。

当自上而下逐层开采时，上一分层开采后，下一分层是在上分层垮落的顶板下进行，为确保下分层回采安全，上分层必须铺设人工假顶或形成再生顶板。目前多采用在分层间铺设金属网，作为下一分层开采的"假顶"，下分层开采在"假顶"保护下作业，称为下行分层开采。有的矿区为了进行地面保护，或在特易自燃的特厚煤层条件下采用了上行充填开采，如水砂充填、风力充填等，这被称为上行分层开采。

分层开采的优点是技术相对成熟，是我国长期应用的一种采煤方法，具有设备投资少，一次采高小，瓦斯治理技术相对成熟，上露岩层及地表可以实现缓慢下沉等。但分层开采同样也有一些缺点，如巷道掘进率高、产量低、开采成本高、下分层巷道支护难度大、区段煤柱损失大、采空区反复扰动、易引起采空区自燃等。由于分层开采的上述不足，因此我国从 20 世纪 80 年代中期开始研究和应用厚煤层放顶煤开采技术，并取得了举世瞩目的成绩。

（二）放顶煤开采

放顶煤开采的实质就是在厚煤层底部布置一个采高 2 ~ 3m 的长壁工作面，近年来，在一些特厚煤层，开始应用机采高度为 3.5 ~ 4.5m 的放顶煤技术。放顶煤开采过程为用常规方法进行开采，利用矿山压力作用或辅以松动预爆破等方法，使支架上方的顶煤破碎成散体后，由支架尾部的放煤口放出，经由工作面后部刮板输送机将放出的顶煤运出工作面。

按机械化程度和使用的支护设备可将放顶煤开采技术分为综采放顶煤和简易放顶煤两大类。简易放顶煤是指用滑移顶梁液压支架铺顶网放顶煤、单体液压支柱配Ⅱ型顶梁铺顶网放顶煤等实用技术。由于简易放顶煤对顶板（煤）控制不好，支架工作阻力和初撑力难以达到要求，易产生顶板事故，因此应尽量不采用这种方法。综采放顶煤是指综合机械化放顶煤开采技术，本书的放顶煤开采是指综采放顶煤开采技术。

由于放顶煤开采的工艺特点决定了该方法具有巷道掘进率低、投资少、开采成本低、产量大、效率高等优点，因此其对煤层硬度和裂隙发育程度要求较高，即要求顶煤能自行破碎成适宜放出的块度，同时又由于产量高、一次采高大、工作面的瓦斯绝对涌出量较大，采空区残留一定浮煤，给瓦斯治理、采空区防火、地面突然下沉等工作带来一定困难。

放顶煤开采工艺是壁式体系采煤法中的一种，这种采煤方法最早于20世纪40年代始于法国等国家。我国于1984年开始研制和开发这种采煤工艺，到20世纪90年代中期，开始迅速发展，已经成为我国开采5m以上厚煤层的主要方法，并且工作面年产达到了600万t的水平。我国已经研制出了几种主要型号液压支架，在采煤和放顶煤工艺、矿山压力与岩层控制、瓦斯运移与抽排措施、巷道与采空区火灾的防治等方面，取得了重要的研究成果。针对我国经济基础较差，矿井系统能力较低，井型较小的实际情况，我国又成功研制了轻型放顶煤液压支架（支架重量≤8.5t），开发了轻型支架的综合机械化放顶煤开采技术，工作面产量可实现年产百万吨的水平。

我国已将这项技术用于顶板坚硬和煤层坚硬，瓦斯含量高且有突出危险、易燃大倾角（煤层倾角≥25°）等的难采厚煤层中，均取得了良好效果。今后这项技术将向三个方向发展。

一是，条件适宜厚煤层的高产、高效、高采出率开采。

二是，难采厚煤层的安全高效开采。

三是，工作面产量要求较低厚煤层的高效、高采出率轻放开采。

国内正在基于弹塑性力学、损伤力学、散体力学、岩石力学、矿山压力与控制理论、流体力学等深入系统地研究放顶煤开采的矿山压力规律与岩层控制原理，顶煤破裂与垮落规律、散体顶煤流动与放出规律及提高采出率技术、瓦斯运移与抽放技术、火灾与粉尘防治技术，研制新型放顶煤液压支架与放顶煤的自动控制技术等。

综放开采技术自 1982 年引入我国以来，在我国获得了巨大成功，并取得了举世瞩目的成绩，已成为我国煤炭开采技术近 20 年来取得的标志性成果之一，也为煤炭企业渡过 20 世纪 90 年代中后期困难阶段，走出低谷做出了重要贡献。

综放开采技术于 20 世纪 60 年代始于欧洲，当时主要用于边角煤和煤柱开采，最高月产只有 4.96 万 t（法国的布朗齐矿），但人们并未将这项具有巨大潜力的开采技术进一步发展。

我国在 1984 年运用国产综放支架装备了第一个缓斜综放工作面，但效果并不理想，后来转向了急倾斜分段综放试验，取得了成功。1987 年以后，综放技术开始在缓倾斜软煤以及中硬煤中进行试验，到 1990 年已经达到了工作面月产 14 万 t 的水平。

综放开采技术在我国取得了极大的发展，主要成果表现在以下三方面。

①在条件适宜的矿井，综放开采技术的应用范围迅速扩大，综放面的产量迅速提高。

②难采厚煤层的综放开采技术取得了突破性进展。例如，在煤与瓦斯突出厚煤层；煤与顶板坚硬的"两硬"厚煤层；大倾角厚煤层；煤层、顶板、底板极软的"三软"厚煤层中，均成功地进行了综放开采技术试验研究与推广应用，并取得了良好效果，进而形成了针对一些特殊复杂条件综放开采的专有技术。

③轻型支架（支架重量≤ 8t）的综放开采技术得到了广泛应用。在一些井型较小、可连续开采的块段小、倾角较大、对产量要求不高等工作面，广泛应用了轻型支架，其工作面年产量一般为 50 万～ 100 万 t。

（三）大采高开采

近年来随着国内外煤机制造业技术的进步，尤其是国内煤机设计与制造等技术的迅速进步，以及煤炭企业经济形势逐渐好转等，大采高开采方法逐渐得到推广应用。根据大采高液压支架技术条件（MT 550—1996）规定，最大采高大于或等于 3800mm，用于一次采全高工作面的液压支架称为大采高液压支架，对应的回采工作面称为大采高工作面。

在引进国外设备的基础上，我国研制了一系列适应自身煤矿地质条件的产品，并进行了工业性实验和实际生产，取得了一定的经验。目前，大采高一次采全厚采煤法已在我国多个矿区得到应用，并取得了可喜的成绩，如神东矿区、晋城矿区、邢台矿区、大同矿区等。随着开采及相关技术的进步，大采高开采方法会得到进一步的推广应用。

大采高综采工作面的特点是支架高度大、采煤机功率大、需安装强力刮板输送机和相应的大型巷道及辅助设备，其一次性投资较大，对井型及井下巷道、硐室的尺寸要求较大，但具有产量大、效率高、适用于集中生产、井下布置简单等特点。

目前我国厚煤层开采中上述 3 种方法均有所应用，其中在 20 世纪 80 年代中期以前，我国的厚煤层开采是以分层开采为主，其主要的开采技术、开采装备、开采理论都主要是针对分层开采而言的，这也使我国长壁分层开采的综合技术在世界处于先进水平。20 世纪 80 年代中期以后，我国开始了放顶煤开采方法的研究和应用。1984 年先在沈阳蒲河煤矿开始综采放顶煤工业试验。自此以后，由于放顶煤开采技术自身的优点以及煤矿企业当时经济条件的制约，降低成本、提高产量和开采效益成为当时煤炭企业主要的战略思路，因此放顶煤开采技术在 20 世纪 80 年代后期至 21 世纪初得到了迅速发展。在其发展过程中，相应的理论与技术问题也得到了有效解决，使我国的综合机械化放顶煤开采技术在世界处于领先水平。大采高开采方法真正得到广泛的认可和利用是近 10 年的事情，早期由支架、采煤机等技术与制造业的制约加之大采高工作面投资大，使得这一方法的推广遇到一定难度。近年来，随着相关技术的解决以及相关设备的国产化进程加快，加之煤矿企业经济效益好转，大采高一次采全厚方法得到了快速发展。神东矿区已采用了郑州煤大支撑高度 6.3m 的支架，而且目前最大支撑高度为 7.0m、支护阻力达 10 000kN 以上的支架，这标志着我国在大采高开采技术也处于国际领先水平。

近年来，大采高开采技术在我国获得了巨大发展，尤其是大采高液压支架与采煤机的发展已经取得了举世瞩目的成就，由此促进了大采高开采技术的进步，工作面生产能力达到了 1500 万 t/a 的水平。

国外大采高开采技术的研究始于 20 世纪 70 年代中期，1980 年民主德国赫母夏特公司开发出 G550-22/60 掩护式支架，最大高度为 6m，在威斯特伐伦矿使用，取得了成功。20 世纪 70 年代末，波兰设计开发了 PlOMA 系列两柱掩护式大采高支架，高度为 2.4 ～ 4.7m，也取得了较好的使用效果。美国 1983 年开始在怀俄明州卡邦县 1 号矿用长壁大采高综采开采 Hanana No.80 厚煤层，采高为 4.5 ～ 4.7m，取得单班生产日产量为 3600t，两班生产日产量为 5000t，三班生产日产量为 6200t，工作面工效为 210 ～ 360t/ 工，实现了高产、高效。另外，法国、南非、澳大利亚等主要产煤国都进了大采高综采实验并取得了成功。

澳大利亚有大量厚度 4m 以上的厚煤层，由于埋藏浅及地下开采技术等原因，澳大利亚的厚煤层主要是露天开采方法。近年来，随着露天开采的经济合理剥采比的限制和地下长壁开采技术的进步，厚煤层的地下开采方法也逐步受到重视。从 20 世纪 80 年代开始,澳大利亚开始研究和发展大采高开采方法,但主要是针对厚度为 4 ~ 4.5m 的煤层。在澳大利亚认为大采高极限高度是6m。

我国从 1978 年起,从德国引进了 G320-20/37、G320-23/45 等型号的大采高液压支架及相应的采煤、运输设备,试采 3.3 ~ 4.3m 厚煤层取得成功,平均月产达 70 819t,达到了我国当时最高水平。与此同时也开始研制和实验国产的大采高液压支架和采煤机,经过了多年的努力,现已取得了明显的进展。1980年邢台东庞矿使用 BYA329-23/45 型国产两柱掩护式液压支架及相配套的大采高综采设备,在厚度为 4.3 ~ 48.0m 的厚煤层中进行了工业性试验并取得了成功。以后又相继在其他几个回采工作面使用,支架状态良好,试验期间平均月产量为 6.3 万 t,最高月产达 12 万 t,平均回采工效为 31.82t/ 工。在试验的基础上东庞矿与有关厂家合作,进一步研制了最大采高达 5m 的 BY3600-25/50 型两柱掩护式液压支架,并于 1988 年进行了试验,在采高达 4.8m 的情况下,平均月产 10.4 万 t,最高月产 14.2 万 t。近年来,大采高开采技术又有了较大的发展,如铁法矿务局使用的 ZZ5600/25/47 型两柱掩护式液压支架,平均月产达到 15万 t。

进入 21 世纪后,我国的大采高开采技术又实现了新的发展,在开采设备的研制、开采技术的深入研究方面取得了极大的进展,并得到了实践的检验。

实践表明,绝大部分大采高工作面均取得了较好的技术经济效果。一般情况下,其主要的技术经济指标要优于分层综采工作面,在条件合适的情况下,也要优于综放工作面。因此虽然大采高技术在我国真正大面积使用的时间不长,但发展迅速,在合适的煤层地质条件下,如煤层倾角较小、煤层硬度较大、煤层厚度在 4 ~ 7m、煤层顶底板较平整、地质构造不发育等情况,大采高综采是一种有巨大发展潜力的新工艺。

第三章 薄煤层开采的方法与选择

由于薄煤层开采难度大，经济效益低，因此其存在着配采比失调、采厚丢薄的现象。因此，薄煤层开采方法的合理选择尤为重要。本章主要分析了我国常用的壁式体系开采技术和柱式体系开采技术，结合选择原则和影响因素，从而宏观把控薄煤层采煤法的发展方向。

第一节 壁式体系开采技术

壁式体系采煤法中主要采用的是长壁采煤法。其主要特征是采煤工作面长度较长，一般在 60～80m 以上。每个工作面两端必须有两个出口，一端出口与回风平巷相连，用来回风和运送材料；另一端出口与运输平巷相连，用来进风和运煤。在工作面内安装采煤设备，随着煤炭被采出，工作面不断向前移动，并始终成一条直线。

①壁式体系采煤法按所采煤层倾角，分为缓斜煤层采煤法、倾斜煤层采煤法和急倾斜煤层采煤法。

②壁式体系采煤法按采用的采煤工艺不同，可分为爆破采煤法、普通机械化采煤法和综合机械化采煤法。

③壁式体系采煤法按采空区处理方法不同，可分为垮落采煤法、刀柱（煤柱支撑）采煤法、充填采煤法。

如果将长壁工作面沿煤层倾斜布置，采煤时工作面沿走向推进，工作面的倾斜角度等于煤层的倾角，则将其称为走向长壁采煤法；如果将工作面沿走向布置，工作面呈水平状态，采煤工作面可以沿倾斜向上或向下推进，则将其称为倾斜长壁采煤法。工作面向上推进时称为仰斜开采；向下推进时称为俯斜开采；工作面还可以沿伪倾斜布置：伪倾斜是指工作面倾斜方向与煤层的真倾向斜交，伪倾斜工作面的倾角比煤层的倾角小。

薄煤层长壁采煤法可分为走向长壁、倾斜长壁等采煤法。

一、长壁采煤法采煤工艺

采煤工作面的生产过程，主要包括破（落）煤、装煤、运煤、支护及采空区处理五大工序，其中前三项是把煤从煤壁破碎采出，简称采煤；后两项是为了控制顶板，为采煤工作创造安全的空间条件，通常叫作顶板管理。采煤工作面进行各工序所用的方法、设备及其相互配合关系，称为采煤工艺。

目前，我国长壁工作面的采煤工艺主要有炮采、普采和综采三种方式。

①炮采：爆破采煤工艺，其技术特征是爆破落煤、人工装煤、机械化运煤，用单体支架支承工作面顶板。

②普采：普通机械化采煤工艺，其主要技术特征是用采煤机械同时完成落煤和装煤，而运煤、顶板支柱和采空区处理与炮采工艺基本相同。

③综采：综合机械化采煤工艺，即破、装、运、支、处等主要生产工序全部实现机械化连续作业的采煤工艺方式。

由于我国煤矿地质条件差异很大，各地区经济发展也不平衡，因此多种采煤工艺方式将长期并存。

（一）爆破采煤工艺

炮采工艺是指在长壁工作面用爆破方法崩落煤体、利用爆破及人工装煤、刮板输送机运煤、单体支架支护的工艺系统。

1. 爆破落煤

爆破落煤的工序过程包括打眼、装药、填炮泥、连炮线及爆破等。首先是按照爆破要求，工作面煤壁上用煤电钻打出炮眼，然后按规定装入药卷、填封炮泥，最后连接炮线，进行爆破。爆破参数主要包括以下内容

①炮眼布置方式，依据煤层厚度、煤质软硬、节理方位及发育程度定，对于中硬煤层，当其厚度小于1.2m时，可用单排眼；当煤层厚度为2.2m以下时，一般采用两排眼；当大于2.5m时，可采用三排眼。

②炮眼的深度，主要根据煤层及顶板状况、工作面循环进度来确定，一般循环进度为0.8～1.2m，炮眼深度为1.0～1.4m。

③炮眼的间距，是指炮眼沿工作面长度方向的间距，由煤层的硬度决定，一般为0.88～1.40m。

④炮眼与煤壁的夹角，视煤层硬度而定，水平面上的夹角一般为60°～80°，煤软取大值，煤硬取小值。炮眼在垂直面上与顶底板之间的夹角和距离，由煤层软硬、黏顶情况及顶板稳定程度确定，以不破坏顶板为原则。

当顶板稳定时,顶眼的仰角为 5° ～ 10° ,顶眼底部距顶板的距离为 0.2 ～ 0.5m,底眼的俯角一般为 10° ～ 20° ,眼底距底板一般在 0.1m 左右,以避免留底且便于装煤。

⑤炮眼的药装量,依据煤质软硬而定,底眼的装药量一般为 150 ～ 450g。长壁采煤工作面应采用分段爆破,一次爆破长度应根据顶板情况、刮板输送机的运输能力以及安全情况来确定。

近年来,为提高爆破效果,在炮采工作面推广使用毫秒爆破技术,即采用毫秒延期电雷管,一次通电,按照先后顺序延期起爆。这种爆破方法既可保证工作面内的爆破安全,又可提高爆破效果,爆破装煤率高,还可减缓对顶板的震动,有利于顶板的稳定和维护,可有效提高炮采工作面的单产和效率。

爆破落煤技术简单,容易掌握,对地质变化的适应性较强,主要用于小型矿井和不宜采用机械化采煤的工作面。

2. 炮采工作面装煤

炮采工作面破落下来的煤,除一部分由爆破作用装入运输机外,其余的由人工装入工作面刮板运输机。人工装煤的劳动强度大,工效低且不安全,工作面应采取措施提高爆破装煤率或采用机械化的装煤设施,减轻煤矿工人劳动强度。

3. 工作面运煤

采煤工作面的运煤方式,主要根据煤层的倾角及落煤方式确定,可采用机械运输和自溜运输两种方式。煤层倾角小于 25° 时,多采用可弯曲刮板输送机运煤;当煤层倾角大于 25° 时,可采用铁溜槽或搪瓷溜槽自溜运煤;煤层倾角在 35° 以上时,煤可沿底板自溜运输。随着落煤工作的进行,工作面运输机需要不断向煤壁推移(称移溜),普采和炮采工作面一般多采用液压千斤顶推溜法。

工作面中部每隔 6m 设一台液压千斤顶,运输机机头、机尾各设 3 台千斤顶,随采煤机割煤后推溜。推溜时,应从工作面的一端向另一端依次推移,以防止溜槽拱起而损坏;溜槽平面的弯曲角度不得超过 3° ;弯曲段的长度一般不小于 15m,而且应保持 2 ～ 3 台千斤顶协同工作。

（二）采煤工作面支护

1. 采煤工作面支架形式

采煤工作面顶板控制的基本手段是工作面支架,工作面支架是平衡顶板压力、维护采煤工作空间的一种结构物。支架必须具备两个特性,即良好的支撑性能和一定的可缩性能。采煤工作面使用的支架种类较多,单体支架是由顶梁和支柱组合而成的，一般顶梁属于刚性构件，支柱则由活柱和柱体两节组成，它们之间的伸缩关系形成了支柱的可缩性。单体支架支护方式主要分以下几类。

①木支架。木支架由木支柱和木顶梁（或木柱帽）组成。由于木支柱可缩量小，易折损，因此不能适应采场矿压活动规律；并且木支架的复用率低，消耗量大，我国有煤矿已用金属支架替代。但木支柱具有重量轻、加工容易、支拆方便等优点，目前在处理顶板事故和一些临时支护时还有使用，在乡镇煤矿中应用还较广泛。

②摩擦式金属支架。摩擦式金属支架由摩擦支柱与铰接顶梁组合而成。摩擦支柱有微增阻式（HZWA型）和急增阻式（HZJA型）两种。其结构主要由柱体、活柱和柱锁三部分组成。摩擦支柱的工作原理是当柱锁锁紧活柱之后，依靠活柱表面与柱锁摩擦板之间产生的摩擦力支撑顶板，随顶板下沉下缩，逐渐缩入柱体，支柱的工作阻力（即支柱对顶板压力的抵抗反力）相应增大。

摩擦式金属支架由于其力学性能差，特别是支撑力较小，容易造成顶板离层，对顶板控制不利，极易发生顶板事故。目前在我国大、中型煤矿中已基本淘汰。

③单体液压支架。单体液压支柱与金属顶梁配合，组成单体液压支架。单体液压支架是以高压油液或乳化液为动力的一种支柱，分为内注式和外注式两种，其工作特性为恒阻式。内注式是将一定量的油液注入支柱内腔，支柱支设时，通过自身的手摇泵使活柱升起支撑顶板。外注式由专设的液压泵站供液，使用3%～5%乳化液，通过注液枪注入柱体内，在高压乳化液的作用下活柱升起支撑顶板。目前，我国普遍使用的是外注式单体液压支架。

④金属顶梁。炮采和普采工作面常用的顶梁为金属顶梁，金属顶梁有铰接式和非铰接式两种。使用时，两根顶梁之间用活动的原销子连接，用楔子插入两根铰接梁的耳槽中，使铰接顶梁呈水平悬臂状态，并支托顶板岩层。

2. 单体支架布置方式

采煤工作面支架布置方式主要根据直接顶的稳定程度、基本顶的压强及其对直接顶的破坏程度、底板的岩石性质、支护材料及采煤工艺等特点选用。采用单体支护时，工作面支架布置方式有带帽点柱支护、棚子支护和单体支架支护等几种。

①带帽点柱支护。带帽点柱由一根支柱和一个柱帽组成，柱帽一般由长0.3～0.6m、厚50～100mm的半圆木或木板制成，柱帽受压后具有较大的可缩性。一般用于比较完整、稳定的薄煤层工作面。带帽点柱的布置形式有矩形

或三角形两种。

②棚子支护。棚子支护是由一梁二柱组成的框式支架，顶梁上面通常有板皮或笆片。主要用于顶板稳定性较差、裂隙比较大、中等稳定以下的顶板支护。根据棚子延伸方向与工作面煤壁的相对关系，其布置方式可分为走向棚子和倾斜棚子。

③单体支架支护。单体支架支护是由单体支柱与铰接顶梁组合成的一种支护方式，是普采、炮采工作面最常用的支护方式。单体支架按顶梁与支柱的相互位置，分为正悬臂和倒悬臂两种。悬臂伸向工作面煤壁时，称为正悬臂；悬臂伸向采空区一侧时，称为倒悬臂。

采用正悬臂时，机道顶板有悬臂梁护顶，安全条件较好；悬臂梁靠采空区一侧伸出较短，故顶梁不易折损。采用倒悬臂时，靠采空区一侧的支柱不易被矸石埋住，有利于支柱回撤，但机道顶板支护效果差。炮采工作面一般多采用正悬臂进行支护。

3. 采空区处理

采空区处理的目的是减轻回采工作面的顶板压力，使顶板压力大部分转移到煤壁和采空区中，保证回采工作面支护安全。采空区处理方法主要有垮落法、煤柱支撑法、充填法等。

①垮落法。用垮落法处理采空区的实质是有步骤地使采空区的直接顶垮落下来，并利用垮落的岩石支撑上部未垮落的岩层压力。有时在顶板垮落前，应沿工作面全长，在预定的顶板垮落线位置架设特种支架（如密集支柱），使采空区与回采空间隔开。然后拆除一定距离的支护，使悬空的直接顶垮落，这项工作称为放顶。设密集支柱的放顶工作称为密集放顶。

放顶工序是回撤支护的过程。一次放顶距离称为放顶步距。放顶步距加上回采工作空间的宽度称为工作面最大控顶距，放顶后工作空间的最小宽度称为最小控顶距。

当顶板岩层的韧性比较大、易弯曲而不易破碎，而且煤层又比较薄时，顶板可能下沉，且未发生垮落之前，即已和底板接触。具有这种特点的采空区处理方法称为缓慢下沉法。

②煤柱支撑法（又称刀柱法）适用于极坚硬顶板。这种顶板往往悬露数千平方米而不垮落，但其一旦大面积垮落将导致严重后果。这种方法的具体做法是，每当工作面推进一定距离后，留下适当宽度的煤柱支撑顶板，然后在煤柱另一侧重开切眼进行回采工作。

③局部充填法就是砌筑矸石带来支撑采空区的顶板。矸石来源可用挑顶、采空区垮落的岩石或卧底的办法取得，也可以利用煤层的夹石。这种方法劳动强度大，煤层越厚越困难。因此，只适用于顶板坚硬且不易垮落的薄煤层。

④全部充填法是从回采工作面外部运来大量的砂石，把采空区填满，利用充填物支撑顶板。这种方法一般适用于开采特厚煤层，在建筑物、铁路、水体下进行，采煤时常采用全部充填法。

二、单一长壁采煤法

我国在开采缓倾斜薄煤层时，大多采用走向长壁一次采全厚的采煤方式，也叫作单一走向长壁采煤法。

（一）采区的生产系统

采区的生产系统包括运煤，运料，排矸，通风，供电，压气和安全供水等系统。

1.运煤系统

在输送机上山和运输平巷内设输送机。其运煤路线为工作面运出的煤炭，经运输平巷、输送机上山到采区煤仓上口，通过采区煤仓上口，在采区石门装车外运。最下一个区段工作面运出的煤，则由区段运输平巷运至输送机上山，在输送机上山铺设一部短刮板输送机，向上运至煤仓上口。

2.运料、排矸系统

运料、排矸系统主要应用矿车及平板车。掘进巷道所处矸石和煤，利用矿车从各平巷运出，经轨道上山运至下部车场。

3.通风系统

采煤工作面所需的新鲜风流从采区运输石门进入，经下部车场、轨道上山、中部车场分成两翼，经平巷、联络巷、运输平巷进入工作面。从工作面出来的乏风风流经回风平巷分成两翼，右翼直接进入采区回风石门，左翼则须经上部车场绕道进入采区回风石门。掘进工作面所需的新鲜风流从轨道上山，经中部车场分成两翼送到平巷，在平巷内由局部通风机送往掘进工作面，乏风风流则从运输平巷经输送机上山回入采区回风石门。采区绞车房和变电所需要的新鲜风流由轨道上山进入。采区绞车房的回风经联络巷处的调节风窗回入采区回风石门；变电所的回风经输送机上山进入回风石门；煤仓不通风，煤仓上口、上山输送机机头硐室的新鲜风流直接由石门通过联络巷中的调节风窗供给。为使风流能按上述路线流通，在相应地点须设置风门。

4.供电系统

高压电缆由井底中央变电所经大巷、采区运输石门、下部车场、输送机上山至采区变电所。经降压后的低压电，由低压电缆分别引向回采工作面和掘进工作面附近的配电点，以及上山输送机、绞车房等用电地点。

5.压气和安全用水系统

掘进岩巷时所用的压气，采掘工作面、平巷及上山输送机转载点所需的防尘喷雾用水，分别由地面（或井下）压气机房和地面储水池（或井下小水泵）以专用管路送至采区用气、用水地点。

（二）巷道布置模式

薄煤层采用单一长壁巷道布置方案，单面产量较低，接替紧张，经济效益差。理论和实践表明，单一工作面要实现高效益，工作面长度必须达到一定的数值。在薄煤层开采中，采用中厚以上煤层的单一长壁巷道布置模式，其生产系统完全可行，但从经济的角度考虑，存在下列不足。

①薄煤层厚度普遍较小，半煤岩巷道工程量较大，造成工作面单产能力较低，万吨掘进率高。

②由于掘进工程量大，工作面推进速度相对较快，必然造成掘进与生产协调紧张，矿井集中化生产程度较低。

③虽然可用沿空留巷或沿空掘巷措施减少煤柱损失、提高资源回收率，但沿空留巷的支护较困难，巷道维护成本较大；沿空掘巷与沿空留巷相比，虽然单巷的维护成本较小，但增加了半煤岩巷道掘进工程量以及总的巷道维护成本。

（三）采区巷道布置的有关问题

1.区段的参数

区段的参数包括区段斜长和区段走向长度。

区段斜长为采煤工作面长度、区段煤柱宽度及区段上下两平巷宽度之和。采煤工作面长度一般为120～180m，对于薄煤层可略短一些，对于综采一般应不小于150m；区段煤柱宽度一般为8～15m，薄煤层时取下限；区段平巷宽度对于普采为2.5～3.0m，对于综采为4.0～4.5m。

区段走向长度，即采区走向长度。对于普采一般不小于500m；对于综采由于采掘工作面搬迁困难，一般不小于1000m。

2.区段平巷的坡度和方向

区段的回风巷、运输巷，这些巷道虽称为平巷，实际上并不是绝对水平的。在实际工作中为了便于排水和有利于矿车运输，它们都是按照一定坡度（0.5%～1%）布置和掘进的。但由于坡度很小，所以除了在巷道施工方面需加以注明外，一般在进行巷道系统的布置和分析时，都按水平巷道对待。

3. 单工作面布置和双工作面布置

对拉工作面的实质是利用 3 条区段平巷，准备出 2 个采煤工作面。中间的区段平巷铺设输送机作为区段运输巷，上工作面的煤炭向下运到中间运输巷，下工作面的煤炭则向上运到中间运输巷，由此集中运送到采区上山。由于下工作面的煤炭是向上运送，因此下工作面的长度应根据煤层倾角的大小及工作面输送机的能力而定。随着煤层倾角增大，下工作面的长度应比上工作面短一些。上、下两条区段平巷内铺设轨道，分别为上、下两个工作面运送材料及设备等服务。

对拉工作面的通风方式主要有两种。第一种是由中间的区段运输巷进风，分别清洗上、下工作面之后，由上、下区段平巷回风，或者从上、下平巷进风，中间平巷回风。无论哪一种都有一个工作面是下行风，所以只适用于煤层倾角不大的情况。第二种是由下部区段轨道巷及中间区段运输巷进风，而集中由上部轨道巷回风，称为串联掺新的通风方式。可根据煤层倾角和瓦斯情况，按有关规定选择合适的通风路线。

上、下工作面之间一般有错距，通常不超过 5m，用木垛加强维护，错距不允许过大，否则中间运输巷维护困难。上、下工作面上部或下部工作面均可超前。当工作面有淋水时，一般采用下部工作面超前的方式。

对拉工作面的明显优点是可以减少区段平巷的掘进量和相应的维护量，提高采出率。由于上、下两个工作面同采，并共用一条运输巷，可以减少设备，使生产集中，便于统一管理采煤工作面生产，还可避免窝工，提高效率，因而取得了良好的效果。

对拉工作面一般适合于非综采、倾角小于 15°、顶板中等稳定以上、瓦斯含量不大等条件下使用。

4. 回采顺序

工作面回采顺序有后退式、前进式、往复式及旋转往复式等几种。

①后退式。工作面由采区边界方向向采区上山方向回采，称为后退式，其是我国最常用的一种回采顺序。

②前进式。工作面由采区上山方向向采区边界方向回采，称为前进式。其是工作面平巷不需预先掘出，只需随工作面掘进在采空区中留出，即沿空留巷。

沿空留巷前进式采煤的优点是，减少了平巷掘进的工程量及提高了采出率。但巷道必须采取有效支护手段和防漏风措施。由于工作面平巷不预先掘出，煤层赋存条件不明，因此一般宜在地质构造简单时使用。目前，我国较少采用这种回采顺序。

③往复式。往复式回采是前两种回采方式的结合，主要特点是在上区段回采结束后工作面设备可直接搬迁至其下个工作面，从而缩短了设备搬运距离，节省了搬迁时间，这对综采是一个很有利的因素。我国应用综采较多的矿区（如开滦、阳泉、鸡西等）近几年应用较多；在采区边界布置有边界上山时，则应用更为有利。

④旋转往复式。旋转往复式回采使回采工作面旋转180°，并与往复式回采相结合，从而实现工作面不搬迁而继续回采。我国鸡西、阳泉等矿区的一些综采工作面曾采用过这种回采顺序。但我国综采设备大修周期一般不超过2年，因此采用旋转往复式，一般只宜旋转一次。只有提高综采设备的可靠性，加强设备维护，才能允许多次旋转往复。旋转式回采时边角煤损失较多，影响资源采出；回采技术操作及管理较复杂，旋转时产量、效率较低等，这些也是我国应用较少的一个原因。

5. 无煤柱护巷布置

沿留空巷一般适用于开采缓倾斜、倾斜和厚度在2～2.5m以下的薄及中厚煤层。沿空留巷时，工作面平巷的布置方式主要有三种，前进式沿空留巷、后退式沿空留巷及往复式沿空留巷。

①前进式沿空留巷是工作面前进式回采，沿空留巷出平巷。

②后退式沿空留巷是先掘进运输平巷到采区边界，工作面后退式回采，回采后再沿空留出平巷，作为下工作面回风平巷。这种方式克服了前进式回采时，前方煤层赋存情况不明及留巷影响工作面端头采煤等缺点，但增加了平巷的掘进工程量。目前，我国较多采用后退式沿空留巷。为了减少沿空留巷的维护时间，在回采顺序上，要求上工作面回采结束后，立即转入下工作面回采。

③往复式沿空留巷。多用于开采缓倾斜、倾斜厚度较大的中厚煤层或厚煤层。沿空掘巷的工作面平巷布置与回采顺序有关，沿空掘巷时回采工作面接替有两种方式，区段跳采接替及区段依次接替。

6. 采场通风方式

采场通风方式的选择与回采顺序、通风能力和巷道布置有关。特别是高瓦斯矿井、高温矿井需要大量风，通风方式是否合理成为影响工作面正常生产的重要因素。在这种情况下，对工作面通风应满足如下要求，工作面有足够风量并符合安全规程要求，特别要防止工作面上隅角积聚瓦斯；沿空留巷时的巷道应采取防漏风措施；风流应尽量单向顺流，少折返逆流，系统简单，风路短；根据通风要求，进回风巷应有足够的断面和数目。

采场通风方式有"U"、"Z"、"Y"、"H"和"W"形等几种。

①"U"形通风。在采区内后退回采方式中，这种通风方式具有风流系统简单、漏风小等优点，但风流线路长、变化大。当前进式回采用这种通风方式时，漏风量较大。这种通风方式，如果瓦斯不太大，工作面通风能满足要求，即可采用。目前，这种通风方式在我国用得比较普遍。

②"Z"形通风。由于进风流与回风流的方向相同，所以也可称为顺流通风方式。当采区边界有回风上山时，采用这种通风方式配合沿空留巷可使区段内的风流路线短且长度稳定，漏风量小，通风效果比"U"形通风方式好。

③"Y"形通风。当采煤工作面产量最大和瓦斯涌出量大时，采用这种方式可以稀释回风流中的瓦斯，对于综采工作面，上、下平巷均进新鲜风流，有利于上、下平巷安装机电设备，可防止工作面上隅角积聚瓦斯，及保证足够的风量。这种方式也要求设有边界回风上山，当无边界上山、区段回风设在上平巷进风巷的上部（留设区段煤柱护巷）时，则称为偏"Y"形通风。

④"H"形通风。其与"Y"形通风的区别在于工作面两侧的区段运输巷、回风巷均进风或回风，增加了风量，有利于进一步稀释瓦斯。该方式通风系统较复杂，区段运输巷、回风巷均要先掘后留，掘进、维护工程量较大，故较少采用。

⑤"W"形通风。当采用对拉工作面时，可用上、下平巷同时进风（或回风）和中间平巷回风（或进风）的方式。采用该通风方式有利于满足上下工作面同采，实现集中生产的要求。这种通风方式的主要特点是不用设置第二条风道；若上、下端平巷进风，则在该巷中回撤、安装、维修采煤设备时有良好环境；同时，易于稀释工作面瓦斯，使上隅角瓦斯不易积聚，排炮烟、煤尘速度快。

上述各种通风方式应根据工作面产量、风量要求等具体条件进行选择。

三、倾斜长壁采煤法

倾斜长壁采煤法的回采工作面沿走向布置、沿倾斜方向推进。按推进方向不同又可分为仰斜长壁和俯斜长壁两种。

（一）巷道布置及采煤系统

倾斜长壁采煤法巷道布置十分简单，俯斜长壁普采工作面的巷道布置是自运输大巷开掘带区下部车场和进风行人斜巷，掘进分带运输斜巷至上部边界。由于运输大巷在煤层中开掘，为了形成一定的煤层高度，分带运输斜巷在接近煤仓处，应向上抬起，进入煤层顶板。同时，自大巷沿煤层倾斜向上掘进分带回风斜巷。该巷与回风大巷相交，掘进到上部边界后，开掘、开切眼，即可进行回采。回采工作面长度为 120～150m，工作面俯斜连续推进长度可达1000m 或以上，直至保护回风大巷的煤柱边界。在分带运输斜巷中可铺设带式输送机，在工作面附近设一部刮板输送机或转载机；运输斜巷铺设轨道，一般用多台小绞车串联运送材料，小绞车体积小，可不设绞车房硐室，将小绞车置于巷道一侧即可。在转运处巷道宜设一段平坡。

煤的运输系统：工作面—分带运输斜巷—带区煤仓—运输大巷外运。

通风系统：运输大巷—进风行人斜巷—分带运输斜巷—工作面—分带回风斜巷—回风大巷排出。

（二）采区巷道布置的有关问题

1. 仰斜开采与俯斜开采

倾斜长壁回采工作面，按推进方向可分为仰斜开采和俯斜开采。工作面沿倾斜从下向上推进的称为仰斜开采，工作面沿倾斜从上向下推进的称为俯斜开采。

据资料统计，我国应用仰斜开采的比重较大，占 74.07%。实践经验表明，当煤层顶板较稳定、煤质较硬，或顶板含水量较大时，宜采用仰斜开采；当煤层倾角与厚度均较大、煤质松软易片帮，或沼气含量较大时，宜采用俯斜开采。

当煤层倾角大于 17° 时，由于技术上的原因，采用仰斜开采或俯斜开采，目前在我国尚存在一定的困难，而在欧洲一些国家已取得可喜的进展。

2. 回采方式

根据倾斜长壁工作面的推进方向与主要水平大巷的相互位置关系，其回采方式可分为前进式、后退式和混合式三种。

回采工作面自主要水平大巷向阶段上（下）边界推进，其运输斜巷和回风斜巷随工作面的推进而向前掘进，并在采空区中维护时，称为前进式回采方式。前进式回采方式不需要预掘大量的回采巷道，缩短了回采工作面的准备时间，有利于采掘接续；巷道免受超前支承压力的作用，沿空留巷维护状况较好；改变采掘分散的局面，提高矿井集中化程度。但这种回采方式不易弄清工作面前方地质构造，采掘工作相互干扰，采空区漏风有导致煤炭自然发火的危险。

当回采工作面自阶段上（下）边界向主要水平大巷推进，其运输斜巷和回风斜巷预先掘出，并基本上在煤体中维护时，称为后退式回采方式。这种回采方式由于在工作面投产前就须把运输斜巷和回风斜巷掘出，故巷道掘进的工程量较大，准备时间较长。但可探清地质构造，保证回采工作面稳定生产，有利于防止漏风和降低自然发火的危险。

当井田边界设有总回风巷时，工作面运输斜巷和通风斜巷可以预先掘出，也可以随工作面回采而同时掘进，它既具有前进式的特点，又有后退式的特点，故称为混合式回采方式。这种方式主要是为了满足仰斜和俯斜开采特点的要求，在不能采用后退式回采方式时，用其克服和减轻前进式的缺点，从而改善工作面回采期间的通风和巷道维护条件而出现的。

3. 单工作面和对拉工作面

采用单工作面布置时，需要多开掘倾斜巷道，并使用较多的运输设备。如果将两个工作面并列在一起同时回采，可以共用中间的一条运输巷道，从而形成对拉工作面。这种方法生产集中，可缩短巷道和减少运输设备，可获得较高的经济效益。但两个工作面齐头并进，要求较高的组织和管理水平。

（三）倾斜长壁采煤法采煤工艺

倾斜长壁采煤法的采煤工艺也是分为爆破采煤工艺、普通机械化采煤工艺和综合机械化采煤工艺三种。

1. 倾斜长壁采煤法采煤工艺特点

仰斜开采时，水可以自动流向采空区。工作面无积水，劳动条件好，机械设备不易受潮，装煤效果好。当煤层倾角小于10°时，采煤机及输送机工作稳定性好。若倾角较大，采煤机在自重影响下，截煤时偏离煤壁减少了截深；输送机也会因采下的煤滚向中部槽下侧，易造成断链事故。为此，要采取一些措施，如减少截深、采用中心链式输送机、下部设三脚架把输送机调平、加强采煤机的导向定位装置等。在煤层夹矸较多时，滚筒切割反弹力较大，使采煤机受震动和滚筒易"割飘"，导向管在煤壁侧磨损严重。当煤层倾角大于17°时，采煤机机体常向采空区一侧转动，甚至出现翻倒现象。仰斜开采的工作面布置。

在俯斜开采时，随着煤层倾角的加大，采煤机和输送机的事故也会增加，装煤率降低。由于采煤机的重心偏向滚筒，俯斜开采将加剧机组的不稳定，易出现机组掉道或断牵引链的事故，并且采煤机机身两侧导向装置磨损严重。当煤层倾角大于17°时，采煤机机身下滑，滚筒钻入煤壁，煤装不进输送机中，经试验采取把输送机靠煤壁侧先吊起来，使中部槽倾斜度保持在13°～15°，采煤机割底煤时卧底，使底板始终保持台阶状，采煤机可正常工作。

2.倾斜长壁采煤法巷道布置特点

根据倾斜长壁采煤法的巷道布置及采煤工艺特点，以及国内外一些矿井实践中获得的技术经济效果，可以看出倾斜长壁采煤法与走向长壁采煤法相比具有以下优点。

①巷道布置简单。巷道掘进费用和维护费用低，投产快。与走向长壁采区巷道布置相比，这种方法缩短了一些准备巷道，缩短了矿井建设周期。同时，还减少了巷道维护工程量和维护费用。当井底车场和少量的大巷工程完毕后，就可以很快地准备出采煤工作面投入生产。

②生产系统简单。倾斜长壁采煤法工作面出煤经分带运输斜巷直达运输大巷，运输环节少，系统简单。由于倾斜长壁工作面的回采巷道既可以沿煤层掘进，又可以保持固定方向，故可使采煤工作面长度保持等长，从而减少了因工作面长度变化而给生产带来的不利影响。矿井通风风流方向转折变化少，同时使巷道交叉点和风桥等通风构筑物也相应减少。

③对某些地质条件的适应性较强。当煤层的地质构造，如倾斜和斜交断层比较发育时，布置倾斜长壁工作面可减少断层对开采的影响，可保护工作面的有效推进长度。当煤层顶板淋水较多或采空区采用注浆防火时，仰斜开采有利于疏干工作面，创造良好的工作环境。当瓦斯涌出量较大时，俯斜开采有利于减少工作面瓦斯含量。

倾斜长壁采煤法存在的主要问题是要求煤层倾角小；长距离的倾斜巷道，使掘进及辅助运输、行人比较困难；大巷装车点较多，特别是当工作面单产低，同采工作面个数较多时，这一问题更加突出。

（四）倾斜长壁采煤法的评价及适用条件

1.倾斜长壁采煤法评价

与走向长壁采煤法相比，倾斜长壁采煤法有以下优点。

①巷道布置简单，巷道掘进费用和维护费用低，投产快。

②运输系统简单，占用设备少，运输费用低。

③工作面容易保持等长，有利于综合机械化采煤。

④通风线路简单，通风构筑物少。

⑤对某些地质条件适应性强。如煤层顶板淋水较多或采空区需注浆防火时，仰斜开采有利于疏干工作面积水和采空区注浆；瓦斯涌出量大或煤壁易片帮时，俯斜开采有利于工作面排放瓦斯和防止煤壁片帮。

⑥技术经济效果好。实践表明，在工作面单产、巷道掘进率、采出率、劳动生产率和吨煤成本等几项指标方面，都有提高和改善。

倾斜长壁采煤法存在如下缺点。

①长距离倾斜巷道使掘进、辅助运输和行人比较困难。

②在不增加工程量的条件下，煤仓和材料车场的数目多，大巷装载点多。

③分带斜巷内存在下行通风问题。

2. 倾斜长壁采煤法适用条件

能否采用倾斜长壁采煤法主要考虑煤层倾角大小和工作面连续推进长度。在开采区域内不受走向断层影响，且能保证足够工作面连续推进长度的条件下，倾斜长壁采煤法适用于煤层倾角小于 12° 以下的煤层。随着煤层倾角加大，技术经济效果逐渐变差，采取措施后倾斜长壁采煤法可在倾角为 12° ～ 17° 的煤层中使用。

值得注意的是，由于煤层赋存条件变化，一个矿井中有可能同时使用走向长壁采煤法和倾斜长壁采煤法。在煤层倾角较小的条件下，走向长壁采煤法也能取得较好的技术经济效果，因此，在确定采用何种采煤法时，要进行技术经济比较。

第二节　柱式体系开采技术

柱式体系采煤法可分为房式采煤法和房柱式采煤法，有时房式采煤法也称为巷式采煤法。

在煤层内开掘一系列称为煤房的巷道。煤房间用联络巷相连，这样就形成一定尺寸的煤柱了。煤柱可留下不采，用以支撑顶板，或在煤房采完后，再将煤柱按要求尽可能采出，前者称为房式采煤法，后者称为房柱式采煤法。按装备不同，柱式体系采煤法可分为传统的钻眼爆破工艺和高度机械化的连续采煤机采煤工艺两大类。传统的爆破落煤工艺与煤巷钻眼爆破掘进基本相同，高度机械化的柱式体系采煤法主要在美国、澳大利亚、加拿大、印度和南非等国应用。

我国地方煤矿，特别是乡镇煤矿应用机械化水平低的柱式体系采煤法较多。近年来我国部分大型现代化矿井也引进了连续采煤机等配套设备，提高了机械化程度。部分矿井用于回收边角煤柱或地质破坏带煤柱。

一、房式采煤法

房式采煤法的特点是只采煤房不回收煤柱，用房间煤柱支撑上覆岩层。以下只对高度机械化的房式采煤法进行介绍。

（一）盘区巷道布置及主要技术参数

房式采煤法主要技术参数有以下几方面。

1. 平巷数目

根据运输、行人、工作面推进速度、顶板管理方式及通风能力综合确定平巷数目，因为掘进和采煤合二为一，因而多条巷道并列布置对生产及通风更有利。通常主副平巷为 5～8 条，一般中间数条巷道进风，两侧巷道回风，区段平巷为 3～5 条。同时由于通风和安全的要求，还需要开掘横向联络巷来贯通每条平巷。

2. 煤柱尺寸

煤柱尺寸由上覆岩层厚度、煤层和底板强度确定，常用的煤柱宽度为 8～20m。

3. 煤房采高、采宽及截深

连续采煤机采高可达 4m，当煤层厚度小于 4m 时应一次采全高；对于厚度过大的煤层，只能开采优质部分，其余弃于采空区。煤房因采用锚杆支护，宽度一般不应超过 6m，否则应采用锚杆和柱两种支护方式。如果煤层顶板破碎，宽度通常仅为 5m。截深应确保采煤机司机始终处于永久锚杆支护的安全范围内，即最远时司机刚好在最后一排锚杆之下，这样，要求截深一般为 5～6m。

（二）采煤工艺及其发展概况

按运煤方式不同，连续采煤机采煤工艺可分为梭车间断运输工艺系统和输送机连续运输工艺系统。

1. 连续采煤机 – 梭车间断运输工艺系统

典型的连续采煤机-梭车间断运输工艺系统配套设备包括：1 台连续采煤机、1 台锚杆机、最少 2 台梭车或蓄电池运煤车、1 台给料破碎机、1 台蓄电池铲车、1 套移动变电站、充电设备和足够的备用蓄电池。

连续采煤机-梭车间断运输工艺系统主要用于中厚煤层和厚煤层中，有时也用于厚度较大的薄煤层中。

2.连续采煤机－输送机连续运输工艺系统

这种系统是将采煤机采落的煤，通过多台输送机转运至带式输送机上。

这种连续运输工艺系统主要用于近水平薄煤层，采煤房或掘巷时既不挑顶，也不卧底。由于设备高度受到限制，用连续运输代替了梭车。运输系统由多台带有履带行走装置的短刮板输送机铰接而成。采煤机后第一台为桥式转载机，设有一个容量较大的受载容器，后面多台万向接长机，每台约 10m 长，便于转弯运行，最后一台万向接长机尾部与带式输送机尾部相接。

薄煤层一般采用纵向螺旋滚筒采煤机，两个带截齿的纵向螺旋滚筒一次钻进 1.1m，可左右摆动 45°，一次采宽为 6～7m，利用两滚筒相向对滚，将破落的煤推装到连续采煤机中的刮板输送机上，运到采煤机尾部。

采煤后若顶板不太稳固，可先用金属支柱临时支护，而后再用锚杆永久支护，边打锚杆边回撤临时支柱，一般一台采煤机配备 2 台顶板锚杆机。

近年来，连续运输系统在中厚煤层中的使用呈上升趋势。与梭车运煤系统相比，连续运输系统的优点是：运输能力强，连续生产时间长，可以使采煤机的生产能力得到充分发挥；设备爬坡力强，对底板比压较小；设备运输可靠，运行环境比较安全，不易撒浮煤；运输成本低。其缺点是：设备初期投入高，整套设备比梭车（按 3 台计）高 30% 左右；设备搬家倒面工艺较复杂；对顶板完整性要求较高。

3.连续采煤机发展概况

连续采煤机是美国现代化采掘设备，有近半个世纪的发展历程。

美国煤层大多数是近水平煤层，且以中厚煤层居多，地质构造简单。20 世纪 60 年代以前，人们多用房式或房柱式采煤方法，连续采煤机作为主要生产型设备被广泛使用，并得到了迅速发展。60 年代以后，美国推广走向长壁采煤法获得显著经济效益，此时，连续采煤机又作为工作面运输、通风巷道的快速掘进设备，成为当今美国高产高效综采工作面装备中必不可少的设备。

自 1949 年美国利诺斯（LEE-NORSE）公司研制成功第一台连续采煤机以来，其发展过程若按落煤机构的演变来划分，大体经历了三个发展阶段。

第一阶段，20 世纪 40 年代，截链式连续采煤机。这一时期的连续采煤机采用截链式落煤机和螺旋清煤装置。其优点是机器灵活性好，适用于不同的开采条件，可开采煤炭、钾、碱、铝土矿、硼砂、页岩及永冻土；缺点是结构复杂，装煤效果差，截割头宽度窄，生产能力低。其代表机型有利诺斯公司的 CM28H 型和久益公司的 3JCM 型、6CM 型。

第二阶段，20 世纪 50 年代，摆动式截割头连续采煤机。这一时期的采煤机采用带 2 ～ 3 个截齿环的摆动式截割头落煤机和装煤臂清煤装置。其优点是生产能力高，装煤效果好；缺点是摆动头振动大，维护费用高。这种机型由于装煤技术上的改进，生产能力较高，受到市场普遍欢迎。其代表型为久益公司的 8CM 型。

第三阶段，20 世纪 60 年代至今，滚筒式连续采煤机。60 年代末出现了生产能力大、截割效果好、装煤机简单可靠的滚筒式连续采煤机，从而完全取代了摆动式截割头连续采煤机。60 年代末，美国久益公司先后推出 10CM 和 11CM 系列连续采煤机，这两个系列的机型是现代连续采煤机的雏形，其技术发展过程有一定代表性。

10CM 系列的截割头宽度固定不变，由两个外滚筒和一个中心截割链组成，采用扒爪式装煤装置与宽 762mm 的中间输送机相配合，行走履带独立驱动，多电机布置，结构紧凑，机器能截割 90° 转弯的横川。

11CM 系列除保持 10CM 系列设计特点外，在提高机器可靠性方面有两个显著进步：一是截割电机由纵向布置改为横向布置；二是行走履带采用两台双速交流电机驱动，取代了传统的液压传动。

20 世纪 70 年代末，久益公司在 11CM 系列基础上推出 12CM 系列，这一系列机型得到了不断完善和提高，形成了当今的现代连续采煤机。12CM 系列采煤机有 12CM12-10B 型（美国、澳大利亚、加拿大在使用），12CM8-10B 型和 D 型（英国、独联体、波兰、中国在使用），以及 12HM3C 型和 B 型（南非在使用）。这三种机型分别适用于中等硬度、坚硬和特坚硬中厚及厚煤层开采。对 12CM 系列采煤机，久益公司通过不断增加齿轮强度、加大截割电机功率等新技术的途径来提高机器的效率，从而实现了连续采煤机的现代化。目前 12CM 系列采煤机的优点为：齿轮箱的齿轮采用全圆角设计、增大了压力角和齿轮中心距、超深的齿廓线，使轮齿的抗弯强度达到最大；采用高质量钢材，绝大多数齿轮选用 AGMA 标准中的"超级钢"；采用感应淬火和碳化处理工艺；对整个齿轮箱内齿轮实现强度平衡，优化总体设计，并用计算机程序来评估负荷变化的影响。

12CM 系列采煤机截割电机的功率从 $2 \times 55kW$ 增加到 $2 \times 65kW$、$2 \times 90kW$、$2 \times 140kW$、$2 \times 157kW$、$2 \times 187kW$，大功率保证了截割效率和可靠性，最大生产能力达 34t/min。目前已有使用功率达到 $2 \times 270kW$ 的齿轮箱。

12CM 系列采煤机行走履带普遍采用机载固定电路可控硅整流直流电机牵引，即电牵引，并在截割与行走电机之间建立反馈控制，使系统传动简单、工作可靠，还能实现最佳截割。此外，机载除尘器和无线电遥控系统可以保证司机在破碎顶板和单巷长距离条件下掘进的安全。该系列采煤机还采用了机载微处理系统，可提供机器操作和工况全方位的监控。

4.连续采煤机的应用

（1）连续采煤机在国外的使用情况

目前使用连续采煤机最多的国家主要有美国、南非、澳大利亚和英国。连续采煤机的使用范围主要在房柱式采煤，其次是长壁式的采区巷道，工作面上、下平巷掘进，以及边角煤回收、条带采煤。

美国是采用房柱式开采的主要国家，也是连续采煤机的生产、使用大国。美国在房柱式开采中使用连续采煤机近半个世纪，目前美国井工产量的50%靠连续采煤机生产。美国在连续采煤机研制、设计和制造方面积累了丰富的经验，使连续采煤机得到了不断改进和完善，适用范围逐步扩大，支护和运输等配套设备日益成熟。目前，美国生产连续采煤机的厂家主要有久益（JOY）、朗艾道（DONG-AIRDOX）、杰弗里（JEFFERY）、艾姆科（EIMCO）4家公司，其中久益公司产品市场最大。这些公司的产品已覆盖了薄、中厚及厚煤层，形成了系列。此外，美国长壁工作面的采区巷道、工作面平巷全部用连续采煤机掘进。美国使用连续采煤机屡创高产高效纪录，如阿科煤炭公司西麋鹿矿一台连续采煤机最高班进74m，日进133m，月进3477m；Crandall Canyon矿在高2.23m、宽6m的巷道掘进，一台连续采煤机创班进尺210m，班产煤3600t，日产煤1.0×10^4t纪录。在美国，连续采煤机平均班进60m，日产量20 001t，已有许多高产工作面达到日进尺百米，月产量超过10×10^4t。

英国是井工开采中以长壁采煤法为主的国家之一，长期以来，采区巷道及工作面平巷的掘进使用悬臂式部分断面掘进机和金属棚支护，积累了比较丰富的经验，在掘进机研制生产方面颇具规模，在国际采矿设备领域有一定的地位。但自20世纪80年代后期开始，英国采用了连续采煤机和锚杆支护技术，经过近10年的实践和变革，取得了良好的效益。例如，英国最大的煤炭公司RJBudge公司，20世纪80年代拥有的悬臂式部分断面掘进机曾多达1280台，80年代末期，由于成功地解决了采准巷道锚杆支护技术，引进了连续采煤机，在长壁工作面单头或多头巷道掘进中发挥了显著作用。目前，该公司使用悬臂式部分断面掘进机的台数逐步下降到50台，掘进进尺也已降到总进尺的30%左右，而连续采煤机在短短几年里从零增长到87台，掘进进尺已上升到总进尺的65%。1989年，斯福德比矿开始试验锚杆支护、连续采煤机掘进，经过一年试验，连续采煤机掘进进尺比悬臂式部分断面掘进机、金属支柱支护掘进进尺增长十几倍，而每米进尺成本则下降了90%。1994年，英国井工开采经济效益最好的矿井是用连续采煤机开采的爱林矿。该矿在英国东北部沿海，有9台久益公司的连续采煤机，保持5个回采工作面年产量约为2Mt。目前，在英国连续采煤机加锚杆支护技术正逐步上升为煤层平巷掘进的主要方法之一，其是英国煤矿加快掘进进尺、降低掘进成本的重要措施，也是英国煤炭工业近10年来技术变革的一个重要方面。

综上所述，国外应用连续采煤机实际情况可以认为：

①连续采煤机加锚杆支护是一种可靠的高产、高效采煤技术装备。

②连续采煤机加锚杆支护是一种既可以应用在回采生产，又可以应用在掘进准备的采掘技术装备。

③连续采煤机加锚杆支护是目前实现高产、高效长壁回采工作面采准巷道快速掘进的有效技术装备。

（2）连续采煤机在我国的使用情况

我国引进连续采煤机始于1978年，迄今为止，大体上经历了单机引进和配套引进两个阶段。

第一阶段，20世纪80年代，以单机引进为主。1978年，在引进100套综采设备的同时，先引进了一批悬臂式部分断面掘进机和连续采煤机。连续采煤机是作为掘进机械化机型之一引进的，目的是从众多国外先进掘进机械的使用比较中探索适合我国的机型，通过引进、消化、博采众长，研制开发国产掘进设备。

这一时期我国先后引进了当时美国四大公司生产的连续采煤机约28台。其中，久益公司12CM11型6台（大同矿务局3台、大同地方煤矿3台），朗艾道公司LN-200型2台、800型6台（大同矿务局2台、西山矿务局3台，峰峰矿务局1台），菲尔奇公司DMK-223型11台（西山矿务局5台、鸡西矿务局2台、地方煤矿4台），艾姆科公司（EIMCO）3台（全集中在唐山开滦煤矿）。此外，还引进杰弗里公司锚杆机1台，在西山矿务局与连续采煤机配套使用。

这一时期引进以单机为主，主要使用在顶板稳定、适合锚杆支护的长壁回采工作面煤层平巷及地方煤矿的房柱式开采。由于受当时我国机械化回采生产技术条件的限制，采准巷道的断面一般较小，加上当时引进的连续采煤机，在总体设计上拆、装、搬运、维护检修，不如现代连续采煤机考虑的充分和周到，机器庞大的体积给使用、维护带来了许多困难；后配套设备能力不足，系统不完善，使连续采煤机生产能力难以发挥。此外，易损件、备件的供给，以及电气设备防爆制式的差异等问题，致使部分局矿连续采煤机的使用率和开机率受到较大影响，设备的生产能力没有充分发挥。

第二阶段，20世纪90年代，以配套引进为主。这一时期，由于国内外高产、高效矿井的迅速发展，煤层平巷的机械化掘进滞后问题引起了国内外普遍重视。国内一些煤矿企业针对适合使用连续采煤机的矿井及煤层，为了解决好采掘接替，使高产、高效长壁回采工作面充分发挥设备的生产能力，实现快速回采，借鉴国外的先进经验，陕西黄陵矿区1号井、神华集团公司神府精煤公司进行配套引进连续采煤机设备的工作，近几年来先后引进包括连续采煤机、锚杆机、破碎机、铲车、运煤车等机械化掘进装备。其中，久益公司6套（神府精煤公司大柳塔矿3套、活鸡兔矿3套），朗艾道公司5套（黄陵矿区1号井2套、石圪台矿1套、华晋焦煤公司2套），主要使用在房柱式开采、边角煤回收及长壁工作面煤层平巷掘进过程中。

在这一时期，由于改单机引进为配套引进，同时在配套选型时密切结合矿井煤层地质条件和生产技术条件，连续采煤机的使用率和开机率大幅度提高，经济效益好，掘进效率及出煤量均有较大突破，不断刷新高产纪录。

综上所述，进入20世纪90年代以来，我国使用连续采煤机的总台数虽然减少，但使用情况较总体效益高，因此可以认为我国一些矿井已具备了使用连续采煤的条件。我国高产、高效长壁回采工作面煤层平巷使用连续采煤机进行掘进是可行的、成功的。就目前国内设备条件而言，配套引进连续采煤机的效益要比引进单机高。连续采煤机比悬臂式部分断面掘进机初期投资大，但投资回收快，总体经济效益高。我国使用连续采煤机时间不长、经验不足，水沟挖掘、备件供应等还存在问题，仍需要通过生产实践逐步探索解决。

二、房柱式采煤法

煤房间留设有不同形状的煤柱，采煤房时煤柱暂时支撑顶板，采完煤房后有计划地回收这些煤柱，如顶板稳定，可直接回收全部煤柱。反之，则要保留部分煤柱。

（一）块状煤柱房柱式采煤法

这种采煤法通常以4～5个以上的煤房为一组同时掘进，煤房宽5～7m，房间煤柱宽15～25m，每隔一定距离用联络巷贯通，形成方块或矩形煤柱。采煤房时工艺过程及参数同房式采煤法，煤房掘进到预定长度后，即可回收房间煤柱。因煤柱尺寸和围岩条件不同，煤柱回收工艺主要有以下三种。

1. 袋翼式

回收尺寸较大的块状煤柱，一般采用袋翼式。在煤柱中采出 2～3 条通道作为回收煤柱时的通道（袋），然后回收其两翼留下的煤（翼），通道的顶板仍用锚杆支护。通道不少于 2 条以便连续采煤机、锚杆机轮流进入通道进行工作。当穿过煤柱的通道打通时，连续采煤机斜过来对着留下的侧翼煤柱采煤，侧翼采煤时不再支护，边采边退出，为了安全，在回收侧翼煤柱前，在通道中靠近采空区每侧打一排支柱。

2. 外进式

当煤柱宽度在 10～12m 时，可直接在煤房内向两侧煤柱进刀。

3. 劈柱式

当回收的煤柱尺寸介于上述两种之间时，一般采用劈柱法。在煤柱中间形成一条通道，连续采煤机与锚杆机分别在两个煤柱通道中交叉轮流作业，然后再分别回收两侧煤柱。

（二）条状煤柱房柱式采煤法

针对传统的房柱式采煤法随采深增加出现的地压增大、采出率下降等问题，澳大利亚首先在旺格维利煤层中发展了旺格维利采煤法，在巷道布置、煤体切割及煤柱回收方面有所不同。盘区准备巷道长度按带式输送机长度确定为 500～600m，有条件时可达 1000m。在盘区准备巷道一侧或两侧布置长条状房柱，一组长条状房柱宽约为 15m，长为 65～90m。

条状房柱回采顺序一般采用后退式，两侧布置时，也可一侧前进另一侧后退。回采时首先在 15m 宽的条状房柱中采出煤房（煤房宽 6m），单头掘进，掘进至边界后（65～90m 长），后退回收剩余的 9m 煤柱。如此逐条进行。由于煤房是单头掘进，房间无联络巷，条状煤柱是连续的。煤柱回收后，顶板似长壁工作面一样，能充分垮落。

房柱式采煤法适用于近水平薄或中厚煤层，顶板中等稳定以上，瓦斯含量少，采深一般不超过 300m，房和柱的尺寸应根据围岩性质及开采条件确定。为便于设备运行，房宽应不小于 5m。

三、房柱式与长壁工作面相配合的采煤法

利用连续采煤机及其配套设备多巷机械化快速掘进煤房的优势，为长壁综采工作面掘进回采准备巷道，形成房柱式与长壁工作面配合的采煤法。由于掘进速度快，一次能同时掘进 3～4 条平巷，可为上、下两个区段长壁工作面服务，不仅有利于开采数据衔接，而且充分发挥了长壁综合机械化开采和连续采煤机房柱式开采的优点。

在两个长壁工作面之间开掘一组煤房，煤房留设煤柱，这些煤房是长壁工作的回采巷道，而煤柱既是两个长壁工作面回采巷道之间的护巷煤柱，又是两个长壁工作面采完后用连续采煤机回收煤柱的工作面。

在布置长壁工作面时，将4条回采巷道全部开掘出来，两边长壁工作面采完后，还保留了2条回采巷道，连续采煤机利用这2条巷道来回收回采巷道间的煤柱，这样长壁工作面就形成了多巷道进风和多巷道回风的通风方式，设备布置、运煤、运料、行人等均可分巷道设置，这是机械化水平高，工作面推进速度快，产量大、瓦斯涌出量也大的长壁工作面开采部署的一种模式。

20世纪90年代以来，美国发展了长壁综采，而掘巷普遍采用了连续采煤机的房柱式开采方法，我国神府、晋城等矿区的一些高产、高效矿井也采用这种开采方法，这种采煤方法同样必须具备房柱式开采的适用条件。

四、机械化的柱式体系采煤法优缺点与适用条件

（一）优缺点

1. 优点归纳

①设备投资少，一般一套设备仅为长壁综采价格的 1/6 ～ 1/3，建设一个规模相同的矿井，房柱式开采投资较低。

②采掘设备相同，采掘合一，掘煤房即为采煤，建井工期短，出煤快，特别是对于有煤层露头且用平硐开拓的矿井，矿井在很短时间内就可投产。

③设备运转灵活，多为胶轮或履带行走，自身搬迁、拆装方便，容易适应煤层变化，容易把不规则区域边角煤和断层切割区域内的煤层回采出来。

2. 主要缺点

①采出率低，美国房式开采的采出率一般为 50% ～ 60%。如果采用房柱式可达 70% 以上，甚至 80%，但大部分矿井采出率较低。

②通风条件差，通风构筑物多，管理困难，不利于安全生产。

③在相同条件下建设相同规模的矿井时，房柱式采煤法所需要配备的总人数多，生产效率相对低，生产费用高。

④对地质条件要求较严格，不适用于倾角大、厚度大以及顶板稳定性差的煤层，也不适用于近距离煤层群开采。

（二）适用条件

①开采深度较浅，一般覆盖层厚度不宜超过300m，用旺格维里房柱式采煤法开采时可达500m，煤层厚度为0.8～4.0m的近水平煤层。

②顶板中等稳定以上，底板坚硬，较平整，且干燥无积水。

③煤质为中硬或中硬以上，没有坚硬的夹矸或较多的黄铁矿。

④瓦斯涌出量低，煤层不易自燃。

⑤单一煤层或非近距离煤层。

对于不全部具备上述条件的矿井或煤层，也有采用连续采煤机房柱式开采的实例。在生产矿井中应用这种采煤方法时，应注意已形成的巷道系统和断面应与设备尺寸相适应，决定时应慎重。下列情况可考虑试用。

①采用平硐开拓的中小型矿井。这种矿井采用连续采煤机房柱式采煤法，其产量和效率比长壁普采工作面开采要高。

②大型和特大型矿井可采用房柱式和长壁综采工作面相结合的开采方法，利用连续采煤机为综采工作面掘进平巷和回收煤柱。

③利用房式采煤法开采建筑物、铁路和水体下压煤，只采煤房，不回收煤柱，要设计合理的煤柱尺寸，达到减少地表下沉和变形的目的。

第三节　薄煤层开采方法的选择

一、选择采煤方法的原则

采煤工作是煤矿井下生产的中心工作。采煤方法的选择是否合理，直接影响整个矿井的生产安全和各项技术经济指标。选择采煤方法应当结合具体的矿山地质和技术条件，所以选择的采煤方法必须符合安全、经济、煤炭采出率高的基本原则。

（一）生产安全原则

安全是煤炭企业生产中的头等大事，"安全为了生产，生产必须安全"。应当充分利用先进技术来提高科学管理水平，以保证井下生产安全，不断改善劳动条件。对于所选择的采煤方法，应仔细检查采煤工艺的各个工序以及采煤系统的各生产环节，务必使其符合《煤矿安全规程》的各项规定。一般应该做到以下几点。

①合理布置巷道，保证巷道维护状态良好，满足采掘接替要求，建立妥善的通风、运输、行人以及防火、防尘、防瓦斯积聚、防水和处理各种灾害事故

的系统与措施，并尽量创造良好的工作条件。

②正确确定和安排采煤工艺过程，切实防止冒顶、片帮、支架倾倒、机械事故以及避免其他可能危及人身安全和正常生产的各种事故的发生。

③认真编制采煤工作面作业规程，制定完善、合理的安全技术措施，并建立制度以保证实施。

（二）经济合理原则

经济效果是评价采煤方法好坏的一个重要依据。通常适合于某一具体条件的采煤方法可以列出很多种，而每一种采煤方法的主要经济指标（如产量、效率、材料和动力消耗、巷道掘进量和维护量等）是不相同的，甚至相差悬殊。因此，在选择采煤方法时不仅要列出几种方案进行技术分析，还要在经济效益上要进行比较，最后确定经济上合理的方案。

1. 采煤工作面单产高

提高工作面产量，是实现矿井稳产、高产，提高采区和整个矿井各项技术经济指标的中心环节。提高工作面产量，主要应当提高工作面机械化程度，尽可能加大回采进度和合理加大工作面长度，加强生产的组织管理。

2. 劳动效率高

为了提高劳动效率，必须不断提高职工素质，改善经营管理。同时要选择合理的采煤工艺和劳动组织，采用先进的技术装备，努力实现机械化或综合机械化。

3. 材料消耗少

减少采煤工作面的各种材料消耗，特别是要减少坑木、钢材、炸药和雷管等的消耗，为此必须加强管理，注意材料回收复用，正确确定钻眼爆破方法。

4. 煤炭质量好

要求煤炭的含矸率和灰分低，注意改进采煤工艺和支护设计，尽量防止矸石或岩粉混入煤中。

5. 成本低

成本是经济技术效果的综合反映。努力提高工作面单产和劳动效率，降低材料消耗，保证煤炭质量，是降低煤炭生产成本的重要手段。正确布置巷道，减少巷道掘进和维护工作量，加强生产管理，合理使用劳力，认真组织工作面正规循环作业，也是降低煤炭成本的重要手段。

（三）煤炭采出率高原则

减少煤炭损失，提高煤炭采出率，充分利用煤炭资源，是国家对煤炭企业实施的一项重要技术政策，同时减少煤炭损失，也是防止煤的自燃、减少井下火灾、保持和延长采煤工作面和采区的开采期限、降低掘进率、保证正常生产的重要措施。

上述三方面的要求联系密切、互相制约，应当综合考虑，力求得到充分满足。

二、采煤方法的影响因素

为了满足上述基本原则，在选择和设计采煤方法时，必须充分考虑下列地质因素和技术经济因素。

（一）地质因素

直接影响采煤方法选择的主要地质因素有以下 5 个方面。

1. 煤层倾角

煤层倾角是影响采煤方法选择的主要因素。倾角的变化不仅直接影响采煤工作面的落煤方法、运输方式、采场支护和采空区处理等的选择。同时也直接影响巷道布置、运输、通风及采煤方法等各种参数的确定。

2. 煤层厚度

煤层厚度的变化也是影响采煤方法选择的主要因素，应根据煤层厚度选择不同的采煤方法。薄及中厚煤层通常为一次采全厚，厚及特厚煤层可以采用分层开采的方法，也可用大采高或放顶煤采煤法。此外，煤层厚度也影响采空区处理方法的选择，如煤层厚度特别大，易自燃，可考虑采用充填采空区的处理方法。

3. 煤层及围岩特征

煤层的软硬及其结构特征、围岩的物理力学特征等都直接影响采煤机械、采煤工艺以及采空区处理方法的选择。煤层及围岩特征还直接影响巷道布置及其维护方法，也影响采区中各种参数的确定。

4. 煤层的地质构造情况

埋藏条件稳定的煤层利于选用综采。埋藏条件不稳定，煤层构造较复杂宜选用普采。走向断层时多宜选用走向长壁。倾斜断层时多宜选用倾斜长壁。因此，在选择采煤方法之前，应当充分掌握开采范围内的地质构造情况，以便正确地选择相应的采煤方法。

5.煤层的含水性、瓦斯涌出量及煤的自燃情况

煤层及围岩含水量大时，需要在采煤之前预先疏干，或在采煤过程中布置排水及疏水系统。煤层含瓦斯量大时需要布置预抽瓦斯的巷道，同时采煤工作面通风应采取一定的措施。煤层的自燃性及发火期直接影响巷道布置、巷道维护方法和采煤工作面推进方向，决定着是否需要采取防火灌浆措施或选用充填采煤法。所有这些在选择采煤方法时，均应当充分加以考虑。

（二）技术发展与装备水平因素

技术发展及装备水平也会影响采煤方法的选择，其中主要是机械装备水平以及生产中的设备供应条件。例如，采用综采设备给采煤工艺带来很大变化，它影响巷道布置及其生产系统，但是综采的应用有时受设备供应条件的限制。又如，钢材供应不足，则影响支护手段的改革，影响沿空留巷及往复式开采的进一步推广。再有，在急斜煤层采煤法中，目前采煤机械化程度比较低，以炮采方法为主，将来采煤机械化发展后，必然导致新采煤方法的应用和发展。

（三）管理水平因素

管理水平及职工素质有时对选择采煤方法产生一定影响。在管理水平较差的条件下，一些难度较大的开采技术和工艺，如大采高一次采全厚综采及大倾角综采等，应有计划地逐步推广，先易后难，掌握其规律及经验，并对职工进行技术培训，条件成熟后再推广应用。

（四）技术政策、法规和规程

选择采煤方法时，必须严格遵守国家当前发布或执行的相关技术政策，如《煤炭工业技术政策》《煤矿安全规程》《煤炭工业矿井设计规范》《建筑物、水体、铁路及主要井巷煤柱留设与压煤开采规程》等。

三、薄煤层采煤法的发展方向

选用合适的采煤方法，并使之不断完善和发展，对提高矿井生产水平和经济效益，改变矿井技术面貌有决定性的意义，继续做好这方面的工作，是今后煤矿开采技术发展的重要方面。

①对缓倾斜、倾斜煤层长壁式开采，关键是不断改进采煤工艺，根本的出路在于推行机械化。要多层次、因地制宜地应用和发展先进的、适用的机械化采煤技术。发展综合机械化采煤工艺是我国赶超世界先进水平的主要方面。今后要巩固现有的综采成果，努力提高操作技术和管理水平，提高设备可靠性、设备利用率及工时利用率，提高工作面单产水平和经济效益。同时，要有步骤、

有重点地研制困难条件下（三硬、三软、大倾角、大采高）的综采技术和装备，逐步扩大综采的应用范围。

以使用单体液压支柱支护为主要特征的机械化采煤工艺，在当前仍不失为一种较先进的技术。许多煤矿使用该技术的经验表明，它具有投资较少、单产和效率较高、生产较安全等优点，对我国煤矿有广泛的适应性，仍应继续推广应用。并配合墩柱应用，改善其顶板控制。

②走向长壁开采，技术简单，应用成熟，具有广泛的适应性，是我国开采缓倾斜、倾斜煤层应用最广的方法。要结合矿井煤层开采条件和采煤工艺的发展，改进巷道布置，优化采区系统和参数，为集中、稳产、高效、安全生产创造良好条件。

倾斜长壁开采，系统简单、工程量少，在倾角12°以下的煤层中应用，能取得良好的技术经济效果，应该大力推广，有条件的地区，还可试用到倾角较大的煤层。作为倾斜长壁的一种变形，伪斜长壁用于斜交断层切割的块段也是适宜的。

③无煤柱护巷技术在我国得到日益广泛的应用。在缓倾斜薄及中厚煤层的开采中可以推广沿空留巷或沿空掘巷，配合受采动影响巷道的支护改革和巷旁充填技术的发展，可以扩大沿空留巷的应用范围，进而为采用往复式回采、"Z"形回采提供有效的技术手段

④急倾斜煤层的产量在我国煤炭总产量中所占比重不大，但分布很广，急倾斜煤层采煤方法类型很多，在应用条件和效果方面都有比较大的局限性。

薄及中厚煤层台阶式采煤法采出率较高，但单产、工效和成本等指标不够理想，安全性较差。而伪斜走向长壁采煤法较好地克服了上述缺点，应大力推广。

⑤以应用连续采煤机为特征的柱式体系采煤法，可用在煤层赋存不深、围岩较稳定、倾角平缓、不易自燃的低瓦斯矿井，但需提高操作技术和管理水平，加强设备维护，充分发挥设备效能，改善技术经济效果。

⑥采煤工艺是采煤方法的核心，改善采煤工艺既依赖于回采设备（尤其是支护、采煤设备）的改进，又依赖于工作人员素质的提高。要改进现有的综采设备，研制高产、高效及在困难条件下应用的综采设备，应加强职工的培训，提高操作技术和管理水平。

⑦采煤方法是一个发展着的系统，采煤工艺的改进必将促进回采巷道布置的改革，而巷道布置的改进又能为充分发挥回采效能提供良好的条件。要用系统发展的观点分析采煤方法的参数及其组合，发展采煤方法选择及设计的优化方法，把采煤方法的研究和完善提高到一个新水平。

第四章　薄煤层的机械化开采技术

我国国内的薄煤层储存量共有 670 亿 t，而我国统一配置的煤矿现有的矿井薄煤层开采量却占采储量的小部分。因为薄煤层的开采空间较小，设备的架设和安装及操作都相当的困难，工人工作的空间狭小，劳动密度大，瓦斯泄露问题严重，因为推进速度太快，导致产量低，煤损也相对严重。但是薄煤层的开采也有其自身的优势，故而伴随中厚层煤的储存量减少以及开采的深度增加，薄煤层的开采也会成为当今矿业生产的主流。

第一节　刨煤机开采技术

一、刨煤机的结构及工作原理

壁式采煤是矿井采煤生产的一种重要方法，刨煤机是一种应用较为广泛的采煤机械。在坚硬煤层使用刨煤机采煤是一些煤矿正在探讨应用的生产手段。目前，滚筒采煤机已成功应用于长壁工作面，适用于采高 1.5m 以上的煤层。当采高低于 1.5m 时，滚筒采煤机的工作性能受到诸多因素的限制。对于 1.3m 以下的薄煤层，其产量很低，没有市场竞争力，所以，该煤层的开采在一些煤矿企业中属于经济效益不高的缓采煤层。然而，从整体来说，采煤层坚硬煤层开采是节约煤炭资源的重要开采手段，对于煤炭资源开发利用，增加煤炭总量具有重要价值。随着缓采煤层资源的不断积累，薄煤层（0.8～1.3m）可采储量在开采煤层储量中所占比例较大，这严重影响生产正常接替，研究薄煤层高效安全开采技术，实施薄煤层的安全高效开采，对提高煤炭资源采出率，提高煤矿采煤生产效率和经济效益，实现煤矿可持续发展具有非常重要意义。

矿井薄煤层综采技术手段主要有滚筒式采煤机综采和刨煤机综采。薄煤层滚筒式采煤机，已发展到大功率电牵引爬地式采煤机，滚筒采煤机也有其自身的局限性，一是牵引力的受力方式不尽合理，极易造成牵引机构磨损和掉道停机故障发生；二是装煤效果较差，需要进行技术改造；三是有些矿井煤层煤质坚硬开采较难。近年来，一些煤矿应用刨煤机开采，其生产效率的确明显提高，取得了明显的经济效益。因此，薄煤层刨煤机开采是一种有发展前景的开采技术。现有的刨煤机开采都是在煤质硬度较低，节理较发育，可刨性好的煤层煤质下进行的，而有些煤矿煤层地质条件坚硬，难开采，因此，在坚硬煤层条件能否进行刨煤机的开采是值得研究的一个技术难题。

（一）刨煤机的结构

刨煤机又称刨煤机组，其种类很多。刨煤机由刨煤、运煤、推进与电气控制4部分组成。

1. 刨煤部分

刨煤部分是刨煤机的主要工作机构，具有区别于其他采煤机的重要技术特征，所以可以把刨煤部分通称为刨煤机。它由装有刨刀的刨头、牵引刨链、导护链装置和动力装置等部件组成，其中刨刀是刨煤机的主要执行部件，主要用于完成切煤与割煤任务。

2. 运煤部分

运煤部分由刮板输送机、挡煤板、导护链装置、推移梁、防滑梁等部件组成，起着将煤运出工作面的作用。

3. 推进部分

推进部分由千斤顶和供油系统组成，作用是推移输送机并使刨头获得新的截深。

4. 电气控制部分

电气控制部分主要对刨煤机组的运行与停止起控制作用，同时对刨煤机与输送机的运作状态起监控作用。

（二）工作原理

刨煤机是一种适合于薄煤层、高瓦斯工作面中落煤、装煤自动化的采煤机械。与滚筒采煤机相比，刨煤机具有以下优点。

①结构简单，没有采煤机那样复杂的牵引部分，没有复杂的液压系统，使用维修方便，易于掌握管理。

②实现了包括落煤、装煤和运煤的综合机械化。

③操作方便，可实现无人工作面开采，在巷道进行遥控采煤。

刨煤机采煤于20世纪40年代在德国问世，欧洲的主要产煤国——德国、波兰、俄罗斯、法国、西班牙等使用刨煤机开采的煤炭产量占总产量的50%以上。在德国，1.6m以下的薄煤层中，几乎全部采用刨煤机采煤；1.6～2.2m的中厚煤层中，大部分用刨煤机采煤；当煤层厚度超过 2.5m 时，滚筒采煤机才占主要位置。在波兰，每年使用刨煤机的工作面平均有 65 个。在俄罗斯，每年使用刨煤机的工作面超过 150 个。澳大利亚、南非等主要产煤国薄煤层工作面也都使用全自动化刨煤机。使用刨煤机效率最高的是美国，其薄煤层刨煤机工作面年产量可达 3Mt 以上。

德国 DBT 公司是世界上研制刨煤机最早、且产量最大、技术水平最高的一家公司，曾研制成功拖钩刨、滑行拖钩刨、滑行刨等机型。目前，刨煤机已发展到了采高为 0.6 ~ 3.0m，截深最大达 300mm，可刨煤硬度 f = 4，刨速最高达 3m/s，刨链达 φ42mm，装机功率最大达 2 × 800kW，以及铺设长度达 300m 的技术水平。

我国自 20 世纪 60 年代制造和试验用于开采薄煤层的刨煤机以来，刨煤机采煤技术试验取得了成功，1964 ~ 1965 年徐州矿务局韩桥煤矿自行研制刨煤机进行了试验，近年来我国刨煤机采煤技术的发展取得了很大的进步，并研制出了适用于不同工作面条件的刨煤机。

因为刨煤机在薄煤层中具有其他落煤机械所不能比拟的优越性，它的使用范围正在不断扩大。目前，在我国有薄煤层赋存的部分矿井中，刨煤机采煤技术已经取得了良好的效果，且已基本实现了薄煤层开采的机械化局面。

（三）刨煤机的工作原理及流程

刨煤机刨削煤壁时，装有刨刀的刨头在无极圆环链，即刨链牵引下沿着安装在回采工作面可弯曲刮板输送机的中部槽上的导轨运行，刨刀刨削煤壁将煤刨落，刨落的煤在刨头犁形斜面的作用下被装入输送机送出回采工作面。刨煤机开采过程中，刨头在刨链的牵引下沿着导护链装置往返进行刨煤，在连续刨煤、落煤、装煤和运煤过程中，刨头从工作面上部分切口开始，刨头截深在 50 ~ 200mm 的状态下，在刨链牵引下往下刨煤，输送机在刨头后端，沿着刨头切煤方向推移，当刨头运行至切口后，反向运行，自下而上刨煤，反复进行运作。在这里刨头的截深由推进部分控制，但受煤层硬度与刨刀强度影响。当刨煤机推进一个有效的千斤顶行程时，收缸使千斤顶的支撑装置向前移动，重新获得支撑后，推移千斤顶获得推移输送机的支撑力，使刨头继续刨煤。

二、刨煤机采煤工艺特点

刨煤机采煤是利用带刨刀的煤刨沿工作面往复落煤和装煤，煤刨靠工作面输送机导向。刨煤机结构简单可靠，便于维修；截深小（一般为 4～15cm），只是刨落煤壁压酥区表层，故刨落单位煤量能耗少；刨落煤的块度大，煤粉及煤尘量少，劳动条件好；司机不必跟机作业，可在平巷内操作，移架和移输送机工人的工作位置相对固定，劳动强度小。因此，刨煤机对于开采薄煤层是一种有效的落煤、装煤机械。刨煤机类型很多，目前国内外使用的主要是静力刨，即刨刀靠锚链拉力对煤体施以静压力落煤。静力刨按其结构特点主要分为拖钩刨、滑行刨及拖钩 - 滑行刨三类。

刨煤机的生产能力取决于煤刨的刨煤能力和刨煤方法。煤刨的刨煤能力 Q_b 为

$$Q_b=3600Mv_bh\rho CK$$

式中：

M——采高，m；

v_b——煤刨的刨速，m/s；

h—— 煤刨的刨深，h 值与煤体抗压强度 σ_y 有关，当 $\sigma_y \geqslant 20MPa$ 时，取 $h=0.04～0.06m$；当 $\sigma_y < 20MPa$ 时，取 $h=0.05～0.15m$；

ρ——煤的密度，t/m^3；

C——工作面采出率；

K——刨煤机的日开机率。

刨煤机可用于普采工作面，也可用于综采工作面。刨煤机由无极牵引链牵引，沿固定在输送机上的滑架往复刨削煤壁，并将刨落下来的煤炭装入刮板输送机，每次刨深 60mm，通常刨进 10 次（600mm）移 1 次液压支架，每刨削 1 次跟机滞后 3m 左右移输送机，在输送机采空区侧，每隔 4.5m 安装 1 个推拉摆动千斤顶，该千斤顶用于调节刮板输送机和刨头的斜度，以适应煤层底板起伏变化，千斤顶在零位时，刨头沿底水平面工作；千斤顶收缩时，刨头上摆，刨头下挖。工作面上、下端头采用掩护式液压支架支护，目的是增大无立柱空间，使机头能摆得下。上、下切口走向长度为 4m，倾斜长度为 3.5m，采用金属支柱配铰接顶梁支护，一梁柱，齐梁布置，梁长 1m，柱距 0.5m，做切口用打眼爆破来完成，每次进度为 1m。

刨煤机具有结构简单、刨下煤的块度大、煤粉及煤尘少、截割能耗小、操作方便及司机不必跟机工作等优点。因此，工作面条件允许，可选用刨煤机采煤刨煤机的适用条件。

①煤层厚度在 2m 以下，倾角小于 25°，最好小于 15°。

②煤质在软和中硬以下($f\leqslant 1.8$)可选用拖钩刨，中硬及中硬以上($f=2.4\sim3$)应选用滑行刨，硬煤及特黏性煤不宜用刨煤机。

③最好顶板不黏顶煤，若轻度黏顶，可人工处理；要求煤层中硫化铁块度小，含量不多，或分布位置不影响刨煤机刨煤；夹石层厚度大于 200mm 不宜用刨煤机。

④中等稳定以下顶板可用液压支架及时支护，要求底板平整，没有底鼓或超过 7°～10° 倾角的起伏不平；拖钩刨要求底板为中等硬度，不宜用于软底板，否则刨刀容易啃底；底板属于泥岩、黏土砂岩等软底板应用滑行刨。

⑤煤层沿走向及倾斜方向无大的断层及褶曲现象；小断层落差小于 0.3～0.5m 时可用刨煤机，大于 0.5m 时应作超前处理。

三、自动化刨煤机系统探讨

（一）刨煤机采煤的可行性研究

大同、铁法、七台河等一些薄煤层矿区的煤矿刨煤机设备应用的实践表明：运用刨煤机设备的优势有以下几个方面。

①工作面采煤产量较高在 1.3m 的薄煤层中，产量较高。

②有利于工作面顶板控制，刨速快，顶板暴露的时间短、压力较小，有利于防止伪顶冒落事故的发生。

③有利于提高煤炭质量，降低选煤成本，在煤层厚度发生变化时，通过增减刨刀块和调整刨刀机可以使输送机平稳地适应倾角的变化，避免或减少切割岩石。

（二）在刨煤机采煤运行中发现的问题

刨煤机设备在生产运行过程中，电液控制系统、电气控制系统运行稳定，刨煤机运行良好，但没有完全达到预期生产目标，究其主要原因有如下几点。

①煤层起伏变化较大，影响工作面的整体推进速度。

②由于煤质硬，刨深偏小（20～30mm），效率较低。

③有夹石，刨刀消耗量大。

④在坚硬煤层刨削的阻力比较大，刨煤机在刨煤过程中，出现上窜下滑现象，造成头尾维护困难，影响了正常的采煤生产。

（三）刨煤机采煤困难的改进对策措施

鉴于以上采煤过程中出现的这些问题，人们对设备进行了技术改造，本书也提出以下几点改进措施和途径。

①改造刨煤机的冷却系统和喷雾系统，由 1 套系统改造成为 2 套单独作业系统，解决因冷却水流量不足而导致停机现象的发生。

②对刨煤机均衡控制器装置的安装位置进行改造。

③改变支架推移板的安装位置，避免由于煤层低造成支架与刨头相互碰撞而发生事故。

④在确保转载机性能的条件下，将转载机缩短，防止由于转载机太长、太重而影响推移，从而提高了刨煤机的生产功效。

⑤继续完善刨煤工艺技术。

⑥研究改进解决刨刀材料参数和合理优化的开采措施。

一些薄煤层煤矿工作面的采煤生产实践表明，在坚硬煤层条件下，利用刨煤机对薄煤层实现综合机械化开采是可行的。某矿采用自动化刨煤机生产，创造了从试产到达产的全国最快纪录。全自动的控制真正实现了，减轻工人的劳动强度和发生伤亡事故的概率；顶板易于维护，改善了煤矿安全环境。

四、刨煤机工作面生产管理

（一）刨煤工艺

工作面采用倾斜长壁一次采全高全部垮落自动化刨煤机落煤法，刨煤工艺为刨煤机刨煤—推移运行轨道—拉架，刨煤方式为往返刨煤方式，所有支架完成一次拉架动作为一个循环，循环进度设定一般为 600mm，刨头由机头向机尾方向运行为上行刨煤，由机尾向机头方向运行为下行刨煤，刨深根据煤层硬度设定，下行时还必须将运行轨道运输能力考虑在内。刨煤机高速为 1.44m/s，低速为 0.72m/s。

（二）工作面支架布置形式

刨煤机工作面采用中部超前机头、机尾 3～5m 的支架布置形式，沿工作面支护基本呈凸状弧形布置。

（三）工作面刨深、刨速控制

刨煤机刨深、刨速的设定与煤层硬度、煤量均匀程度、配套设备的运输能力有一定关系，刨深在 0～133mm 连续可调，刨头运行速度：高速为 1.44m/s、低速为 0.72m/s，刨煤机上行时逆煤流运行，可采用高速、大刨深刨煤方式，刨煤机下行时顺煤流追机运行，采用低速、小刨深刨煤方式。实践证明，正常情况下选择上行刨深 70mm、下行刨深 50mm 为最经济刨深，在该情况下，顺槽带式输送机煤量适中、均匀；条件允许时，可选择上行刨深 130mm、下行刨深 70mm；最终用户协议签订前，在有 DBT 公司管理人员参与的情况下，曾试用过 140mm 刨深，但卡刨现象较多，效果不太理想。若工作面片帮较大，刨煤时就会产生落煤不均匀现象，此时可选择上行 50mm、下行 30mm 等小刨深方式进行刨煤以调节煤量。当工作面煤层较为坚硬，但仍可继续时，可继续向下调整刨深，以适应煤层硬度要求。

（四）工作面采高控制

92304 刨煤机工作面煤层厚度为 0.7～1.7m，在生产实践过程中人们逐渐摸索出工作面采高控制在 1.4～1.6m 为最适宜开采高度。

①采高控制在 1.4m 以下时，受周期来压和顶底板出现不平整等现象的影响，支架在降架、升架过程中不易恢复至原有高度，容易导致支架双升缩立柱行程过小，造成"死架"现象。

②采高控制在 1.4m 以下时，由于支架顶梁厚 200mm，此时在支架底座前浮煤浮矸厚 200mm 的情况下，工作面净高 1.1m，拉架工、巡视工在工作面上行走较为困难且支架与挡煤板之间的间距较小，很难看清楚顶板变化情况，清煤工清煤也有一定难度。

③采高控制在 1.4m 以下时，因支架顶梁较低，容易发生支架与刨煤机相干涉的现象，从而导致卡刨，造成事故。

④最高采高为 1.645m，根据煤层厚度，一般刨头高度调整为 1.6m，为防止顶板出现小构造及刨头适应顶板上仰下俯等变化情况，刨头顶部距顶板至少留 50～100m 的间隙以保护刨头，防止卡刨。由于煤层形成时基底不平，若运行轨道沿煤层与底板交接处推进，不但会留下大量浮煤，增大清煤工作量，而且由于 92304 刨煤机工作面煤层与底板交接处常有 100mm 左右的软矸，很难在刨煤后将运行轨道平整地留在底板上，而出现底板不平整的现象，所以必须对底板进行控制，可通过飘刀、啃底及调整底刨刀块挡位将工作面割底厚度控制在 20mm 以内，从而保证煤质。

（五）调斜千斤顶飘刀、啃底的管理

尽管凤凰山矿二水平 9 号煤地质结构复杂，顶底板构造较多、变化较快，但刨煤机对工作面顶底板变化适应性较强，可以通过连接在运行轨道溜槽与支架移框架上的悬臂式调斜系统来调整、控制刨头刨削水平位置，实现刨头的飘刀、啃底；一套悬壁式调斜液控装置可分别控制左右两台调斜千斤顶，共 8 节溜槽。正常情况下，调斜千斤顶处于中间位置，调斜千斤顶收回后将运行轨道工作面侧抬高而趋于飘刀位置（最大理论值 S_1=180mm），调斜千斤顶伸出将使运行轨道采空侧抬高而趋于啃底位置（最大理论值 S_1=110mm）。

当顶板呈现下载趋势或底板呈现上抬趋势时，通过调斜千斤顶采用啃底方式来调整工作面的采高；当顶板呈现上抬趋势时，通过调斜千斤顶采用飘刀方式来调整工作面的采高。92304 刨煤机工作面顶底板变化形式多种多样，要结合生产实践过程中顶底板的实际情况通过摸索，掌握飘刀、啃底的规律以适应顶底板的变化。

①工作面飘刀。飘刀相对容易控制，收回调斜千斤顶即可实现飘刀。刨煤机最大可以按 9° 的坡度进行飘刀，一般操作时应控制在 5° ～ 6° 飘刀，以免底板坡度过大。

②工作面啃底。一般情况下，刨头调至四挡，调斜千斤顶全部伸出，每推进 10m 下刹 1m，刨煤机啃底具有一定困难，它与底板坚硬程度、刨深有一定关系。为此，在啃底较困难时，采用小于 20 ～ 30mm 的刨深进行啃底。

③工作面顶板出现 200mm 以上的反锅底构造时会影响刨煤机正常刨煤，凤凰山矿二水平 9 号煤顶板硬度较大，很容易损坏顶刨刀。为此，采用在构造区段内降低刨头、分区段、小刨深的刨煤方式啃底来通过构造。

（六）顶板控制

ZY440/09/21 型液压支架的初撑力和工作阻力较大，有利于顶板控制，支架有效支撑高度为 0.9 ～ 2.1m，支架最小外形尺寸为 5340mm×1420mm×900mm，支撑面积大，对顶板控制具有一定的优越性。

ZY4400/09/21 型支架可通过调整推移装置前推杆的定位销调整和控制梁端距，最小梁端距为 190mm，最大梁端距为 590mm。正常情况下，梁端距调为 390mm；在顶板破碎条件下，支架支撑高度一般比正常情况高，因此可以不考虑刨头撞击顶梁的可能性，梁端距越小越有利于顶板控制，此时应调为 90mm。

立柱伸缩形式由普通支架的"单独缩配机械化加长段伸缩方式"改为"双伸缩方式"，增大了立柱机械段伸缩长度，造成"死架"的概率较普通综采工作面支架大为降正常生产条件下，刨煤机工作面支架的优越性和工作面整体较快的推移速度，使之比普通综采工作面更容易控制顶板。顶板破碎条件下，可通过"MCU"设定每推进 300mm 或更小的参数值超前拉架，以减少破碎顶板暴露时间。此外，其他方面顶板控制与普通综采类同。

①机头、机尾三角区顶板控制。92304 刨煤机工作面进、回风巷均采用树脂加长锚杆、钢筋托梁和锚索联合支护形式，两巷三角区因布置有刨煤机底座及端头支架顶梁等原因，造成端头支架顶梁前端距支点柱区域距离达 5m。两巷道在 5m 空顶区的顶板变形下沉量均在控制范围内。此外，机头、机尾过渡支架（顶梁比中间支架长 400mm）前方顶板也很少会出现大垮落破碎，总之，机头、机尾两三角区顶板并没有因为空顶区域大而难以控制。

②锚杆巷道支护性能评价。凤凰山矿二水平小构造较多，在两巷道 0.5m 的构造就可能影响到巷道支护性能。92304 刨煤机工作面进风巷道推进至 258m 时，巷道中构造挤压带顶板错差仅为 0.3m 左右，但巷道推进到超前支护段时已明显下沉，造成净高度不能满足生产需要。锚杆支护巷道支护性能与巷道中的构造、顶板岩性密切相关，并不是所有构造均严重影响巷道支护性能。在生产中要仔细观察，加强小构造区监测监控，及时补打锚索，防止巷道变形，加强巷道支护性能。

第二节　螺旋钻开采技术

一、螺旋钻采煤机

螺旋钻采煤属于一种自动化开采的方法，最大的特性就是在极小的巷道中开采资源。它主要适用于厚度在 0.9m 之下的薄煤层且围岩也够稳定，以及三下压煤、煤柱及边角煤的开采。螺旋钻采煤机的发展趋向是开发快速钻杆和接拆装置，提升器效率。通过机组功率的提升和钻头参数的调整，增加钻头过煤的能力，以此解决煤层的开采问题，提高产煤量。

二、工作原理及采煤方案

（一）工作原理

在当今煤矿的薄煤层开采过程中，人们普遍使用的都是螺旋钻采煤法，它是一种无人工作的开采方法。而螺旋钻采煤法的最主要特点是在两侧宽度为 50～70m 的范围中螺旋钻采煤机便可以采煤。采煤工人在巷道中工作且巷道支护条件良好，从而大大地改变了回采工人在薄煤层的工作面里爬行的工作现状，且保证了其工作安全。

（二）螺旋钻机采煤的开采方案

螺旋钻机采煤的开采方案主要是指螺旋钻机在平巷中的布置方式、数量，以及采区内或区段内的开采方式、开采顺序等。

单台螺旋钻机采煤工艺可以分为单向钻进或双向钻进两种。在采用单向钻进采煤方式时，钻机沿回采平巷的一侧钻进回采，在本侧采完后钻机再后退回采平巷另一侧的煤炭；也可以向平巷的两侧钻进采煤，如图4-1所示。

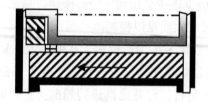 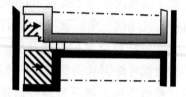

（a）单项钻进回采　　　　　　　（b）双向钻进回采

图4-1　螺旋钻机采煤

螺旋钻机在平巷中的布置方式有两种。①钻架车朝向采空区方向；②钻架车朝向煤体方向。两种布置方式各有特点，第一种布置方式的优点是当设备的底座移向新位置时，不遮挡已钻过的钻孔，条件好时，还可以从已经钻过的钻孔中取出钻杆与钻进新钻孔同时进行，在螺旋钻机的后方不超过15～20m的地方需要撤掉报废巷道的支架时，可采用这种方式布置螺旋钻机。

苏联的里瓦夫斯克瓦雷尼斯克矿区的许多矿都广泛采用单项钻进回采布置螺旋钻机。装载站根据巷道断面的大小，可以布置在平巷内，也可以用输送机将煤运出，在运输大巷道上方设煤仓及装载点。在回采平巷中用电机车牵引矿车运煤时，可以布置半固定装载点，半固定装载点随输送机定期沿回采平巷移动。

为了运送材料和设备，也为了撤出支架的外运，简化运输系统，缩短输送距离，一般平巷内都铺设有轨道。

采用螺旋钻机采煤时，采区内的通风常用局部通风机通风和依靠全矿井的负压通风。前种通风方式主要用于无瓦斯和瓦斯涌出量很小的矿井。瓦斯涌出量大的矿井应该用后一种通风方式，这种通风方式的通风系统是最简单和最可靠的。采用这种通风方式时，为了保证风流的畅通，平巷要在区段全部采完后再报废。通风系统的形成需要在区段的边界并联络巷形成通风系统，联络巷与上、下工作面的回采平巷连通，形成"U"形网络系统。在上、下工作面的回采平巷中也同时布置螺旋钻机，相向钻进回采，从而增加区段内的开采强度，提高产量。由于煤层较薄，回采平巷的掘进常是卧底掘进。支架可采用拱形金属支架，支架的中心距一般为0.6～1.0m，支架材料一般采用特种钢。在确定支架的间距时，应考虑钻机的钻头直径和钻孔间煤柱尺寸。莫斯科相关单位建议使用的参数见表4-1和表4-2。

表4-1 莫斯科相关单位建议钻头使用参数

项目	钻头直径/mm		
	500	600	700
煤层厚度/m	0.55～0.65	0.66～0.75	0.76～0.85
钻孔间煤柱的宽度/mm	150～180	150～180	150～180

表4-2 莫斯科相关单位建议拱形金属支架使用参数

平巷支架类型	拱形金属支架		
特种钢类型/(kg/m)	17～27	17～27	17～27
拱形支架间距/mm	480～470	530～520	610～590
拱形支架中心距/mm	633～625	633～675	743～745
基本支架的间距/mm	1266～1250	1266～1350	1486～1490
每米巷道拱形支架的密度/(kg/m³)	1.63～1.60	1.51～1.48	1.34～1.36

锚杆支护是一种简单易行的方法。锚杆支护避免了支护与钻进之间互相干扰，满足了尺寸匹配的要求，但锚杆支架必须为单轨吊的架设创造有利条件。

研究认为，钻孔间煤柱的尺寸与煤层的厚度、煤层的围岩状况、煤体的硬度等因素有关。在每一矿井的具体条件下，煤柱有其最佳宽度，这应根据具体条件通过试验和计算来确定。一般煤层厚0.5～0.7m时，煤柱最窄部分的宽度为0.15～0.25m，此时煤损大于40%～45%；在煤层厚度达0.8m时，钻头直径应该增大，煤柱最窄部分的宽度增至0.2m。

区段内单机回采采煤工艺系统的缺点是产量较低，采区的运输设备不能充分发挥其作用。另外，单机顺序连续回采时，由于矿山压力的作用，巷道的维护时间增长，总维护量加大，维护费用增加。

为了集中生产，提高劳动生产率和降低煤炭成本，可以把区段分成两个或两个以上的生产段，每个生产段布置一台螺旋钻机采煤，这样可以提高产量，并能充分发挥运输设备的能力。

为了提高煤炭的采出率，降低煤炭损失，世界各主要产煤国在使用螺旋钻机采煤时广泛应用扩钻孔采煤。扩钻孔采煤一般有三种形式。

①同心扩钻孔。第一次钻进钻出基本钻孔，它的直径远小于煤层的厚度，而后在钻杆回撤时，将钻孔同心扩大。也可以用一台小直径的钻机钻基本孔，

另一台钻机专用于扩孔。由于机械构造的不同，扩孔的方法也不同，该方法是当钻孔穿透平巷后，换掉钻进时的钻头，在钻杆的回程中，将扩孔钻头全部展开扩孔。这种方法适用于煤层厚度远大于钻进钻头直径的情况，扩孔时应防止扩孔钻头割顶底板，以保证煤质和保护钻头。

②沿煤层厚度将钻孔扩大。这种扩孔装置具有德国专利，是远距离遥控安装在螺旋钻杆的叶片上的切割刀具。在钻孔到达预定的深度后，利用这些刀具向钻孔的顶部扩大钻孔，然后下放钻杆，再把钻孔扩大到煤层的底板。

③沿煤层层面扩钻孔。莫斯科相关单位提出并设计了该设备。在钻孔到达预定深度后，采用远距离控制，将端头钻杆向一侧偏转预定的角度。在钻杆的回程中将钻孔间的煤柱采出，这种沿煤层层面扩钻孔法大大提高了煤炭的采出率，这种方法适合于顶板比较稳定的条件。

三、回采前准备工作

将螺旋钻机和轨吊支设完好，之后使用螺旋钻机钻随后在钻杆安置槽的上方安置加长钻杆备用。

根据开采的位置进行延伸，将水管钻机、钻杆进行加长，继续钻进，直到钻进开采位置，以上动作主要是为开采做准备工作的。

用螺旋钻采矿机打出钻孔，而钻孔的位置正好要达到采煤的位置。利用螺旋钻采矿机空转，以便清理表层产生的浮煤，待清理到浮煤较少的情况下停止螺旋钻采矿机空转。

将螺旋钻采矿机退出，把螺旋钻采矿机和钻杆拆开，并放置到固定的存放处。移动运输机和螺旋钻采矿机，固定好螺旋钻采矿机的千斤顶。

四、回采技术

（一）螺旋钻采矿机的回采技术

螺旋钻采矿机因自身附带轨吊，实现了钻杆的安装、拆卸及至最后的搬运都可以自动化的操作，大大降低了人工的辅助时间，同时也可以提高其采矿机的工作效率。当螺旋钻采矿机开始进入煤层开采后，钻头采集到的煤矿便会由旋转叶片旋转出，并移动到矿道内，再用刮板的输送机系统进行外出疏导，这其中一个重要环节就是螺旋钻采矿机的局部风扇，它是一个供压式的给风系统，可以快速有效地解决钻井内产生的瓦斯问题，避免不必要的意外。

（二）螺旋钻采矿机钻孔区域的顶板管理办法

螺旋钻采矿机在矿道的两侧进行回采采矿作业时，每一侧面的钻孔之间都应根据矿道顶板的岩区岩性及煤矿的压力情况预留出隔离煤柱，距离为20～60 dm，而在回采的工作完成后需将所有的钻孔进行封死。而相对于那些极为可能出现地表下沉状况的工作区域我们可以进行有效且合理的控制，还可以运用充填机或螺旋钻采矿机的反用将矸石填进钻孔之内，封闭钻孔。根据不同的矿区操作施工的经验来看，可以在填充的钻孔之间相隔2～3个钻孔。

（三）实际操作情况

在实际的操作过程中，如使用螺旋钻采矿机的采煤法在高瓦斯的巷道抽放，根据实际的开采情况，工作人员需要沿着煤层倾斜的角度进行采集工程作业，与此同时，钻孔深度的覆盖是在机风巷的上方，这样的设定便可以在机风巷的上方建立并开采出一块保护层。这个保护层会让整个风机巷的区域煤矿得到整体的卸压，由此可以有效且平稳的阻止开采对整片地压的冲突，也在一定的程度上缓解了瓦斯对煤的冲突。

（四）薄煤层螺旋钻机采煤经济效益分析

螺旋钻机采煤队采用"四六"工作制，每班钻进60m，每天钻进深度为240m，钻孔高度为0.8m，采宽为1.9m，采出率为95%，已知：

$$W=330LSh\rho C$$

式中：

W——年产量，t；

L——日钻进深度，m/d；

S——钻孔采宽，m；

h——钻孔采高，m；

ρ——煤层密度，t/m³；

C——采出率。

则

$$W=（330×240×1.9×0.8×1.3×95\%）t=15×10^4 t$$

螺旋钻机采煤法由于其生产环节简单，设备配置少、省工省力，如一个螺旋钻机采煤队配备40人即可。矿井建两个螺旋钻采煤队，每年可为矿井增产$30×10^4 t$。按1吨煤价300元计算，螺旋钻机采煤年可创产值9000万元，经济效益可观。

①螺旋钻机采用前进式独头钻采方法，机组钻采孔内不需进入工作人员，为无人工作面独头采煤，这极大地改善了工人的劳动条件和劳动环境，杜绝了占煤矿事故达 50% 的顶板事故，是一种矿井安全程度极高的采煤方式。

②螺旋钻机在薄煤层有良好的适用性，应用前景广阔，螺旋钻机采煤采用留设煤柱方法回采，可在"三下"压煤开采，相对其他薄煤层采煤工艺，螺旋钻机采煤不仅投资低、生产环节少，而且采出率高、效益好。螺旋钻采煤机开采薄煤层可提高资源采出率，充分利用有限的不可再生资源，提高矿井产量，且能延长矿井的稳产期和服务年限，从而产生巨大的社会效益与经济效益。

五、螺旋钻机采煤的条件及评价

国外大量的研究和使用表明，螺旋钻机采煤法适用于倾角在 15° 以下、厚度为 0.5 ~ 1.5m 的煤层，煤的切割阻力不大于 250kN/m。同时，要求煤层中不含黄铁矿和石英石结核，煤层无自燃发火倾向，煤层无突出危险、无冲击地压危险。一般不适用于开采无烟煤。当煤层顶底板起伏较大时螺旋钻机采煤也比较困难。

当煤层底板坚硬时，回采平巷卧底施工困难，从而限制了螺旋钻机采煤法的使用。对开采围岩不稳定的薄和极薄煤层来说，螺旋钻机采煤法是一种有效的方法，而在这种条件下采用综采很困难。螺旋钻机还可以用来开采边角煤和回收各种煤柱。

螺旋钻机采煤法采区沿倾斜多为 300 ~ 600m，沿走向可达 1500 ~ 2000m，个别达 3000m。螺旋钻机的单产为 3×10^4t/a 左右。苏联曾有 80 个生产矿井，其中 124 个煤层使用了 180 套螺旋钻机采煤，每年采煤 5.4Mt。为采煤而准备的巷道达 31.7km。

螺旋钻机采煤法为开采薄和极薄煤层开辟了广阔的前景，在开采厚度小的煤层中获得了较好的技术经济效益。在极薄煤层中，其他机械化采煤很困难，劳动条件和工人的工作环境、安全问题都较突出。尽管螺旋钻机采煤巷道掘进效率高，虽然丢煤较多，但用人少，效益较好，同时还可以使一些平衡表外的储量得到开采，从而提高了工业储量，多回收了地下资源，延长了矿井的服务年限。螺旋钻机采煤随着扩孔钻头的应用和完善，必将有一个较大的发展。

我国近几年也引进了一些螺旋钻采煤机，并取得了较好的经济效益。1998年我国从俄罗斯进口了 2 台 BTR-L 型螺旋钻采煤机，并在徐州韩桥煤矿进行了井下工业试验，效果很好。

新汶矿业集团于 2003 年从乌克兰引进两台薄煤层螺旋钻采煤机（适用于

0.6～0.9m 的海煤层），分别在潘西矿和南冶矿进行了前进式和后退式采煤工艺试验，并获得了成功，单面单台钻机月产达到 5800t。

在采矿的过程中进行螺旋钻采煤工作，不单降低了采矿工劳动的强度，同时也保证了采煤工作的安全进行，而在机风的上方建立并开采保护层的同时，也会对煤层的下方产生一定的卸压作用，对煤层的瓦斯下方释放工作奠定了良好的基础和销垫，也降低了瓦斯开采的危险性和发生的事故率，为煤层的开采工作提出了相应的防护措施和安全保障。

螺旋钻机采煤法的探究和应用，有效地改善了我国薄煤层开采的技术，保证了薄煤层工作的安全性和高效性。为我国国内煤炭行业的薄煤层开采提供了高效且实用的技术，值得应用和推广。

第三节　滚筒开采技术

一、薄煤层滚筒采煤机综采技术

随着我国煤炭开采技术的发展，滚筒采煤机在我国薄煤层开采中得到了广泛的应用，以滚筒采煤机为基础发展的自动化综采技术，更是促进了我国煤炭开采技术的机械化、自动化和现代化，为我国煤炭开采技术的发展打下了坚实的基础。

目前我国滚筒采煤机品种多样，不仅有能够适应采高大于 3.5m 的厚煤层滚筒采煤机，还有能够适应 1.3～3.5m 的中厚煤层和适应采高小于 1.3m 的薄煤层采煤机，为了方便不同煤层的开采需求，不仅有电机轴向平行煤壁布置的滚筒采煤机，还有电机垂直煤壁布置的采煤机。机身设置上更是发展出骑输送机式和爬地板式 2 种，从而方便不同综采系统的设计需要。随着我国机械制造技术的发展，滚筒采煤机还发展出机械牵引、液压牵引和电牵引等采煤机，从而能够满足不同薄煤层开采的牵引需要。

薄煤层滚筒采煤机研究始于 20 世纪 60 年代，国外主要有 Eidchoff 的 EDW-300IN 型、DBT 公司的 EI600 型等。

二、薄煤层采煤机

与中厚煤层及厚煤层相比，薄煤层开采存在工作面断层、矸石等地质构造复杂，煤层厚度变化大，操作空间小，工作环境差等问题。因此，其开采的核心在于采煤机。

薄煤层采煤机技术从电机单一纵向布置向多电机横向布置发展，由液压牵引向电牵引发展，由箱体之间有传动关系向无传动关系的积木式发展，由有底托架向无底托架发展，并逐渐研制出了具有双截割电机摇臂、适用于大倾角开采的四象限调速系统、中压机载等技术的交流电牵引采煤机。

国内较具代表性的采煤机有 MG344-PWD 型、MG132/320WD 型、MG100/238-WD 型、MG200/456-WD 型采煤机，本书选后 2 种进行介绍。

（一）MG100/238-WD 型薄煤层采煤机

该采煤机是采用多电机驱动，截割电机纵向布置，牵引调高电机横向布置，非机载交流变频调速的无链电牵引采煤机，适用于煤厚 0.75 ～ 1.3m，倾角小于 25° 的煤层；斜切进刀，双向穿梭式采煤。可配 SGZ630/264 型、SGZ730/300 型输送机，ZY2000/06/13 型、ZY2400/07/14 型液压支架。生产能力为 190 ～ 370L/h，最高月产 12000t（按最高月产计，年产约计 1.4Mt）。MG100/238-WD 型薄煤层采煤机主要技术指标见表 4-3。

表 4-3　MG100/238-WD 型薄煤层采煤机主要技术指标

序号	项目	技术指标
1	机面高度 /mm	580
2	过煤空间 /mm	178
3	采高范围 /m	0.75 ～ 1.25
4	煤层倾角 / (°)	≤ 25（两象限） ≤ 45（四象限）
5	煤质硬度	≤ 4
6	牵引力 /kN	270/162
7	牵引速度 / (m/min)	0 ～ 6/10
8	滚筒转速 / (r·x/ min)	81.6
9	摇臂长度 /mm	1667
10	摇臂回转中心距 /mm	4670
11	行走轮中心距 /mm	3270
12	滚筒直径 /mm	φ750、φ850、φ950
13	机器质量 /t	16
14	生产能力 / (t/h)	190 ～ 370

MG100/238-WD 型薄煤层采煤机具有以下特点。

①采煤机机身顶面与支架顶梁呈平行设计，煤壁侧机身略高于采空侧机身（机面高度），既充分利用空间，又不影响机面高度与过机间隙。

②输送机销排反向布置于槽帮侧面，以降低输送机销排中心高度。另外，采煤机牵引输出轴上安装的摆线行走轮直接与销排啮合，从而保证了 580mm 机面高度的布置。

③在较大的过煤空间下，采高范围大，能够实现薄煤层采煤机对厚度变化大的工作面的适应性的要求。

④薄煤层采煤机截割部壳体与输送机槽帮间底侧装煤口很小，因此，煤只能通过左右滚筒向里旋转，将煤从采煤机前后两端甩抛至输送机内。左截割部安装了特殊设计的右旋滚筒，右截割部安装了特殊设计的左旋滚筒。

⑤采煤机选装制动器，以适应倾角较大时的工作面开采，增强其对不同地质条件的适应性。

⑥采煤机两行走轮中心距离短，适应工作面起伏能力强。机身下电控箱厚度小，电控箱体与输送机间隙稍大，能够适应输送机 ±3° 的垂直弯曲，两截割部铰接中心距小，摇臂长度短，能适应输送机 ±1° 的水平弯曲。

⑦采用强力电缆，取消电缆夹板，有利于采煤机斜切时电缆2次弯曲。

（二）MG200/456-WD 型薄煤层采煤机

该类型采煤机是一台采用多电机驱动，电机横向布置，非机载交流变频调速的无链电牵引薄煤层采煤机，适用于厚度为 1.1 ～ 2.4m，工作面倾角不大于 25°（两象限变频器）或者不大于 45°（四象限变频器），煤质中硬（$f \leqslant 4$）的煤层；斜切进刀，双向穿梭式采煤。可配 SGZ730/264 型、SGZ764/400 型输送机，ZY2600/07/20 型、ZYB4400/8.5/18 型液压支架。该类型采煤机由左截割部（含左滚筒）、左牵引部、电控箱、右牵引部、右截割部（含右滚筒）组成。

该类型采煤机在实际应用中，最高日产可达到 6600t，最高月产达 136000t，全员工效达 17.2t/工。MG200 型薄煤层采煤机主要技术见表 4-4。

表 4-4　MG200 型薄煤层采煤机主要技术指标

序号	项目	技术指标	
		MG200/456-WD 型	MG200/450-BWD 型
1	机面高度 /mm	853	862
2	过煤空间 /mm	310	—
3	采高范围 /m	1.15 ～ 2.2（高型：1.25 ～ 2.4）	1.4 ～ 2.2
4	煤层倾角 /（°）	≤ 25（两象限）≤ 45（四象限）	≤ 15
5	煤质硬度	≤ 4	—
6	牵引力 /kN	440/220	440
7	牵引速度 /（m/min）	0 ～ 6/10	6
8	截深 /mm	600 ～ 800	800

9	滚筒转速 / （ r·x/ min ）	44.36	40
10	摇臂长度 /mm	1942	1630
11	摇臂回转中心距 /mm	5170	4470
12	行走轮中心距 /mm	4170	
13	滚筒直径 /mm	$\varphi1150$、$\varphi1250$、$\varphi1400$	$\varphi1000$、$\varphi1250$、$\varphi1400$、$\varphi1500$
14	机器质量 /t	22	23
15	生产能力 /（ t/h ）	$350 \sim 700$	—

三、薄煤层自动化开采技术的运用

（一）自动化开采技术的优点

薄煤层滚筒采煤机自动化配套综采技术已经得到完全验证，薄煤层滚筒采煤机自动化配套综采机组也已经应用于一些薄煤层的煤矿开采中。滚筒采煤机自动化综采机组的应用，不仅提升了薄煤层的开采速率和产量，还有效减少了煤矿开采中占用的人力资源，是机械化换人、自动化减人的必然选择。应用滚筒采煤机的自动化开采技术，对煤层厚度变化较大的工作面具有极高的适应性，提高了复杂煤层的开采效率。薄煤层滚筒采煤机自动化开采技术，对工作面的长度要求较低，对于我国薄煤层狭长分布的特点来说，具有极高的技术推广价值。

（二）自动化开采技术的应用分析

应用于薄煤层的滚筒采煤机自动化开采系统由薄煤层自动化控制系统、液压支架电液控制系统和刮板输送机自动控制系统三大系统组成。只有这三大系统正常分工合作，才能够保证滚筒采煤机薄煤层自动化控制系统的实现。

薄煤层自动开采的技术基础，一般来说，滚筒采煤机自动化开采系统的自动化控制系统需要巷道集中控制中心实现对工作面的远程监控，并对滚筒采煤机自动化开采系统的各机械进行有效控制。薄煤层自动化控制系统需要实现自动截割采高记忆联想模式自修正控制、通信系统安全隔离、动态参数补偿关键技术，解决变频器和高压动力对总线及通信系统的干扰。

液压支架电液控制系统由巷道集中控制中心和远程数据传输控制单元及电液控制单元组成，液压支架电液控制系统可以对采煤机上的位置检测装置进行位置的反馈，并根据接收到的反馈信息按照设计程序进行支架降架、推移刮输板等动作，实现液压支架的自动移架，实现对顶板的及时支护，保证采煤机工作过程中的顶板安全。

刮板输送机自动控制系统主要将运量、阻力、位置信息即时传递到巷道控制中心和支架控制器，一旦负荷过载或煤量超标，系统随即调整采煤机割煤速度和支架跟机移架速度，从而实现刮板输送机自动控制。同时，在刮板输送机上还设有中部槽自动调斜控制装置，控制刮板输送机姿态与高度，防止中部槽不平整，同时提高铲装效果。

四、薄煤层滚筒采煤机综采面液压支架

（一）薄煤层液压支架特点

薄煤层液压支架具有以下特点。

①伸缩比大。立柱多采用双伸缩立柱，很少采用带机械加长段结构。

②架型多用两柱掩护式。由于薄煤层液压支压立柱伸缩比大，架型多选用两柱掩护式，以满足调节幅度变化较大的要求。

③结构简单紧凑。薄煤层液压支架结构力求简单，顶梁多设计为整顶梁结构，不带伸缩梁，不设抬底与调架机构，顶板条件尚可时，一般不设置活动侧护板。

④广泛采用高强度板材。由于薄煤层液压支架采高较小，为满足通风断面、行人空间、设备安全过机空间、结构强度等要求，结构件大多采用高强度板材。

⑤提升控制系统自动化水平。由于薄煤层工作面采高较小，行人困难，所以操作系统最好采用自动控制系统，以减轻工人劳动强度，提高安全程度、工作效率和产量。

（二）薄煤层液压支架主要参数

1.掩护梁背角

由于薄煤层顶板一般较好，垮落矸石较少，掩护梁受冲击荷载作用可能性较小，因此掩护梁背角不一定太大，只要在工作区段矸石能很好滑落即可。

2.支架高度

薄煤层液压支架高度的确定十分重要，如果支架高度过低就会丢失本来就很薄的煤，但若支架高度过高，又会给设计带来很大难度。随着综采设备的发展，目前多采用提高最小采高，加大装机功率，切割一部分矸石的办法来解决煤层高度过小的问题。

3.工作阻力

薄煤层工作面的采高小，易充填，基本顶容易形成拱，所以工作面矿压显现不明显，支架工作阻力可适当减小。

4. 顶梁宽度

薄煤层工作面顶板一般较完整，可以不设可活动的侧护板。但支架间距不可太大，以防矸石掉落，带来风险，进而造成支架下滑，影响支架行走；如果不留间隙或者间隙过小，可能会出现挤架现象，造成支架行走困难。一般支架中心距为 1.5m 时，顶梁和掩护梁的宽度可确定为 1.35 ～ 1.45m。

5. 安全过机空间

薄煤层支架在最小采高时，支架高度较低，为保证合理的安全过机空间，一般将顶梁箱形断面尽量做薄，同时，尽可能地减小采煤机的机面高度。一般安全过机空间不小于 100mm。

（三）薄煤层液压支架发展趋势

实践表明，采煤机的单机效能的高低在很大程度上取决于电动机功率的大小，只有大功率，才有高效能。因此，滚筒式采煤机的装机功率越来越大，无链交流电牵引技术日益普及，多电机联动、电机横向布置方式日益得到发展，牵引力不断加大，自动化程度越来越高。薄煤层液压支架设计上采用新结构和高强度材料，减薄结构截面，增大必要的行人空间，进一步完善科学化、人性化支架设计。薄煤层液压支架主要向以下几个方面发展。

①采用大功率电动机或多电动机以增大总装机容量。

②整机结构的动态优化（适应于赋存条件的变化，截割坚硬矸石时的震动与冲击剧烈）。

③提高采煤机自动化及遥控操作水平。

④从有链牵引向无链牵引或电牵引方向发展。

⑤提高采煤机的装煤能力。

五、自动化开采技术应用优化策略

提高滚筒采煤机薄煤层自动化开采的日产量，是现如今滚筒采煤机薄煤层自动化开采技术发展的重点方向，笔者综合大量滚筒采煤机薄煤层自动开采技术的优化资料和自身的工作经验，对滚筒采煤机薄煤层自动化开采技术的优化进行分析，提高其应用可以从以下方面进行优化设计和解决。

（一）提高装煤效果

滚筒采煤机装煤是以螺旋叶片的推动力实现装煤的，但由于螺旋叶片的叶片尺寸受到机械和工作环境的限制，使其难以实现高效开采。为了提高装煤效果，可以采用双向式高效装煤装置，即在采煤机摇臂下侧设计一个犁板，利用犁板和滚筒截割煤产生的抛射作用提高装煤效果。还可以在刮板输送机中部设计自动调斜装置，以提高刮板输送机的铲装效果。

（二）装置防污染设计优化

滚筒采煤机薄煤层自动化开采技术虽然能够实现自动化开采，但仍然需要视频监测装置对机组的工作状态进行有效的监控。由于煤矿开采环境中灰尘和噪声较大，因此如何做好视频监测装置的抗污染，对于保证滚筒采煤机薄煤层自动化开采系统的正常运行具有重要意义。为了抵御灰尘对视频监测装置工作的影响，可以在摄像镜头前安装防尘风罩，并利用风罩内的风速控制在风罩内形成涡流，吸除镜头上的尘雾，保证镜头的清洁，提升监控人员的视野，实现对滚筒采煤机薄煤层自动化开采系统工作的有效监控。

随着薄煤层综采自动化技术的发展和应用，煤炭的开采将由劳动密集型向现代高效型转化，煤矿也将由高危行业向本质安全型过度。因此，薄煤层综采自动化是中小煤矿发展提升的必由之路。

第四节 巷道综合机械掘进技术

一、掘进机技术的发展趋势

悬臂式掘进机掘进法是目前中等硬度以下煤层使用最为普遍的一种综合机械化掘进技术，其发展经历了一个由小到大、从单一到多样化、从不完善到完善的过程，现已形成轻型、中型、重型3个完善的系列。今后，悬臂式掘进机将会向着大型化、辅助功能多样化及机、电、液一体化的方向发展。

（一）截割技术

目前，掘进机上主要使用的是带合金头的镐形截齿，但此种截齿无法解决截割硬岩的问题。美国科罗拉多矿业大学开发出了种新型刀具——圆盘截割刀，并在硬岩掘进中试验成功。

这种圆盘截割刀具采用滚压破岩原理，不仅可以提高掘进机截割硬岩的能力，还可以增加截割头的寿命。小盘径圆盘截割刀具的切痕较小，达到相同切割深度所需的力比普通盘形截割刀具要小得多，而且小盘径圆盘截割刀具还具有体积小、重量轻、操作容易等特点。另外，为了提高悬臂式掘进机的截割效率，研究开发了两种辅助截割技术：一种是高压水辅助截割合成岩石破碎技术，即在机械截割中利用高压水射流辅助截割，具有冷却截齿、减少截齿磨损量（约30%）、减少截割力（约25%）、粉尘生成量少等优点；另一种是冲击振动辅助截割技术，利用惯性原理，通过在普通悬臂式掘进截割机构部分增加的激振部件利用一定频率和振幅的冲击来改善截割效果，以提高掘进机截割能力。

从而对大功率掘进机来说，切割煤层时，因截割阻力较小，而需要提高截割速度来提高生产率；切割岩石时，因截割阻力较大，为避免截割电动机过载和减少截齿损耗，需要降低截割速度和增大截割单刀力。目前，我国已研制了恒功率双速截割电动机，采用电动机调速，在高、低速时电动机功率恒定不变，低速时单刀力增大一倍，从而提高了机器的破岩能力，克服了恒扭矩双速电动机调速方式难以在切割岩石时提供更大截割力的缺点，也克服了机械变速方式变速困难、劳动强度大且容易污染减速箱等缺点。

（二）履带内藏式行星减速器技术

悬臂式掘进机的行走机构是主机很重要的一大部件，承担着主机在作业过程中的行走、调动任务。煤矿掘进巷道可利用的有效空间有限，从而限制了整机高度。履带内藏式行星减速器具有占用空间小、效率高、机器通过性好等优点，在性能上具有传动比大、传动效率高、输出转矩大等优点，在结构上具有体积小、重量轻等特点。

（三）工况监控技术

掘进机工况监控技术包括掘进机工况监测和故障诊断两方面。通过对供电电压、电动机负荷和温升的控制，对液压系统油压、油量、污染的监测，对减速器油温、油液污染和轴承温度的检测，从而最大限度地保证设备在最佳状态下工作。在设备遇到故障时，及时发现故障原因并予以纠正。新推出的掘进机已实现了推进方向和断面监控、电动机功率自动调节、离机遥控操作及工况监测和故障诊断，部分掘进机已实现了PLC（可编程逻辑控制器）模拟量处理功能对回路的循环检测，且提供了更方便的计算机汉显操作系统。

（四）配套技术

巷道的综合机械化掘进是一项系统工程，制约煤矿巷道快速掘进的主要因素并不是掘进机本身的掘进能力，而是支护和其他辅助工序。

①配套转载技术。运输技术的落后是制约掘进技术发展的重要因素之一。目前，国内掘进机通过采用桥式转载机与带式输送机的配套使用，实现了掘进机的连续工作。

②配套销杆支护技术。支护作业与掘进作业不同步是影响掘进速度的一个主要因素，销杆支护技术作为一种先进的支护技术，具有工艺简单、工效高、巷道断面利用率大、材料消耗低、支护速度快、支护成本低等优势，但无法解决掘进、支护的同步问题。机载锚杆支护技术能从根本上解决掘进、支护不同步问题，从而提高掘进生产率。

③配套机械除尘技术。目前，我国掘进工作面采用的除尘方式主要是喷雾除尘，除尘效率最高只能达到 60% ～ 70%；而国外普遍采用的干式综合降尘系统，其降尘效率可达到 99.9%。我国已研制开发了适合我国国情的掘进工作面高效降尘系统，降尘效率可达到 99.4% 以上，接近国际先进水平。

（五）掘锚一体化技术

西方国家比较重视掘锚一体化技术，因为掘锚机作业工作质量较高，其应用范围广泛。

掘锚一体化技术主要应用在不具备良好顶板条件的单巷与双巷掘进中，能够有效改进支护和快速掘进。根据相关资料显示：此技术能提高 65% 的速度。从掘锚一体化信息中可知：锚杆在顶板暴露安装，可改善作业环境和机械性能。在煤矿掘进工作中，掘锚一体化可以显现出其技术优势，提高机械运用效率，维护环境的稳定性。由此可见，我国的煤矿企业应结合实际情况，加大对此技术的开发和运用，推动煤矿行业的发展。

（六）大断面多巷掘进技术

大断面多巷掘进技术主要是通过连续采煤机工作，为当前巷道中应用的重点方法。它掘进速度快，有采掘合一的效果，在煤矿开采中有较高的应用价值。对于半煤岩巷道掘进和半煤岩悬臂的掘进，还需结合实际开采情况，改进机械元件和性能，提高机械化水平。

（七）全岩巷掘进技术

全岩巷掘进技术主要是利用大功率悬臂掘进机进行工作，从而提升了系统整体的功率，其特点在于重型、大功率和自动化。随着掘进机研究增强，科技的进步，横轴的切割功率已经达到 350kW，纵轴切割功率达到了 250kW，自动化程度也逐步提高，使用空间也得以拓展。

（八）煤岩混合巷掘进技术

提升高悬臂掘进机工作设备的整体性能，使其向着自动化和智能化方向发展，这样才能提高其安全性能和工作效率。在煤矿掘进过程中，地质地貌混合因素给掘进工作带来很多不确定因素，而提高高悬臂掘进机的性能则可以减少这些因素造成的影响。此外，连续采煤机还具有优良的工作性能，如可连续工作，从而进一步提高了开采效率。与此同时，对采煤机的应用性能也有了更详细的划分，使其可适应更多复杂的地质条件。

我们要进一步改进煤矿掘进机，并重视其配套技术的研究。这样在综合应用时，可提升煤矿的开采效率和质量，同时也保障了工作人员的人身安全。在煤矿掘进工作中提高支护水平，有利于提高巷道整体的安全性和可靠性。

通过分析我国煤矿高效掘进技术现状以及未来发展趋势，可以看出我国在煤矿高效掘进技术方面取得了一定成就，但是相较于发达国家来说还有待进一步加强。加大对煤矿高效掘进技术的研究，有助于进一步提高我国的煤矿高效掘进技术自动化水平，从而促进煤矿开采行业的稳步发展。

二、掘进机主要结构

悬臂式掘进机主要由截割机构、装载机构、运输机构、机架及回转台、行走机构、液压系统、电气系统、冷却降尘系统及机器的操作控制与保护等部分组成。

（一）横轴悬臂式掘进机

横轴悬臂式掘进机的截割头轴线与悬臂轴线相垂直，工作时先进行掏槽截割，最大掏槽深度为截割头直径的 2/3。掏槽时，截割头需做短幅摆动，以截割位于两个截割头中间部分的煤岩，因而操作较为复杂，掏槽可在工作面上部或下部进行，但截割硬岩时应尽可能在工作面上部掏槽。

目前，国内外横轴悬臂式掘进机主要有奥地利的 AM 系列、匈牙利的 F 系列、德国的 EVA 系列和 WAV 系列等。其中，以 ATM05 和 AHM105 最具代表性，可经济截割单轴抗压强度达 120MPa 的岩石，是目前世界上截割能力最强的悬臂式掘进机之一。AHM105 掘进机的技术参数见表 4-5。

表 4-5　AHM105 掘进机技术参数

项目	技术参数	项目	技术参数
长度 /mm	122	离地间隙 /mm	240
带锚杆机的高度 /mm	40	最小地板起伏半径 /m	25
带司机室的最低高度 /mm	2825	最小地板下凹半径 /m	25

机身宽度（不含铲板）/mm	2594	在岩石里最大横向坡度 /°	±5
铲板宽度 /mm	3575	在煤里最大横向坡度 /°	±8
履带宽度 /mm	720	最大纵向坡度（不带稳定装置）/°	±18
总重量 /t	120	最大纵向坡度（不带稳定装置）/°	±32
机器对地比压 /MPa	0.22	—	—

（二）纵轴悬臂式掘进机

目前，国内主要的纵轴悬臂式掘进机有 EBJ-120TP 型、EBZl60TY 型、S135J 型、S135 型、EBZl60 型等，其中，以 EBJ-120TP 型掘进机最具代表性，其技术特征见表 4-6。

表 4-6　EBJ-120TP 型掘进机技术特征

项目	技术特征	项目	技术特征
机长 /m	8.6	机重 /t	35
机宽 /m	2.1	总功率 /kW	190
机高 /m	1.55	可经济截割煤岩硬度	≤60
地隙 /mm	250	可掘巷道断面 /m²	9～18
截割挖底深度 /mm	240	适应巷道坡度 /°	±16
接地比压 /MPa	0.14	供电电压 /V	1140

纵轴悬臂式掘进机采用纵轴式截割方式，截割头主要由截割头体、截齿座和截齿等组成，一般有大小两种截割头，小截割头破岩过断层能力强，主要用于半煤岩巷的掘进，大截割头适用于煤巷掘进。

三、掘进机综合作业

综合机械化掘进（简称综掘）作业线主要是用悬臂式掘进机、桥式转载机和可伸缩带式输送机组成的作业线。与炮掘相比，综掘的主要优点是连续掘进，掘进工序少、效率高、速度快、施工安全、劳动强度低以及掘进过程中对巷道围岩不发生震动破坏，易维护；其缺点是初期投资高，技术比较复杂。综掘作业线就是在一条掘进机掘进的巷道内，将定向测量、掘进、运煤、通风、降尘、材料运输、巷道支护、供电系统等设备配套，形成一条效率高、相互配合、生产连续均衡的掘进系统，达到掘进过程全部机械化，从而得到较高的掘进速度和较好的经济效益。

（一）综掘作业线的选择

目前，掘进采准巷道除十分复杂的矿山地质条件是影响掘进机掘进速度的主要因素外，掘进机后配套是否合理是影响掘进机掘进速度快慢的直接原因。因为工作面进行巷道支护的时间约占总工时的 70%，支护与截割不能平行作业；加之后配套不合理，如不能连续运输，将会使掘进机频繁地停机；此外，若辅助运输没有解决好，掘进机开机率一般为 70%，严重影响了掘进机效率的发挥。

在选择和确定巷道配套运输方式时，不能只考虑一种配套运输形式，而应根据各矿的具体地质条件、工作面条件和运输系统来选择。从我国现有设备来看，采用带式输送机与掘进机配套运输是一种比较好的方式。选择刮板输送机与掘进机配套时，应考虑满足采煤运输能力的需要。

①在水平弯曲巷道，可采用可弯曲刮板输送机配套，如选用 SGW-44 型、SGW-40T 型刮板输送机。

②当巷道是既弯曲又有一定坡度（±10°）的垂直弯曲巷道时，可采用胶轮梭车运输，使转载、运输合理。

③如果该矿主要是轨道运输系统，可采用矿车运输。如果巷道坡度变化较大，可选用齿轨式机车牵引矿车。

不论采用哪种运输形式，都要协调辅助运输、通风、除尘、供电等环节，使之成为完整的机械化掘进作业线。

（二）煤及半煤岩巷道施工特点

煤及半煤岩巷道施工具有以下特点。

①掘进时破煤容易，可采用多种方法掘进，但空顶距要小，并要及时地采取合理支护，防止冒顶。

②有煤与瓦斯爆炸危险的矿井，在施工中要严格遵守《煤矿安全规程》中对防止煤与瓦斯突出和瓦斯爆炸的一切规定。

③煤及半煤岩巷道大部分是采区巷道，服务年限一般较短，并可能受回采动压影响，因此应选用合理的支护形式。在选择巷道施工设备和组织施工时，应结合回采的情况统一考虑。

（三）综掘工作面设备配套及主要特点

完整的综掘作业线配置的主要设备应包括掘进机、转载机、运输设备、支架机（锚杆机）、激光指向仪、瓦斯断电仪、降尘器、辅助运输设备和电气系统等。其中，运输设备按具体工程条件配置。一般根据运输设备的不同，分为如下 4 种基本的综掘作业线。

①掘进机＋桥式转载机＋可伸缩带式输送机作业线。

这种类型的作业线，在我国煤矿巷道掘进中得到了较为广泛的应用。掘进机破落的煤岩块装上转载机，卸在带式输送机上运出。掘进工作面产生的粉尘，靠掘进机内外喷雾灭尘和湿式除尘器抽尘净化处理。当工作面采用双向带式输送机运煤时，带式输送机底的输送带同时能够向工作面运送材料，形成一个运输系统。

这种配套方案的主要特点是：可实现煤、矸连续运输，减少煤、矸转运停歇时间，切割、装运生产能力大，掘进速度快；上输送带出煤、下输送带运料，做到一机多用，减少辅助运料系统；输送带延长速度快，每延长 12m 输送带仅需 30min。

目前，掘进机＋桥式转载机＋可伸缩带式输送机配套方案主要适用于连续掘进的独头巷道（长度大于 800m 的条件下）。

②掘进机＋桥式转载机＋刮板输送机作业线。

这种作业线是目前我国煤矿（特别是小型煤矿）使用范围较广的一种配套方案。掘进机切割下来的煤岩块经转载机和刮板输送机再卸入其他运输设备从而运出。这种配套方案需要设置专门的运料系统，该方案主要适用于巷道坡度变化大，掘进巷道长度较短的条件。

③掘进机＋梭车作业线。

该作业线由掘进机、梭式矿车和牵引电机车组成。掘进机切割下来的煤岩块经装运机构、桥式转载机卸载于梭车内，然后用防爆电动机车（梭车）拉至卸载地点。

梭式矿车的容积为 8m³，在车底上安有刮板输送机，梭车前端接收掘进机和转载机装入的煤或矸石，并通过车厢底板上的刮板输送机逐渐运向后部，直到均匀装满全车，然后由电动机车牵引至卸载点，再开动刮板输送机卸载。由于这种配套方案不能连续装载，因此它适用于装卸地点运输距离较短的条件。另外，井下必须具有卸载仓。

④掘进机＋吊挂式转载机＋矿车作业线。

为了适应小型煤矿综合机械化掘进施工的需要，在断面较小、地压较大需用金属材料作永久支护时，可采用这种配套方案。为了提高掘进机的工时利用率，减少调车次数和调车停机时间，尽量选用长度较大的吊挂式转载机。吊挂式转载机一端与掘进机连接，另一端通过行走车轮吊挂在巷道顶板的单轨上，随着掘进机向前掘进，吊挂式转载机随同掘进机一起向前移动，这种配套方案不能连续装载，掘进机工时利用率低，从而使掘进速度受到一定影响。另外，永久支架的安装质量要求比较严格，辅助工程量较大，所以其宜在输送机运煤系统未建成前采用。

（四）煤矿巷道综采技术现状

掘进机、装载机、单体锚杆机是煤矿巷道综采掘进的主要机械设备。其中，悬臂式掘进机功能包括行走、运载和切割，工作机构包括切割臂、输送机、回转台、装载机和履带等。针对工作要求，采用的切割方式也不同，悬臂式掘进机分为横轴与纵轴两种形式。从重量角度可分为4种，即轻型、重型、中型和特轻型。悬臂式掘进机具有能连续开挖、超挖少、爆破震动少、灵活度高等优点，可将其用到任何一种支护或断面结构隧道中。

第五章 厚煤层的放顶煤开采技术研究

放顶煤开采技术是我国主要的厚煤层开采技术，放顶煤综采对于煤层厚度变化大、赋存不稳定的厚煤层有较强的适应性。本章主要对厚煤层放顶煤开采原理和矿山压力显现与稳定控制等方面进行了分析，并针对综放火患、瓦斯、煤尘的治理等安全问题，来寻求更加有效和经济合理的途径。

第一节 厚煤层放顶煤开采的原理

一、对放顶煤开采的基本认识

综放开采与单一煤层开采的差异就是一次采高成倍增大，支架上方存在着层破碎的、强度低的顶煤，因此采场上覆岩层及其结构所形成的荷载需要通过直接顶传递给顶煤，然后再施加到支架上，顶煤起到了传递上覆岩层荷载的媒介作用。

①支承压力分布。在相同地质、岩层等条件下，与单一煤层开采相比，综放开采的支承压力分布范围大，峰值点前移，支承压力集中系数没有显著变化。这就导致工作面两巷受采动影响范围大，超前加强支护距离长。煤层越软、越厚，支承压力分布范围越大，峰值点距煤壁越远。

②综放面支架工作阻力不大于单一煤层工作面的支架工作阻力。综放面的初次来压、周期来压规律同样存在，来压强度与单一煤层开采大体相当。综放采场矿压显现程度不仅取决于上覆岩层的活动，也取决于顶煤的破碎状况及其刚度大小。支架上方破碎的顶煤，由于进入了塑性状态，具有较小的刚度，岩层活动压力向煤壁前方迁移，同时也可缓冲老顶来压时的动载作用，因此，虽然放顶煤开采的一次采高增大，但工作面矿压显现并不强烈。

考虑到综放一次采高增大，直接顶不易充满采空区，控制煤壁片帮与端面漏冒、护顶等需要，综放支架额定工作阻力要大于同等条件下单一煤层的。

③支架前柱的工作阻力大于后柱工作阻力。放顶煤工作面综采支架前柱的工作阻力普遍大于后柱，一般为 10%～15%，最高的可达到 40%。具体情况

与顶煤的硬度和冒落形态有关。对于软煤而言，顶煤破碎和放出较充分，支架顶梁后部上方的顶煤较少，不利于传递上覆岩层的作用，因此相对硬煤而言，支架前柱的工作阻力大于后柱工作阻力这一特点更加明显。

综放面支架工作阻力分布的这一特点对于支架选型、设计尤其重要，支架的工作阻力作用线尽可能要与顶板荷载的作用线一致，以保持支架稳定、不发生偏转等。

④采高对煤壁片帮有很大影响。对于软煤层，降低采高是控制综放面煤壁片帮的有效措施之一，淮北芦岭矿极软（≤0.3）的8煤层综放开采不同割煤高度时煤壁状况的离散元模拟结果表明，开采时煤壁表面及其内部一定范围内均向自由空间位移量。当采高为2.0m时，位移量较小，协调一致，煤壁没有产生破坏；当采高为2.5m时，煤壁上的局部块体分离整体，煤壁产生片帮破坏。

对于软煤层进行综放开采时，利用放顶煤开采支承压力区前移，降低采高，支架具有较高的工作阻力和良好的护顶、护帮功能，并能提供指向煤壁的水平力，从而保证煤壁与端面具有良好的状态。

⑤顶板瓦斯排放巷是解决放顶煤开采局部瓦斯排放的有效措施之一。放顶煤开采后，一次采高增大，出煤集中，导致瓦斯的绝对涌出量大。同时由于对煤层及上覆岩层的扰动范围大，裂隙发育，会使煤层和岩层整体大范围的压力卸荷，有利于瓦斯释放、上浮，并飘移到上覆岩层的裂隙带中，从而在工作面的瓦斯相对涌出量并不与产出煤量成比例增加。

尽管如此，放顶煤开采的瓦斯治理仍然是安全开采的首要问题尤其是对于瓦斯含量高的煤层。对瓦斯的防治除采取预抽排、开解放层等综合措施外，沿顶板在煤层中开掘专用的瓦斯排放巷是排放工作面尤其是上隅角瓦斯的最有效措施之一。当瓦斯排放巷距工作面上顺槽20m以内的距离时，会起到良好的排放效果，否则，对解决上隅角瓦斯效果不佳。当瓦斯含量较低，或煤层厚度不足以开掘专用瓦斯排放巷时，也可以采用走向钻孔抽排上隅角瓦斯，这也会收到良好效果。由于顶板瓦斯排放巷也存在一些隐患，因此近两年来不提倡使用，这就必须有更好的技术措施解决放顶煤开采的瓦斯排放问题。

⑥保证工作面推进度是防止采空区发火的根本措施。采空区浮煤的自然发火也是放顶煤开采遇到的重要安全问题之一，目前常用防止采空区浮煤自然发火的措施是注入惰性气体、黄泥灌浆、避免向采空区漏风等，但是保证工作面的推进度不低于35m/月，对于防止采空区浮煤自然发火具有根本性效果。当工作面推进度低时，需采取注入惰性气体等综合防火措施。

对于软煤层，全煤巷道的及时封闭，避免冒顶是防止巷道发生火灾的基本措施。一旦巷道冒顶，不及时封闭、充填，就会形成冒顶区内风流不畅，氧化，发生火灾，随开采高温煤落入采空区后，会引燃采空区浮煤。

二、放顶煤采煤法分类

（一）按机械化程度分类

按采煤工作面落煤、支护的方法不同，放顶煤采煤法分为炮采放顶煤采煤法、普通机械化放顶煤采煤法和综合机械化放顶煤采煤法。

放顶煤工作面的机械化程度与普通工作面一样，也有一个缓慢的发展过程，主要体现在落煤方式、支护方式、放顶煤方式和运输方式4个方面。

落煤方式的发展过程是：手镐—风镐—放炮—机械（采煤机或刨煤机）。

支护方式的发展过程是：木支柱—金属摩擦支柱—单体液压支柱—液压支架（放顶煤专用）。

放顶煤方式：手工—机械（刨煤机）—液压控制。

运输方式：单输送机—双输送机。

1. 炮采放顶煤

在采用放顶煤采煤法的初期，工作面用摩擦支柱支护、打眼放炮落煤，并用一台输送机进行运输。

2. 普通机械化放顶煤

实践证明，使用一台输送机时采煤工作和放顶工作不能同时进行，工作面产量受运输能力的限制，劳动组织复杂。因此，很快就发展成为使用两台输送机运煤，即一台在工作面后方用来回收顶煤，一台在工作面前方用于落煤。相应地，工作面支护也由摩擦支柱改为单体液压支柱。这就是普通机械化放顶煤采煤法。

尽管如此，这种放顶煤工作面的生产仍然受到支护工作的限制，其支护工作量大、劳动强度大、不安全，因此用这种支护方式很难实现放顶煤工作面的机械化。

3. 综合机械化放顶煤

1964年，法国首先用节式支架改装成为放顶煤支架，即在支架的后部加一个香蕉形的尾梁用来放顶煤。自从在放顶煤工作面用上自移支架以后，工作面的工作条件得到显著改善，使实现落煤机械化成为可能。活动尾梁在千斤顶作用下可以反复支撑顶煤，使放顶煤工作变得容易。放顶煤工作可以和采煤工作同时进行，安全生产得到了保证。但是这种节式放顶煤支架很不完善，尤其是放顶煤工人的劳动强度仍很大。随着放顶煤机械化的发展，出现了许多种放顶煤液压支架。

（二）按煤层赋存条件分类

1. 一次采全厚放顶煤采煤法

对于 5～20m 厚的煤层，可以沿煤层底板布置工作面，一次将顶煤放出。

这种方法的优点为：特厚煤层一次采全厚开采，回采巷道的掘进量及维护量小，工作面设备少；采区运输、通风系统简单；可以实现集中化生产；通过煤体提前注水可以防尘；顶煤在矿山压力作用下容易破碎回收。

这种方法存在的问题是当煤层较软、采用后退式开采时顺槽维护困难。

2. 预采顶分层放顶煤采煤法

在使用放顶煤采煤法的初期，为了减少顶煤放落时的矸石混入量，或因直接顶坚硬不能随采随冒时，就沿煤层顶板布置一个普通长壁工作面（铺网）进行开采，而后在煤层底板上布置一个放顶煤工作面，将两个工作面之间的中间层放落。这种方法要求煤层有足够的厚度，一般应在 8m 以上。它的缺点很明显，需要 2 套回采巷道，增加了巷道的掘进量和维护费用。采顶分层开采以后，减小了矿山压力，因而在放顶煤工作面顶煤冒落比较困难并时常有大块出现。如果煤质坚硬，往往需要放炮松动。

3. 分层放顶煤采煤法

当煤层的厚度超过 20m 甚至为几十米，上百米时，就可以用多个放顶工作面，自顶板向底板将煤层分成 10～12m 高的分层，依次进行放顶煤回采。采用这种方法时，可以在第一个放顶煤工作面进行铺网，使以后工作面的放顶煤工作都在网下进行，以减少煤的含矸率，提高采出率。但也可以不铺网，这要视煤层顶板的岩性而定，如维林基矿在开采 80～150m 厚的褐煤层时就没有铺网。

4. 急倾斜水平分段放顶煤采煤法

急倾斜特厚煤层传统的采煤方法为水平分层人工假顶垮落式开采，也有采用巷柱式掩护支架、斜切分层、倾斜分层、伪倾斜分层、倾斜分层与水平分层联合布置等采煤方法进行开采的。这些采煤方法或因工作面单产低、坑耗大；或因采出率低，准备、收尾工作量大，更主要的是因回采条件差、安全状况不好、资源损失大而先后被淘汰。

水平分层采煤法的主要缺点是工作面长度较短、产量低，而且需要开掘大量巷道。采用放顶煤综采后，可以改为分段开采，从而简化了开采系统，增加了工作面开采高度，使工作面产量大幅度提高了。如果在同一煤层中有数个放顶煤综采工作面之间保持一定的距离同时开采，则可做到集中生产。

急倾斜煤层分段放顶煤综采工作面可以根据煤层的厚度、倾角和地质条件，采用多种布置方式。对于煤厚大于15m且赋存较稳定的急倾斜特厚煤层，可以将煤层沿倾斜划分为8～15m高的分段，然后在每分段底部布置放顶煤综采工作面。这种采煤工艺与缓倾斜煤层放顶煤综采工作面相同，只是工作面长度较短。为了降低煤炭含矸率和提高工作面煤炭采出率，可在采顶分层时铺上具有足够强度的金属网，使以下各分段的放顶煤工作均在网下进行。

煤层厚度较大且沿走向方向厚度变化不大时，可以分别沿煤层顶板及底板各掘一条分段平巷。如果煤层厚度不大而顶板比较平整，则可将平巷沿顶板布置。例如，法国中南部煤田卢尔矿采用的一种巷道布置方法。它先在煤层底部中开掘一条倾角为30°的岩石集中上山，而后用分段石门与煤层贯通，直到煤层顶板，再沿煤层顶板开掘回采平巷，在采区边界布置放顶煤工作面。此时工作面只有一条平巷相通，不能形成通风回路，需要采用局部通风机通风。

5. 巷柱式放顶煤采煤法

对于4～8m厚的急倾斜特厚煤层，布置一个短壁放顶煤工作面就很困难，尤其当煤层厚度变化大时就更为困难。对于这样的煤层，我国多采用仓储式采煤法，也曾试验过用分层"＜"形掩护支架采煤法，但问题较多，很难实现机械化。我国南方一些矿区和北京矿务局对这样的煤层采用斜坡后退落垛式采煤法，这种方法虽可划归成放顶煤采煤，但这种方法不能实现机械化，坑木消耗大，不安全，采出率低，因而基本属于非正规采煤法。巷柱式放顶煤采煤法就是在斜坡后退落垛式采煤法基础上进行改造的机械化采煤法。这种方法的实质就是将4～8m的小阶段在阶段底部开掘一条水平巷道，然后从采区边界开始后退放顶煤。

6. 急倾斜厚煤层仓储式放顶煤采煤法

急倾斜特厚煤层的采煤方法除了水平分段放顶煤采煤法和巷柱式放顶煤采煤法以外，还有仓储式放顶煤采煤法。这一方法在法国用得较多，值得我们借鉴，现简述如下。

在法国多弗内矿有一急倾斜厚煤层，厚度变化在6～10m，煤层有自然发火危险，而且有二氧化碳突出危险。为开采这样的煤层，这个矿曾先后采用了两种形式的仓储式放顶煤采煤法。

7. 沿倾斜推进刨运综采机组放顶煤采煤法

匈牙利试验研究的刨运综采机组放顶煤采煤法。其工作面采用"z"形布置，工作面进风巷事先掘好，而回风巷随工作面前进用沿空留巷法留出，并供下一个工作面作为进风巷用。进风巷中安设有溜煤筒和行人间。机组由开天窗放顶煤支架和刨头及刨链组成。刨头和液压支架底座连接，并由千斤顶支承，刨头在千斤顶作用下可以上下摆动。刨链安装在刨头上，并以刨头为导轨沿着工作面运动，刨链上有刨齿，刨齿可以切割煤壁，也可以将煤攉到溜煤筒内。顶煤冒落以后，可以从支架的天窗放出，并通过溜槽溜到支架前，由刨链刮运到溜煤筒内。这种方法的主要问题是工作面沿倾斜向下推进，推进距离受采区阶段高度限制不可能太长，因此设备搬家次数频繁，不能很好地发挥其效益。

8. 钢筋混凝土假顶水平分层采煤法

这种方法适用于厚 2～4m 的急倾斜煤层。其实质是将煤层分成 4m 高的分层，以钢筋混凝土作为假顶，在假顶下用据装机进行开采。钢筋混凝土假顶的钢筋用锚杆固定在顶底板岩层中。

三、放顶煤开采的基本原理与工艺

（一）放顶煤开采的基本原理

放顶煤开采最初在国外主要用于边角煤开采、煤柱回收、赋存条件不稳定的煤层开采等，后来随着对该项技术认识的深入、技术发展、支架等设备进步等，这种方法已成为正规的开采方法，尤其是在我国已成为厚煤层开采的主要方法之一。放顶煤开采的基本原理就是在厚煤层中，沿煤层（或分段）底部布置一个正常采高长壁工作面（一般为 2.5～3m，最近在个别工作面采高为 3.5～4.5m），用常规方法进行回采，利用矿山压力作用和煤岩体的力学特性等，使支架上方的顶煤破碎成散体后由支架后方（或上方）放煤口放出，并经过刮板输送机运出工作面。

放顶煤开采过程中，顶煤及时冒落、不出现悬臂、高效快速破碎、成块度适中、适于放煤与运出的散体是关键，通常情况下，可以依靠矿山压力作用，以及顶煤逐渐接近采空区，横向约束减弱，顶煤受力状态变化，由三向约束变为二向约束等原因，使顶煤自行破碎。但是对于煤体较坚硬或裂隙不发育煤层，通常需采用人工辅助破煤措施，如人工爆破，注水软化等，以使顶煤破碎成合适的块度，以此来提高顶煤的回收率。在放顶煤开采过程中，提高全厚煤层的回收率是主要研究内容之一，通常的技术措施是尽可能增大割煤高度，减少放煤高度，增大工作面长度，减少工作面两端不放煤长度的比例，以及增加顶煤破碎效果等。

（二）放顶煤开采的基本工艺

回采工作面的采煤工艺是指在回采工作面进行采煤工作所必需实施的各个工序之间，以及完成这些工序所需的机械装备和所需要的各工种之间在空间和时间上的相互关系总和。回采工作面的空间一般包括上下顺槽、端头、工作面机道到采空区在内的整个作业区。有的工作面将这一空间扩展到液压泵站和移动变电站或采区装车点。工作面在空间上的变化是指煤壁和采空区位置的变化。在时间上，一个采煤循环可以从数小时变化到24h以上。不同的采煤方法要求有不同的采煤工序，并要求不同的时空配合关系。除与普通长壁综采一样的割煤、移架、推溜工序外，长壁综采放顶煤工作面还增加了放煤工序，其中一般情况下，工作面一半以上的煤量来自放煤，因此从时间和空间上合理安排采煤与放煤的关系就成为放顶煤工作面生产工艺中必须解决的基本问题。双输送机放顶煤工作面布置方式，也是最常用的方式。

这种布置方式的一般工艺为：采煤机割煤，其后跟机移架，推移前部输送机，然后打开放煤口放煤，最后拉后部输送机，工作面全部工序完成后，即完成了一个完整的综放循环。

综采放顶煤工作面的顺槽运输设备与普通综采相同：有桥式转载机和可伸缩带式输送机，其不同点是在桥式转载机上必须安装破碎机，且要求破碎机的能力要强，尤其是对于硬度较大，裂隙不发育的煤层。因为后部输送机运出的大块煤很多，若无二次破碎，将导致胶带机跑偏，煤仓堵塞，使工作面生产能力不能充分发挥。

综放工作面由于是前后双输送机布置的，因此其工作面两部输送机并列搭在桥式转载机的机尾水平装载段，随着工作面的推进，桥式转载机的拖移较普通综采面频繁得多，几乎每班都要拖移一次。

因为割煤和放煤工序的配合不同，所以综放开采主要有4种工艺方式，跟机顺序放煤工艺、跟机分段放煤工艺、割煤放煤交叉工艺和割煤放煤独立工艺。

1.跟机顺序放煤工艺

采煤机在前方割煤，距采煤机15m后，开始逐架放煤。其工艺过程是，割煤—推移前部输送机—移架—放煤—拉移后部输送机。为了及时控制顶煤，严防架前漏顶，也可采取割煤—移架—推移前部输送机—放煤—拉移后部输送机的工艺。这种工艺一般在工作面端头入刀，多为"一刀一放"，劳动组织简单，是较为广泛采用的工艺方式。为了使放煤不影响采煤机的割煤速度，可采用多人多架同时放煤的组织形式。

2.跟机分段放煤工艺

采煤机在前方割煤，沿工作面分上、中、下三段，每段由一组放煤机放煤，其工艺过程是：割煤—移架—推移前部输送机—拉移后部输送机—放煤。其特点是放煤工序与其他工序互不影响，分段、分组放煤，但是每段必须在下一个循环割煤前完成全部放煤作业。其缺点是可能出现多段同时放煤，后部输送机负荷大，易造成停机等，这种工艺的入刀位置可以视工作面顶煤状况而定，可实现"二刀一放"或"多刀一放"，视顶煤的冒放特征和顶煤厚度等改变放煤步距。

3.割煤放煤交叉工艺

工作面分为上、下两部分：上半部分割煤，下半部分放煤和下半部分割煤，上半部分放煤，交叉作业。这种工艺一般为工作面中部入刀，多为"一刀一放"，采煤机往返一次进一刀，特别在长工作面中采用更为有利。

4.割煤放煤独立工艺

上述3种工艺对于长工作面均可以实现采、放平行作业，以提高开采效率。当工作面较短时或急倾斜煤层分段放顶煤开采时，一般采取割煤不放煤，放煤不割煤的采放单一作业，其工艺过程是，割煤—移架—推移前部输送机—拉移后部输送机—放煤。这种工艺多为"二刀"或"三刀放"，入刀方式和位置不受放煤工序影响。

第二节　矿山的压力显现与稳定控制

一、综放采场围岩力学系统

放顶煤开采与单一煤层开采的差异就是支架上方存在着一层破碎的、强度低的顶煤，因此采场上覆岩层及其结构所形成的荷载需要通过直接顶传递给顶煤，然后再施加到支架上，顶煤起到了传递上覆岩层荷载的媒介作用。作为一个采场围岩系统而言，老顶岩层及其结构所产生的荷载需要由直接顶和后方已垮落的矸石共同承担，而其中直接顶的支撑基础则主要是工作面前方的煤体和支架上方的破碎顶煤，并且直接顶的变形和荷载又经由顶煤传递到支架上。因此，老顶活动对采场及支架的影响程度取决于直接顶与顶煤的性质、顶煤破坏的发展程度，以及支架的刚度。

（一）煤体的力学性质

煤体的力学性质主要为两部分，进入塑性区以前，即支承压力峰值区以前煤体仍然处于弹性阶段，可以按理想的弹性介质进行简化；进入塑性区以后，顶煤的破坏处于发展变化之中，越靠近煤壁的煤体破坏越严重，承载能力越低。进入到支架上方时，顶煤的破坏更加严重，并且随着顶煤的放出，对顶煤的侧向约束逐渐减弱，甚至消失，破裂的顶煤承载能力进一步下降，可按理想的弹塑性体描述塑性区的顶煤，由弹簧元件与摩擦元件串联组成的圣维南体描述，但圣维南体的变形模量 E 随着靠近冒落面的距离减小而减小。

（二）垮落矸石的力学性质

随着顶煤冒落以后，直接顶垮落，由于一次采出高度增大，因此必然导致顶板的不规则垮落带高度增加。

随着老顶岩层下沉，其将与采空区的垮落矸石相接触，对垮落矸石施加荷载。垮落矸石在老顶荷载作用下，逐渐压缩变形，且变形具有不可恢复性，随着变形的增加，矸石对老顶岩层的阻力逐渐增大，矸石的变形模量逐渐增加，并逐渐趋于稳定。考虑到矸石的逐渐压实过程，在距工作面较近处，变形模量较小。随远离工作面，变形模量逐渐增大。为了反映垮落矸石的逐渐压实过程，可采用由弹簧元件和阻尼元件并联而成的凯尔文体加以描述。

（三）直接顶的力学性质

直接顶为老顶及其上覆岩层荷载的主要承担者，上覆岩层荷载由直接顶将荷载传顶煤，因此直接顶对顶煤具有介质和荷载的双重作用，并且以介质作用为主，而直接顶的传力效果则取决于直接顶的变形模量大小。若直接顶处于弹性变形状态，可用弹性模型加以描述，若直接顶进入塑性区以后，则直接顶转化成塑性介质，可用前述的圣维南体所表述的理想弹塑性模型加以描述。

（四）综放支架的力学性质

支架的受力大小及荷载分布取决于顶煤的力学性能以及与支架的相互作用关系，当破碎顶煤的残余强度小于支架的支护强度时，顶煤必然无法承受大的荷载，导致岩层压力向煤壁前方转移，此时支架承受了较小的荷载，支架表现为降阻或恒阻工作特性，可用弹性元件描述支架的力学关系。当破碎顶煤的残余强度大于支架的支护强度时，顶煤就会有较好的传递顶板岩层荷载的能力，支架上的作用力较大，支架具有增阻或恒阻工作特性，可用由弹簧元件和摩擦元件串联组成的圣维南体描述其力学性能。

二、矿山压力显现

（一）矿山压力显现的概念及基本形式

煤及岩层被采动后应力将重新分布。其中，处于采动边界的部位承受了较高的压力，岩层的受力状况发生了明显改变。当该部位承受的压力值没有超出其允许的极限时，围岩处于稳定状态。当采动边界部位的煤（岩）体所承受的压力值超出其允许极限后，围岩运动将明显表现出来，即产生煤（岩）体的破坏、片帮、顶板下沉与底板鼓起等一系列矿压现象，支架受力与变形也将明显表现出来。

煤岩体采动后，在矿山压力作用下通过围岩运动与支架受力等形式所表现出来的矿山压力现象，称为矿山压力显现。

煤岩体采动过程中矿山压力显现的基本形式包括围岩运动的形式与支架受力两个方面。

1. 围岩运动的形式

①两帮运动：主要是指巷道两帮的弹性变形、裂隙扩展、两帮岩体扩容后产生的塑性破坏与塑性流动，以及两帮岩体向着采动空间内的移动（包括两帮鼓出、片帮等缓慢移动，以及煤或岩体突出时在动压冲击下的高速移动）。

②顶板运动：指巷道及工作面顶板岩层的弯曲下沉、裂断破坏及破碎岩石的冒落。

③底板运动：指巷道及工作面底板岩层的鼓起、隆起、层理滑移及裂断破坏等。

反映围岩运动的动态信息有顶底板与两帮的移近量、移近速度和顶板压力等。

2. 支架受力

矿山压力显现的第二个基本形式是支架受力。其主要包括：支架承受荷载的增减、支架变形（活柱下缩）以及支架压折等现象。

矿山压力显现是矿山压力作用下围岩运动的具体表现。由于围岩的明显运动要在满足定力学条件下才会发生，因此矿山压力显现是有条件限制的。而且，不同层位、不同围岩条件以及不同断面尺寸的巷道，围岩运动发展情况也大相同。深入细致地分析围岩的稳定条件，找到促使其运动与破坏的主动力及由此可能引起的破坏形式，并在此基础上创造条件，把矿山压力显现控制在合理的范围，是矿山压力控制的根本目的。

（二）工作面矿山压力显现基本规律

支承压力分布。支承压力分布规律是反映采场矿山压力的重要内容之一。目前研究支承压力的方法主要是现场实测、室内模拟试验和近年来广泛使用的数值模拟计算方法，也可进行必要的理论分析，但需简化处理，从而可以获得一些定性的规律，但其尚难以量化。所以一般而言，现场实测的结果更具有说服力。有时由于观测设备的质量、施工质量以及工程条件的限制，也会导致观测结果有偏差，因此在现场观测中，一般要求观测的点要多一些，如不少于4个观测点等。

我国关于综放工作面的支承压力分布规律进行了许多观测与研究。所得到的基本结论是与单一煤层开采相比，在顶板以及煤层条件、力学性质相同情况下，综放开采的支承压力分布范围大，峰值点前移，支承压力集中系数显著变化。

综放工作面支承压力的分布同时受煤层强度、煤层厚度等影响。

①煤层越软，支承压力分布范围越大，峰值点距煤壁越远。一般来说，对于软煤层，峰值点为 $15 \sim 25m$，分布范围为 $40 \sim 50m$；对于硬煤层，峰值点为 $5 \sim 8m$，分布范围为 $20 \sim 30m$。

煤层越厚，支承压力分布范围越大，峰值点距煤壁越远。放顶煤工作面支承压力峰值点前移是较低强度顶煤存在引起的。

顶煤中的夹矸影响。如果顶煤中存在一层较厚的、强度较大的夹矸层，那么夹矸层除了影响到顶煤冒落形态外，还会影响到支承压力分布。顶煤中较厚的夹矸层改变了顶煤的运移特性及力学行为，支承压力区窄而峰值大，且靠近煤壁，这些现象反映出了较硬煤层的特点。

由于顶煤强度低，因此在直接顶与老顶荷载作用下，靠近工作面的顶煤首先发生破坏，进入塑性区，破坏的顶煤刚度迅速降低，顶煤变成弹塑性介质，当荷载继续增加，大于顶煤残余强度时，顶煤不再具有抗载能力，致使顶板荷载向远处逐渐转移。由于顶煤强度较低，因此煤体内形成塑性区的范围大，荷载向前方转移的距离较远，煤层强度越低，转移的距离越大，所以支承压力峰值处越远离工作面。

②实测资料表明，工作面支架荷载不大，说明离工作面不远的高处就形成平衡结构。支架受载并不因采高加大而增加，仅和煤的强度有关，煤的强度越大，则顶煤的完整性越好，支架荷载越大。放顶煤工作面仍有周期来压现象，但不明显，初次来压强度也不大。这是由于破断岩层离工作面较高的原因。

在正常回采阶段，采空区已被垮落矸石充满。上覆岩层规则垮落带中形成的砌体平衡结构，离采场较远，不规则垮落带悬梁周期性垮落以及采空区内矸石对悬岩侧向挤压形成的拱式平衡，在跨度增加时也会失稳而引起小规模的压力波动。

③放顶煤工作面的煤壁及端面顶板的维护显得特别重要。因为煤顶容易破碎，尤其当煤壁片帮，煤顶节理和裂隙比较发育，遇有局部断层、褶曲构造，老顶来压时，加上放顶煤工作面推进速度较慢，容易产生端部冒顶。因此改善支架端部结构，加大支架的实际端面初撑支护强度就十分重要。

④放顶煤工作面，端头压力和工作面两端平巷压力并不大，虽然由于一次采高增加引起支承压力增加，但由于是一次采全厚，故回采巷道的矿压显现较分层多次开采缓和，在兖州、郑州及石炭井等矿区的测定均是这样。

⑤支架前柱的工作阻力大于后柱的工作阻力。放顶煤工作面综放支架前柱的工作阻力普遍大于后柱，一般为10%～15%，最高的可达到37%。受放煤工序的影响，支架后立柱在放煤后有相当比例的呈阻力下降，甚至降为零，造成支架支护强度下降，稳定性和可靠性降低。具体情况与顶煤的硬度和冒落形态有关。对于软煤而言，顶煤破碎和放出较充分，支架顶梁后部上方的顶煤较少，不利于传递上覆岩层的荷载，因此相对硬煤而言，支架前柱工作阻力大于后柱工作阻力这一特点表现得更加明显。同时，支架承受冒落煤矸冲击造成的动荷载影响明显。

⑥下分层综放开采时的矿压显现规律。有些情况为了排放瓦斯的需要，或是由于煤层厚度过大，不利于提高煤炭采出率等，采取了先用综采方法预采顶分层，然后剩余的下部煤层采取综放开采技术。下分层综放开采时的矿压显现仍然具有一般开采的矿压规律，但矿山压力显现程度有所减弱。

三、影响矿山压力显现的因素

（一）深度的影响

开采深度越大，巷道越难以维护，但维护费用的增加并不与深度成正比。浅部巷道的矿压主要表现在顶部，深部巷道的矿压则来自四周，并有冲击地压现象。

（二）岩层性质的影响

岩体内摩擦角小，结构面发育，则矿压显现显著。在缓斜岩层中矿山压力主要来自顶板；急斜岩层中矿山压力来自顶、底板，在巷道中表现为两帮压力较大。在强度较大的岩体中，顶压较明显。在强度低的岩体中，四周压力较明显，底鼓影响严重，遇水膨胀的岩体最难维护。

（三）地质构造的影响

在向斜轴、背斜轴、压应力断层或剪应力断层附近等应力集中区，矿山压力较大，平行于这些构造走向的巷道更难维护。

（四）巷道尺寸和形状的影响

巷道的矿山压力与巷道尺寸成正比。巷道的形状对弹性状态的周边应力影响较大。对塑性区的范围影响较小，故对矿山压力大小影响不大。但巷道形状对支架的受力情况有较大的影响，曲线形巷道断面易于维护。

（五）时间影响

由于岩石不断移动，塑性区将不断扩大，岩体强度又逐渐削弱，矿山压力也将随时间而增加。如果维护措施得当，强度较大的岩体将在短时间内趋于稳定，软弱岩体将持续稳定很长时间。

（六）其他采掘工程的影响

采掘工程将引起周围岩体中应力重新分布以及岩体移动。凡处于这一影响范围的巷道，矿压显现将明显。

第三节　放顶煤的液压支架

一、放顶煤液压支架的分类及特点

（一）分类

我国进入 20 世纪 80 年代后，开唐山矿首先用 HD 型节式支架改造成双输送机插板式放顶煤支架，并进行了井下试验。从 1982 年开始正式设计并下井试验放顶煤支架；先是设计成插板式的，到 1984 年又设计了开天窗式的至今，后开门式、六柱插板式、四柱后尾梁回转式、四柱加放煤连杆插板式或已问世，或正在研制中。

我国已有样机或产品的放顶煤支架计 30 余种，其中有用于急倾斜特厚煤层的，也有用于缓倾斜厚煤层的（大于 8m）。按与支架配套输送机台数及放煤机构的不同，我国放顶煤支架分类如下。

1. 掩护式

掩护式分为单输送机高位放煤和双输送机低位放煤两种。

2. 支撑掩护式

支撑掩护式分为双输送机和单输送机掩护梁开天窗（高位放煤）两大类。

（1）双输送机

①尾梁插板式（低位放煤）分为单片正四连杆支架、单片反四连杆支架、双侧四连杆支架和高四连杆短尾梁支架。

②掩护梁开天窗(中位放煤)分为单铰接圆弧式支架和四连杆双纽线支架。

（2）单输送机掩护梁开天窗（高位放煤）

其分为插腿式支架和非插腿式支架两种。

3. 支撑式掩护

支撑式掩护分为双输送机尾梁摆动香蕉节式支架和双输送机开立门六柱垛式支架。

（二）特点

放顶煤液压支架是在普通长壁工作面液压支架基础上发展起来的，其与普通长壁工作面液压支架的控制老顶、维护直接顶、自移和移置输送机的功能是相同的，但放顶煤机构、支架受力、排头支架、降尘及其他方面的功能则是不同的，其主要特点如下。

①放顶煤液压支架有液压控制的放煤机构。放顶煤工作面生产的煤炭大多数由放煤口放出，为提高效益，要求放煤机构的液压控制性能好，开闭迅速、可靠、放煤口大，不易堵塞，并具有良好的喷雾降尘装置。

②工作面放煤时，不可避免地会有大块煤冒落，放煤机构必须有强力的、可靠的二次破煤性能。一般不采用在支架上爆破落煤和爆破大块煤的方法。

③多数放煤支架采用两部输送机，后部输送机专门运送放出的顶煤，因而该支架应有后部输送机和清理后部浮煤的性能与机构，并应考虑支架后部留有通道，能顺利将工作面不能经过输送机运出的残煤排至采空区。

④由于邻近支架放煤时顶煤的运动，不可避免地会使未放煤的支架受到侧向力，因此，该支架结构必须有较强的抗扭能力和抗侧向力的能力。

⑤放顶煤工作面多数有两部输送机，后部输送机需要有足够大的工作空间，支架的控顶距较大，顶梁也较长。

⑥放顶煤工作面工作空间的顶板为煤，一般情况下，煤的稳定性比岩层差，在多次反复支撑作用下，下部顶煤易破碎，因此，支架必须有更好的控制端面

冒顶和防止架间漏矸的性能，全封闭顶板。为减少架间漏出的煤尘随风流扩散，支架应具备专用的架间喷雾降尘装置。

⑦放顶煤底部工作面的采高是根据最佳工作条件人为确定的，采高大体在2.5 ～ 3.0m。不使用双伸缩立柱或带加长段的立柱。

⑧煤层自燃倾向严重的工作面，为了允许向采空区灌注阻化剂，支架尾梁上往往留有可开闭的注浆孔。有的注浆孔设计时考虑了向顶煤打眼，破碎坚硬顶煤的功能。

⑨由于放顶煤支架重量较大，工作面浮煤较多，支架必须有较大的拉架力，拉架速度要快，能带压擦顶移架。

⑩由于放顶煤液压支架多数重量较大，因此设计支架时应力求结构简单、可靠、重量轻。当然，为了适应不同的地质条件，对支架往往有一定的要求。例如，对底板比压很小的煤层，对煤体强度很低的工作面都应有一特殊要求。在较薄厚煤层、边角残煤等地段使用的轻型支架，就是适应特殊要求设计的。

二、放顶煤液压支架选型

综放开采的一个显著特点是一次采煤厚度加大，并且强度较低、裂隙较发育的顶煤体充当了直接顶，使得矿压显现与原来综采有很大的不同。我国在深入研究综放开采支架－围岩与放煤规律的基础上，先后设计研制和使用了几代放顶煤支架，经过实践的检验和发展，形成了目前广泛使用的几种主导放顶煤液压支架架型，为综采放顶煤技术的发展提供了装备保证，产生了巨大的技术经济效益。

（一）工作面参数的确定

回采工作面是矿井生产的核心单元，对回采工作面的技术经济指标、环境影响指标进行分析，从而确定最佳工作面开采参数，是现代化矿井制定生产规划、技术方案决策的重要依据。

回采工作面生产系统是一个复杂多变的随机服务系统，它受矿井地质、设备、管理水平等众多因素的影响，在不同的开采条件下，回采工作面开采技术参数的取值不同，所取得的技术经济效果也不同，这将直接影响矿井的经济效益。现代化高产高效综放回采工作面参数优化设计应当主要考虑以下几个方面。

1. 地质条件对工作面参数的影响

从地质条件分析，影响工作面参数选择的主要因素有：①矿井自然发火对工作面参数的影响；②煤层厚度及倾角对工作面参数的影响；③矿井瓦斯涌出对工作面参数的影响；④顶底板岩石性质对工作面参数的影响；⑤水文地质特征对工作面参数的影响；⑥煤层埋深对工作面参数的影响。

2. 开采技术条件对工作面参数选择的影响

其主要影响因素有以下几个方面：①巷道掘进长度对工作面推进长度的影响；②供电电压对工作面推进长度的影响；③矿井通风对工作面推进长度的影响；④巷道维护对工作面推进长度的影响；⑤工作面主要设备的能力对工作面参数的影响；⑥矿井运输能力对工作面参数的影响。

由于以上各因素之间相互影响、相互制约，因此，在对工作面参数选择方案进行综合评价时，应全面权衡利弊得失才能为方案的优选提供科学依据。

（二）放顶煤液压支架的选型原则

通过对综放开采支架与围岩相互作用关系的研究表明，综放开采围岩在纵向和横向的活动范围增大，而煤壁前方支承压力的峰值并没有大幅度增加，采场支架实际荷载不高于分层综采的支架荷载。不同硬度的顶煤体都有不同程度的片帮冒顶现象，一旦顶煤体发生冒落，破坏进一步发展，就会影响支架工作状态与工作面正常推进。研究表明，有4个主要因素影响支架的支护效果：①悬顶距的大小；②支架合力作用点距煤壁的距离；③支架水平作用力的大小；④支架垂直作用力的大小。因此支架设计时应尽可能缩小悬顶距，提高支架水平与垂直作用力并使支架合力作用点位置尽可能靠近煤壁，在工艺上做到及时移架与擦顶移架，就可以有效地控制煤壁片帮冒顶。

工作面支架间的间隙依靠侧护板封闭，实际使用中由于支架的微量扭斜，往往发生变形或伸缩困难，因此使用中要尽可能保证支架与前后部刮板输送机垂直煤厚较大且中硬以上的煤层进行综放开采，顶煤垮落的破断角小于90°且块度大，放煤时易于形成拱式平衡结构，大块极易堵住放煤口，因此支架必须具有足够的放煤空间，并且能够上下摆动，从而能够破坏煤块形成的平衡拱结构，同时应当具有破煤能力。

放顶煤液压支架的选择应当遵循以下原则：

①支架架型结构与工作面煤层赋存条件相适应。

②液压支架对顶板的支护强度与综放工作面顶板破断运移规律相适应。

③支架的支撑高度与工作面采高相适应。

④支架电液控制系统的技术性能（主要指跟机移架循环周期）与工作面高速推进的生产技术条件相适应。

⑤支架的可靠性（主要指实际大修周期和实际使用寿命）必须与高产、高

效工作面的生产要求相适应。

⑥支架运输尺寸、搬运方式及支架自重与矿井辅助运输条件相适应。

⑦支架通风断面与工作面通风要求相适应。

三、放顶煤液压支架工作阻力原则及方法的确定

（一）确定放顶煤液压支架工作阻力的原则

放顶煤液压支架工作阻力、支护强度的确定，要根据放顶煤支架的架型特点，针对具体工作面的地质及生产技术条件，依据工作面矿压显现规律来确定。放顶煤支架工作阻力的确定，一般可参照下列原则。

①缓斜特厚煤层的放顶煤开采，支架主要受下位岩层和顶煤厚度的影响。因此在确定放顶煤液压支架工作阻力时，主要考虑顶煤厚度和下位垮落带岩层的高度，要视直接顶和老顶的类级不同，考虑到有时顶板不能随采随垮或形成大面积冲击性突然垮落等特点，一般取安全系数 $K=1.3 \sim 2.0$。

②放顶煤液压支架的初撑力应控制在工作阻力的 $60\% \sim 80\%$ 的范围内。在综放工作面，不需要过高的初撑力来平衡顶煤的早期运动。初撑力过大，一方面支架在移架过程中反复支撑易使顶煤更加破碎，造成工作面顶板难以维护；另一方面，过大的初撑力常大于实际顶煤对支架顶梁的压力，也无必要。

③顶煤的破碎主要是上覆岩层与煤体相互作用的结果，支架的参与作用较小，顶煤到达支架顶梁上方时一般比较破碎。因此，确定支架的支护强度，一般不应考虑利用顶梁来切落顶煤或顶板。

④对于"三软"煤层的放顶煤液压支架，在确定支架工作阻力时，要充分考虑顶板垮落移动范围大，上覆岩层紧随顶煤沉降等特点，造成支架顶梁荷载较大，无支护的工作面端面压力大，煤壁片帮以及底鼓等现象。因此，"三软"煤层放顶煤液压支架不宜采用小架型、轻吨位和低工作阻力的支架。要保证支架具有足够的支护强度和初撑力及工作阻力，才能使支架在工作过程中保持应有的工作高度。同时，支架的底座结构应能防止底鼓，才能使支架在工作过程中不歪斜扭曲，保持支架稳定，特别是要保证支架端面顶板的封闭及足够的支护能力，使支架不低头，保持端面顶板完整。

（二）放顶煤液压支架工作阻力的确定方法

放顶煤液压支架工作阻力的确定方法主要有 4 种。一是参照普通综采工作面确定支架阻力；二是根据上覆煤、岩的变形、移动规律确定支架工作阻力；三是根据实测数据计算放顶煤支架工作阻力；四是由顶板垮落冲击性确定支架的工作阻力。

四、放顶煤分类、分级及液压支架支护强度的确定

支架支护强度的确定，既要保证对工作面顶板实现有效控制，又要满足回采工艺的各种要求。为此，需要对顶板运动的类型及支架与围岩的相互作用关系进行研究。对于放顶煤工作面而言，需要研究顶煤和顶板的类别，考虑顶煤的硬度、厚度和顶板类别，分别提出不同的力学模型和计算公式。对放顶煤工作面顶煤和顶板进行分类，一方面可以判断顶煤的冒放性；另一方面可以进行工作面支护强度的确定。

（一）顶煤稳定性分类

顶煤稳定性关系到顶煤采出率、回采及放煤工艺设计、支架结构选型和支护强度确定等。对顶煤进行分类，主要考虑以下几方面的因素：①煤层强度；②岩体自重应力，即煤层赋存深度；③煤体的完整性，即顶煤的节理裂隙发育程度；④煤层结构，即顶煤夹石情况；⑤顶板，包括直接顶和基本顶的岩性与厚度；⑥开采工艺参数，主要指采放高度比，也反映顶煤厚度因素。

（二）直接顶稳定性分类

对于放顶煤开采方法，直接顶稳定性主要考虑以下两个方面。

1. 直接顶的垮落特性和垮落厚度

放顶煤开采能够正常进行并达到较高顶煤采出率的先决条件是，直接顶在顶煤冒落后能够及时冒落，并有足够的冒落高度，能够充满采空区，起到避免顶煤滑入采空区的作用。同时，直接顶的挠曲传递了基本顶及上覆岩层的压力，促使顶煤破碎，改善了顶煤的冒放性。如果直接顶难以垮落，且滞后于顶煤冒落，会有部分顶煤滑入采空区，导致顶煤采出率降低。同时难垮落直接顶不能传递基本顶及上覆岩层的压力，不利于顶煤的破碎和冒落。

2. 直接顶的残余承载能力

当开采深度不大，直接顶总厚度或分层厚度较大、强度较高时，在放顶

煤开采过程中，直接顶的一部分主要是其上部，可以在控顶区的顶煤上方保持一定的承载能力，即在基本顶的作用下发生弹性挠曲变形，而不沿煤壁断裂。从而仅传递基本顶破断运动的部分荷载使基本顶来压强度明显减弱，放顶煤支架必需的支护强度可以降低；反之如果直接顶丧失全部承载能力，将会使全部基本顶破断荷载传递给控顶区顶煤，并引起强烈的压力显现。

（三）基本顶稳定性分级

放顶煤开采基本顶的形态与以下 3 个方面相关。

1. 直接顶厚度和累积采高之比

如果直接顶厚度与放顶煤累积采高之比大于 2，则基本顶破断形成的压力显现将很小。反之，如果此比值小于 1，则压力显现强度取决于基本顶破断步距。

2. 基本顶来压强度

对于放顶煤开采，由于顶煤和直接顶厚度相对较大，基本顶破断，不论是长梁型或短梁拱，均不会形成"给定变形"的类型，而是以"给定荷载"的形态出现，即其破断时形成的荷载与破断步距成正比，基本顶破断步距是其厚度和抗拉强度的综合反映，可以作为基本顶压力显现强度的主要衡量参数。

3. 采高

现场实测表明，与普通长壁工作面不同，放顶煤工作面液压支架荷载与采高之间并没有密切关系。原因之一是，随着采高的增加，虽然顶板破断和运动范围增大，但同时超前工作面顶煤和顶板的剪切裂隙范围和密度均增加，而使基本顶破断或来压步距减小。

（四）一般放顶煤工作面支架支护强度确定

支架与围岩相互作用关系是支架选型和确定支架支护强度的主要理论依据。支架与围岩关系的实质是分析支架性能、结构、对支架受力及围岩运动的影响，以及在各种围岩状态下支架呈现什么反应，从中分析支架应该具有的最合理结构及参数的保障。人们研究支架与围岩关系有两个目的，一是寻求支架合理的支护强度，对顶板进行有效控制；二是寻求有效的支架结构达到维护工作面围岩稳定的目的，保证工作面安全放顶煤开采。由于煤层采出厚度增加，一方面工作面前方支承压力强度和范围增加，另一方面覆岩层垮落带增加、裂隙带上移。垮落带内工作面支架上方直接面对的是顶煤和直接顶的悬顶结构。所以放顶煤支架支护强度的确定很大程度上取决于顶煤和直接顶的厚度与硬度。

一般说来，根据顶煤和直接顶的厚度与硬度，放顶煤工作面液压支架荷载可以有三种基本机制：基本顶长梁型破断，在煤壁上方回转；直接顶形成短梁拱，周期性失稳；直接顶有一定的自承能力，下部直接顶对顶煤施加荷载。

第四节　放顶煤的综合安放技术

一、防灭火

（一）综放开采自然发火的规律

我国厚煤层分层开采时的自然发火问题很严重，第1分层一般不发火；第2、第3分层以下，由于反复揭露采空区等原因，常有自燃发生。放顶煤开采时避免了反复揭露采空区，有利于防灭火，但放顶煤开采有其自身的特点，其中一些因素增加了自然发火危险性。例如，一般沿底板掘煤巷，易造成巷道顶煤的发火；初末采时，工作面推进速度慢，同时丢煤多，也易导致发火；此外，工作面两端不放煤与回采工艺造成的丢煤都会成为防治火的不利因素。总之，综放开采的自然发火有其特有的规律。根据对综放开采时自然发火事故出现的频繁程度，确定火灾易发地点依次为巷道及开切眼、末采收作线、邻近采空区、工作面端头。

（二）防火措施

放顶煤开采自然发火在生产中已是常见的安全隐患。例如，我国最早试验的蒲河矿综放面就因发火而停采，再次试验仍然发火；辽阳梅河三井平均每年发火20多次。

首先要测定所采煤层的自然发火期，对易自燃煤层及早制订防灭火预案。同时查明开采系统中可能发生漏风的地点及风阻和压差分布情况，以便及时采取堵漏、调风等应对措施。2001年版的《煤矿安全规程》第232条明确规定，开采易自燃和自燃煤层时，要对采空区、冒落孔洞等空隙采取预防性灌浆或充填、喷洒阻化剂、注泥浆、注凝胶、注惰性气体、均压等措施，防止自然发火。

理论研究与工程实践表明，常用防治火措施有，合理选择巷道布置与回采工艺、减少丢煤、防止采空区漏风、预防性灌浆、阻化剂防火、凝胶防灭火、均压防灭火、惰性气体防灭火、加快工作面推进速度等。

二、防尘措施

（一）放顶煤工作面一般防尘措施

在放顶煤开采中，主要是在放煤过程中煤尘很大。阳泉一矿在采煤机后15m 和支架放煤口后 5m 处单点一次测定粉尘浓度为 3000 ～ 4000mg，这严重危害工人的健康和安全，应引起高度的重视。目前一般采取下列防尘措施。

1. 通风排尘

煤尘产生后，为了防止聚集和进一步扩散，恶化劳动环境，采用通风方法将粉尘排去，以冲淡粉尘浓度，使其达到卫生标准。

这种方法把大量煤尘带入回风流中，对环境污染和工人健康的影响难以消除。

2. 湿式除尘

它是利用水或其他液体使煤层湿润或与尘粒相接触而分离捕集煤尘。当前防尘主要方法有以下几种。

①煤层注水。向煤层内注水，使煤层预先湿润，防止在采煤工艺过程中产生煤尘。显然这是减少尘源的根本措施。阳泉相关矿在向煤层注水后，湿润了煤体，使煤尘浓度下降了 81.6%，除尘效果明显。

②洒水和喷雾灭尘。在放煤口处，应放置喷雾器。一般强力喷雾器有良好的降尘效果。例如，放炮后采用强力喷雾器，开启 3min 后，降尘率可超过80%。采煤机采用截齿喷水装置，与一般外喷雾相比，能多降低 50% 煤尘。根据研究资料表明，喷射洒水装置的降尘效果将随水压的增大而提高，如由245.25Pa 增大到 1226.3Pa，降尘效果将由 86% 增至 91.2%。

③抽尘净化。在采煤机割煤或放煤时产生的煤尘量一般为 50 ～ 70mg/m³，远不能达到规定的卫生标准（10mg/m³）。

为此，可将含尘量浓度高的空气从尘源点直接抽出，经过过滤装置后再排出。

④个体防护。在采取降尘措施后仍达不到卫生标准时，放煤工人可使用各种类型的防尘风罩、防尘口罩、防尘帽或防尘呼吸器等，以使佩戴者能呼吸净化后的清洁空气，保护自身的健康。

⑤煤尘多的区域挂牌警示，尽量避免人员在该处作业。

应当指出，目前人们对放顶煤工作面防尘问题尚未得到应有的重视。为了达到既降尘又有利于顶煤放出的目的，以上的措施中应强调煤层注水和采用强力喷射器进行高压洒水的方法。

（二）煤尘防治研究方向

综采工作面的煤尘危害一直是严重的，近几年随着放顶煤综采工作面单产水平的急增，实现了平行作业，工作面的煤尘源由 1 个（采煤机）增加到 2 个以上，回风流中煤尘含量有时超过 2000mg/m³。应指出，目前人们对放顶煤工作面的防尘研究是十分不够的，传统的煤层预注水方法和工作面洒水喷雾降尘的方法还需深入研究，以改变目前的使用效果。

煤尘防治的研究可分为以下 3 个方面。

①减少尘源的产尘量，包括采煤、移架和放煤尘源。对于放顶煤综采首先是要降低放煤时的产尘量。人们普遍呼吁禁止在干燥煤层使用高位放煤的支架。

②加强对煤层预注水润湿煤尘的作用和措施的研究。

③加强工作面捕尘、降尘和导尘的研究，以保证工人工作空间的煤尘含量达到国家标准。

第五节　高瓦斯的放顶煤开采技术

一、瓦斯灾害

在我国煤矿的重大灾害事故中，70% 以上是瓦斯事故。据统计，1990～1999 年全国煤矿共发生 3 人以上的死亡事故 4002 起，共死亡 27 495 人，其中瓦斯事故 2767 起，共死亡 20 625 人，占 3 人以上死亡事故总起数的 69.14%，占死亡人数的 75.01%。我国现有国有重点煤矿为 657 处，其中有煤尘爆炸危险的矿井 567 处，占总矿井的 86.3%，煤与瓦斯突出矿井 130 处，高瓦斯矿井 80 处。根据对地方国有煤矿年产 3 万 t 以上的 1650 处矿井统计，有煤尘爆炸危险的矿井为 700 处，煤与瓦斯突出矿井 120 处，高瓦斯矿井 700 处。瓦斯灾害防治工作不论是过去还是将来，一直是煤矿安全工作的重点，也是煤矿安全工作的难点。为了有效地防治瓦斯灾害，人们有必要了解和掌握瓦斯灾害发生发展的规律。

（一）矿井瓦斯及其性质

矿井瓦斯是指井下以甲烷为主的各种气体的总称。其成分主要为甲烷（约占有害气体的 80%），其他为二氧化碳、氮气及少量硫化氢、氢气、稀有气体等。从狭义上讲，矿井瓦斯即指甲烷。

矿井瓦斯是亿万年以前，在地壳的运动下将森林、植物等有机物质埋入地下与空气隔绝，在水、地热和厌氧细菌的长期作用下生成煤炭，并伴生大量的瓦斯。

据计算，生成一吨煤可伴生 1000m³ 以上的瓦斯。但是，由于煤层及岩层的透气性和地下水的运动等原因，大量的瓦斯已渗漏至地表，少量留存在煤层中。

甲烷是一种无色、无味并在一定条件下可以燃烧爆炸的气体，难溶于水，扩散性较空气高。甲烷无毒，但不能供呼吸。当井下混合气体中甲烷浓度较高时，氧气的浓度则相对降低，人会因缺氧而窒息。甲烷比空气轻，它的密度是空气密度的 0.554 倍。因此甲烷易在巷道的顶部、顶板冒落空洞处、由下向上施工的掘进工作面和其他较高的地方积聚。

瓦斯在煤尘中的附存形式主要有游离状态和吸附状态两种状态。游离状态也叫自由状态，即瓦斯以自由气体的状态存在于煤体或围岩的裂隙和孔隙内，其分子可自由运动，并呈现压力。吸附状态，即瓦斯分子浓聚在孔隙壁面上（吸着状态）或煤体微粒结构内（吸收状态）。吸附瓦斯量的大小与煤的性质、孔隙结构特点以及瓦斯压力和温度有关。

煤层中瓦斯的存在状态不是固定不变的，而是处于不断交换的动态平衡状态。当温度与压力条件变化时，该动态平衡也随着变化。例如，当压力升高或温度降低时，部分瓦斯由游离状态转化为吸附状态，这种现象叫作吸附。反之，如果温度升高或压力降低时，部分瓦斯就由吸附状态转化为游离状态，这种现象叫做解吸。在现代开采深度条件下，煤层内的瓦斯主要是以吸附状态存在的，游离状态的瓦斯仅占总量的 10% 左右。

（二）瓦斯参数

表征瓦斯的参数主要有煤层瓦斯压力、煤层透气性、煤层瓦斯含量等。

1. 煤层瓦斯压力

煤层瓦斯压力是指煤孔隙中所含游离瓦斯的气体压力，即气体作用于孔隙壁的压力。煤层瓦斯压力随深度增加而增加。

2. 煤层透气性

煤层透气性是煤层对于瓦斯流动的阻力，通常用透气性系数表示，单位为 m²/（MPa²·d），相当于 0.025mD（毫达西）。煤层透气性系数受多种地质因素的影响，变化较大。透气性系数越大，瓦斯在煤层中流动越容易。

3. 煤层瓦斯含量

煤层瓦斯含量是指煤层在自然条件下单位体积或质量所含有的瓦斯量，单位为 m^3/m^3 或 m^3/t。煤的瓦斯含量包括游离瓦斯和吸附瓦斯两部分。煤层瓦斯含量的大小，主要取决于煤层瓦斯的运移条件和保存瓦斯的自然条件。

①煤的吸附特性。煤体中瓦斯含量的多少与煤的变质程度有关，一般情况下，随着煤变质程度的加深，瓦斯的生成量就越大；同时，其孔隙率也就越高，吸附瓦斯的能力也越强。

②煤层露头。煤层如果有或曾经有过长时间露头与大气相通，则瓦斯含量就不会很大。因为煤层的裂隙比岩层要发育，透气性高于岩层，瓦斯能沿煤层流动而逸散到大气中去。反之，如果煤层没有通达地表的露头，瓦斯难以逸散，它的含量就较大。

③煤层倾角。当埋藏深度相同时，煤层倾角越小，瓦斯含量越大。这是因为岩层的透气性比煤层低，瓦斯顺层流动的路程随倾角减小而增大的缘故。

④煤层的埋藏深度。煤层的埋藏深度越深，煤层中的瓦斯向地表运移的距离就越长，散失就越困难。同时，深度的增加也使煤层在压力的作用下降低了透气性，也有利于保存瓦斯。在近代开采深度内，煤层的瓦斯含量随深度的增加而呈线性增加。

⑤围岩透气性。煤系岩性组合和煤层围岩性质对煤层瓦斯含量影响很大。如果煤层的顶底板围岩为致密完整的低透气性岩层，如泥岩、完整的石灰岩，则煤层中的瓦斯就易于保存下来，煤层瓦斯含量就高；反之，围岩若是由厚层中粗粒砂岩、砾岩或裂隙溶洞发育的石灰岩组成，则瓦斯容易逸散，煤层瓦斯含量就小。

⑥地质构造。地质构造是影响煤层瓦斯含量的最重要因素之一。在围岩属低透气性的条件下，封闭型地质构造有利于瓦斯的储存，而开放型地质构造有利于瓦斯的排放。同一矿区不同地点瓦斯含量的差别，往往是地质构造因素造成的结果。

⑦水文地质条件。虽然瓦斯在水中的溶解度很小，但是如果煤层中有较大的含水裂隙或流通的地下水时，经过漫长的地质年代，也能从煤层中带走大量瓦斯，从而降低煤层的瓦斯含量。而且，地下水还会溶蚀并带走围岩中的可溶性矿物质，从而增加煤系地层的透气性，有利于煤层瓦斯的流失。

二、瓦斯爆炸防治技术

从瓦斯爆炸的条件可以看出，瓦斯源的控制是防止灾害发生最容易控制的首要因素；其次是火源因素的控制；最后是空气中的氧含量，但对该因素当前还没有有效的控制方法。根据长期生产实践，瓦斯爆炸防治的主要技术措施可归纳为 3 个方面，即防止瓦斯积聚和超限；防止瓦斯引燃；防止瓦斯爆炸范围扩大。

（一）防止瓦斯积聚和超限

瓦斯积聚是指局部空间（体积不超过 $0.5m^3$）瓦斯浓度超过 2% 的现象。这是瓦斯爆炸灾害防治的难点。

1. 加强矿井通风

合理、可靠的矿井通风系统可保证井下各工作地点有足够的风量和适当的风速，以冲淡和排除瓦斯、粉尘及其他有毒有害气体，使瓦斯浓度降至爆炸界限以下并符合《煤矿安全规程》的有关规定。因此，加强矿井通风，建立完善的矿井通风系统是防止瓦斯积聚最基本和最有效的技术措施。

2. 及时处理局部积存瓦斯

生产中容易积聚瓦斯的地点有采煤工作面上限角、顶板冒落的空洞、风速低的巷道中的顶板附近、停风的盲巷、采煤工作面接近采空区边界及采煤机附近等。对于这些地点积聚的瓦斯要及时处理，严防造成事故。

①采煤工作面上限角瓦斯积聚的处理方法有，挂风障引导风流法、尾巷排放瓦斯法、小型液压局部通风机吹散法，以及移动式泵站抽放法等。

②采煤机附近瓦斯积聚的处理措施有：加大风量；延长采煤机在生产班中的工作时间或每昼夜增加一个生产班次；安装小型局部通风机或水力引射器。

③顶板附近瓦斯层状积聚的处理方法有，加大巷道的平均风速、加大顶板附近的风速，以及将瓦斯源封闭隔绝。

3. 加强瓦斯检查，推广建立瓦斯自动检测监控系统

瓦斯自动检测监控系统可在地面和井下同时对矿井各地点的瓦斯浓度进行昼夜检测和监控，一旦井下某地点的瓦斯浓度超限时，会立即自动报警，并同时切断该区域内的供电电源这样既可以及时发现瓦斯超限，又可以避免因供电线路和机电故障而引燃瓦斯。

4. 瓦斯抽放

瓦斯抽放是指将煤、岩层及采空区中的瓦斯，采用专用设施（钻孔或专门巷道、管路、瓦斯泵等）抽出的技术措施。根据抽放瓦斯的来源，瓦斯抽放可以分为本煤层瓦斯预抽、邻近层瓦斯抽放、采空区瓦斯抽放以及几种方法的综合抽放。

反映瓦斯抽放难易程度的指标有煤层透气性系数、钻孔瓦斯流量衰减系数、百米钻孔瓦斯涌出量。反映瓦斯抽放效果的指标有瓦斯抽放量、瓦斯抽放率。

当煤层瓦斯含量很高时，会造成矿井瓦斯涌出量很大，矿井风流中的瓦斯浓度容易超限。此时，仅采用通风方法冲淡和排除瓦斯，不仅经济上不合理，而且技术上也很困难。而瓦斯又是一种很有价值的自然资源，它不仅可用作燃料，而且又是制造炭黑、工业塑料等的化工原料。因此，对瓦斯含量较高的煤层开采前进行瓦斯抽放，不仅利于矿井安全生产，而且可变害为利，充分利用了自然资源。

（二）防止瓦斯引燃

防止瓦斯引燃的原则是杜绝一切非生产高温热源，而对生产中可能产生的高温热源要加强管理和控制，防止或限定其引燃瓦斯的能力，人们常采取的措施有以下几种。

1. 严加明火管理

按照《煤矿安全规程》规定：严禁烟火进入井下；井下严禁使用灯泡取暖和使用电炉；井下禁止随意拆卸敲打撞击矿灯；井口房、瓦斯抽放站及通风机房周围 20m 内禁止使用明火；井下焊接时，应严格遵守有关规定；严格井下火区的管理等。任何人发现井下火灾时，应立即采取一切可能的办法直接灭火，并迅速报告矿调度室，以便处理。

2. 严格爆破制度

有瓦斯爆炸危险的煤层中，采掘工作面只准使用煤矿许用炸药和瞬发电雷管，在使用毫秒延期电雷管时，最后一段的延期时间不得超过 130ms。打眼、爆破和封泥都必须符合《煤矿安全规程》的规定。严禁裸露爆破和一次装药分次爆破。

3. 消除电器火花

井下使用的电气设备及供电网路都必须符合《煤矿安全规程》的有关要求。要保证电气设备的防爆性能完好，使用"三专两闭锁"，消除电器火花的产生。

4. 严防摩擦火花发生

由于机械化程度的不断提高，机械摩擦、冲击火花引起的燃烧危险增加了，为防止由此而发生瓦斯爆炸事故，采取的措施有禁止使用磨钝的截齿；截槽内喷雾洒水，在摩擦发热的部件上安设过热保护装置（如液压联轴器上的易熔合金塞）；温度检测报警断电装置；利用难引燃性合金工具；在摩擦部件的金属表面溶敷活性小的金属（如铬），使形成的摩擦火花难以引燃瓦斯等。

5. 防止静电火源出现

矿井中使用的如塑料、橡胶、树脂等高分子聚合材料制品，其表面电阻应低于其安全限定值。

（三）限制瓦斯爆炸范围扩大

在煤矿生产过程中，如能严格执行《煤矿安全规程》的有关规定，认真采取防止瓦斯积聚和防止瓦斯引燃的措施，瓦斯爆炸事故是可以避免的。一旦某地点发生瓦斯爆炸，应尽量使事故限制在局部地点并缩小其波及范围，使灾害所造成的损失降到最低程度。人们常采取的措施如下所示。

①实行分区通风，各水平、各采区和各工作面都应有独立的进、回风系统。

②通风系统力求简单，不用的巷道要及时封闭。

③装有通风机的井口必须设置防爆门，防止爆炸波冲毁通风机而影响矿井救灾和恢复生产。

④矿井主要通风机必须装有反风设备，要能在 10min 内改变巷道中的风流方向。

⑤在连接矿井两翼、相邻采区、相邻煤层之间的巷道中，设置岩粉棚或水槽棚，以防止瓦斯爆炸火焰的传播和煤层参与爆炸。

⑥编制周密的预防和处理灾害计划。

第六章 厚煤层的分层开采与大采高开采技术研究

厚煤层本身具有资源赋存集中的优势,但在机械化程度较低的情况下,人们难以控制煤层的全厚开采,从而使从而使资源优势得不到充分发挥。早期出现的高落式采煤方法,就是一种在简易支护的条件下放采厚煤层的顶煤,即不进行顶板处理的采煤方法。这样可以获得较高的产量和效益,但回采率低,丢煤严重,不利于通风,安全隐患大。随着机械化程度的提高,高落式采煤方法和长壁综合机械化开采相结合发展已成为今天的综放开采。

第一节 厚煤层的分层开采技术研究

中华人民共和国成立初期,我国改革厚煤层采煤方法,首先出现的是分层开采,并推广应用,现在仍在普遍使用。随着综合机械化采矿设备的使用和完善,人为可控的采煤高度逐渐加大,出现了厚煤层大采高综采,采高可达5m,甚至更高。同时,在顶板坚硬、装备水平较低等不利条件下,还有刀柱式、房柱式、高落式等厚煤层采煤方法。每种方法都有其适用条件和可借鉴的技术成分,也有其自身的局限。在特定的煤层开采条件和一定时期的技术背景下,某种采煤方法可能是最佳的。随着采煤方法的发展,这些方法的优、缺点也会有消长变化,因此需要通过不断地对比研究来选择和调整采用的采煤方法。

一、厚煤层分层综合机械化采煤法

我国厚煤层储量和产量约占原煤总储量和原煤总产量的45%,自从1974年在开唐山矿进行厚煤层倾斜分层下行垮落金属网假顶下综合机械化开采试验成功后,分层综采已在开滦、阜新、鹤壁、大同、潞安、兖州、邢台、淮北、大屯、平顶山、义马等77个矿区进行了试验与推广。分层综采技术在我国国有重点煤矿得到了广泛应用。

1983年我国仅有8个年产百万吨的综采队,均是在厚煤层倾斜分层综采工作面实现的。开滦唐山矿综采队在多分层金属网假顶下综合机械化开采,连续数年创工作面年产超百万吨；晋城古书院矿综采一队 1988 年在厚煤层顶分层铺网综采机械化开采时，创造年产 180.1 万 t 的记录。1989 年全国 34 个百万吨综采队中，22 个综采队采用厚煤层分层综采开采，占全国百万吨综采队的 64%。进入 20 世纪 90 年代以来，分层综采技术得到了完善与提高，尽管分层综采的技术经济指标与国际上先进采煤国家有差别，即使与国内综采放顶煤开采技术经济指标相比也有差距，但综采分层开采技术（含中、厚煤层）与综采放顶煤开采技术比较，无论是总产量，还是采煤工作面总数量仍是我国综合机械化采煤法的主流。2000 年全国 76 个百万吨综采队中，采用综采分层开采和综采放顶煤开采的综采队分别为 49 个和 27 个，采用综采分层开采和综采放顶煤开采的综采队各占全国创水平综采队的 64.5% 和 35.5%；如果以全国 220 个综采队计算，综采放顶煤开采所占比例将更小，所以目前乃至今后相当长时期内，综采分层开采技术仍是我国主导的开采技术。

二、分层综采采区主要参数

采区是矿井最基本的生产单元，采区参数是否合理，对矿井的生产管理，采区的正常接替和均衡生产，以及对改善矿井技术经济指标等方面都具有很大的影响。在阶段内划分采区时，采区主要参数受地质构造和技术经济因素的影响。

采区走向长度是确定采区范围的一个重要参数，需要根据煤层地质条件、开采机械化水平、采准巷道布置方式和可能取得的技术经济效果综合决定的。

加大采区走向长度可以相对减少采区上（下）山、采区车场和硐室的掘进工程量，减少上（下）山煤柱、区段煤柱的损失，减少回采工作面搬家次数，同时增加采区储量和服务年限，有利于保持合理的工作面错距，增加同采工作面数目和采区生产能力；有利于采区和矿井的合理集中生产。因此，采区走向长度要根据矿井的具体条件加以分析确定。

地质因素。煤层的地质构造，如断层、褶曲以及煤层倾角或厚度的急剧变化等地质因素，对采区走向长度有重要的影响。回采工作面通过这些地带，既困难又不安全。

煤层顶板岩石的性质对采区走向长度也有影响，当煤层顶板岩石破碎且煤层松软时，如果采区走向长度过长，又缺乏有效的支护手段时，则区段平巷的维护很困难，这样不仅使维护费用高，而且可能由于维护状况不好而影响区段平巷的运输。

技术因素。技术上的因素主要考虑区段巷道的运输、掘进和供电等问题。

区段平巷一般铺设胶带输送机，一台胶带输送机长度为 500 ～ 1000m，具体可根据区段平巷的长度铺设多台输送机。

区段平巷采用单巷掘进时，一般通风距离可达到 1000m；如采区走向超过 100m 时要在工作面开中切眼或选用大功率局部通风机，以解决掘进时的通风问题。

采区变电所通常设在采区上（下）山之间，当采区走向长度太大时，因供电距离长，电压降加大，会影响工作面机电设备的启动，为满足供电要求，综采工作面一般采用移动变电站供电。

经济因素。在经济上采区走向长度的变化，将引起巷道掘进费、维护费、设备安装费的变化。采区上（下）山、采区车场和硐室的掘进费和机电设备安装费，将随采区走向长度的增加而减少；而区段平巷的掘进费、维护费，将随采区走向长度的增加而增大。

由于综合机械化采煤技术的发展，采煤工作面单产不断提高，采区的生产能力逐渐增加，相应要求增大采区走向长度，扩大采区储量，以保证必要的采区服务年限，以及采区和回采工作面的正常接替，实现矿井稳定高产。目前，国外高产工作面连续推进长度超过 3000m，因此，在条件适合的情况下，加大采走向长度是提高单产和效益的有效途径之一。

新建采区设计时，采区走向长度应根据煤层条件、地质构造条件、开采技术条件、装备条件、所选择采煤方法等综合考虑。对于综合机械化开采采区走向长度不宜小于 10km，翼开采不宜小于 2.0km，普通机械化双翼开采采区走向长度宜为 1.0 ～ 1.5km，当受煤层赋存条件、地质构造限制时可单翼布置。

三、倾斜分层开采

厚煤层分层开采按煤层厚度煤层倾角的不同又分为水平分层、斜切分层和倾斜分层。我国普遍应用倾斜分层采煤法开采缓倾斜（包括近水平）和倾斜厚煤层，即把厚煤层用平行煤层顶、底板的假想平面划分为若干个适宜于回采的中厚煤层分别回采。倾斜分层的各分层可采用类似于开采中厚煤层的采煤工艺进行回采。第一分层回采后，以下分层是在垮落的矸石下回采，为保证下分层工作面的安全，上分层必须铺设人工假顶或形成再生顶板，有时留煤皮或用煤中的夹石层作为假顶。

伴随采煤方法改革的全过程，我国在厚煤层倾斜分层走向长壁下行垮落采煤法的发展中积累了丰富的经验。我国从 1950 年推行长壁式采煤方法开始，就在厚煤层中试验分层开采。阳泉矿区先后试验了用煤皮假顶与木板假顶分层开采丈八煤，后改用竹笆假顶，1953年使用金属网假顶开采成功。1954年，大同在坚硬顶板下顺利实现了金属网假顶下开采厚煤层。1974年，开滦唐山矿采用金属网假顶综合机械化采煤获得成功。从此，厚煤层分层综采工艺不断发展，在全国各大矿区得到广泛应用，为综采放顶煤开采奠定了基础，其合理的经验为进一步革新采煤方法提供了技术支持。

（一）采区倾斜长度

1. 采煤工作面长度

采煤工作面长度是否合理，主要标志是能否实现工作面高产稳产。在增加工作面长度的同时，保持工作面较大的推进度。一般来说，增大工作面的长度能获得较高的产量，提高劳动生产率，降低吨煤成本。较长的工作面可减少采区区段数目，减少采区的准备工程量和维护量。

在确定采煤工作面长度时，考虑的因素主要是煤层的赋存状况、地质条件、回采工作面配备的设备、生产管理水平等，根据煤层倾角、顶底板围岩性质、地质构造、煤层瓦斯含量等的开采地质条件，以及矿井机械装备水平、技术管理水平，运用数理统计分析法对工作面长度与产量、效率的关系进行经济分析，得出的回采工作面长度在不同时期的最优长度，总的趋势是随着时间的推移，合理工作面的长度应逐渐加长。在20世纪80年代初期合理工作面长度为100～120m；80年代中期至90年代初期，合理工作面长度增加到130～180m；90年代中期以后，合理工作面长度增加到160～250m。

2. 采区生产能力

采区生产能力确定的基础是回采工作面的生产能力，而采煤工作面的生产能力取决于煤层厚度、工作面长度及推进速度。

采煤工作面的年产量 A_0（万 t/a）为

$$A_0 = L \cdot V_0 \cdot M \cdot \rho \cdot C_0$$

式中：L——采煤工作面长度，取180m；

V_0——工作面年推进度，取1320m（平均月推进度110m）；

M——分层采高，3.0m；

ρ——煤的密度，$1.45t/m^3$；

C_0——分层工作面采出率，取0.95。

$$A_0 = 180 \times 1320 \times 3.0 \times 1.45 \times 0.95 \approx 98 （万 t/a）$$

单翼采区一般设计一个工作面生产，则采区生产能力为

$$A_B = K_1 \cdot A_0 = 1.08 \times 98 = 105.8 （万 t/a）$$

式中：K_1——采区掘进出煤系数，取 1.08。

所以单翼采区设计生产能力为 105.8 万 t/a。

双翼采区两个工作面同时生产，则采区生产能力为

$$A_B = k_1 \cdot k_2 \cdot A_0 \cdot n = 1.08 \times 0.95 \times 98 \times 2 \approx 201.1 \text{（万 t/a）}$$

式中：

n——采区同时生产工作面个数，综采时取 2；

k_1——采区掘进出煤系数，取 1.08；

k_2——回采工作面之间出煤影响系数，$n=2$ 时取 0.95。

在采区生产系统设计时，采区生产能力应根据地质条件、煤层生产能力、采据机械化程度和采区内同时生产的工作面个数及其接替关系等因素综合考虑。目前，以提高工作面单产为基础，采区内同时生产的综采工作面宜为 1 个面，不应超过 2 个面；普采工作面宜为 2 个面，不应超过 3 个面。

3. 采区倾斜长度

采区沿倾斜方向的长度在矿井开拓水平高度时考虑。在矿井运输大巷位置已定的情况下，采区斜长随煤层倾角的变化而变化，对于每一个采区来说基本上是确定的数值。

平煤一矿一水平标高为 -25m，二水平标高为 -240m，三水平标高为 -517m。采用上（下）山开采，一水平的开采范围为 -150m 标高以上；二水平的开采标高范围为 -360 ~ -150m；三水平开采 -360m 标高以下。根据煤层倾角计算，二水平采区倾斜长度为 1200 ~ 1600m，三水平采区倾斜长度为 1100 ~ 1300m。

（二）分层开采厚度

倾斜分层走向长壁下行垮落采煤法，有效地解决了缓倾斜厚煤层开采时的顶板支护和采空区处理问题，有利于实现安全生产、提高资源回收率及获取较好的顶板技术经济指标。目前，这种采煤方法在我国已具有成熟的回采工艺、巷道布置及管理等方面的技术。

厚煤层开采采用倾斜分层走向长壁采煤法，其中分层厚度是根据煤层的赋存情况和所选用的回采设备而确定的。一般来说，增大分层厚度，可减少分层数量，有利于提高单产和效率、降低成本，减少巷道掘进量，便于采掘接替、减少采面搬家次数、节省采面的安装和搬家费用。平煤一矿戊组厚煤层分布于一水平和二水平东部，煤层厚度为 5.2 ~ 7.3m，平均厚度为 4.3m。矿井第一水平采区上山开采时，将成组厚煤层划分为 3 个分层，进行分层炮采开采，分层

采高为 2.0～2.5m；并在一水平采区下山部分进行了综采开采，由于中分层开采时，需要二次铺网，才能保证下分层开采时金属网假顶的完整性和连续性，同时采面涌水量大时支架钻底问题难以解决，从而造成中分层综采开采时，采面技术经济指标比较差。随着综采支架结构和性能的提高，支架有效支撑高度增加（2.8～3.2m）；同时，工作面大功率采煤机、高强度刮板输送机的采用，使工作面单产大幅度的提高，所以二水平采区上山开采时，将戊组厚煤层划分为上、下 2 个分层开采，分层采高为 3.0m 左右，经济效益明显。

四、分层综采采区主要参数及巷道布置

（一）主要参数

平煤一矿矿井井田走向长度为 5.0km，倾斜长 5.5km，井田走向长度短，限制了各水平内采区数目的划分。随着开采技术的不断进步和管理水平的不断提高，采区生产能力不断提高，同时生产采区数目减少，各水平采区划分的个数在不断地减少。矿井生产初期水平划分为 6 个采区，二水平、三水平逐步减少到 3 个采区和 2 个采区；采区一翼的走向长度由 500m 增加为 800m、1000m、1200m、1400m 直到 3200m；回采工作面的长度由 80m 增加到 100m、120m、150m、180m、250m；分层工作面采高由 2.0m 增加到 3.2m，相应戊组厚煤层由 3 个分层开采变为 2 个分层开采；采区设计能力由 30 万 t/a 提高到 60 万 t/a、100 万 t/a、180 万 t/a。

（二）巷道布置

采区巷道布置的目的在于建立完整、合理的采区运煤、排矸、通风、动力供应和排水等生产系统。缓倾斜厚煤层开采时一般采用倾斜分层走向长壁采煤法；根据煤层赋存条件的不同，以及地质条件的限制，采区巷道以双翼布置为主和单翼布置为辅采区巷道布置直接影响采区的生产效率，合理的采区巷道布置，应力求满足以下要求。

①设计采区时，在合理地确定采区范围尺寸与生产能力、技术装备水平的同时，巷道布置应尽力满足合理集中生产的需要；使生产环节的安排紧凑、完善，占用设备少，辅助人员少，充分发挥设备的效能和作用；有利于发展机械化，提高劳动生产率；保证采区和工作面的正常接替，为矿井稳产高产创造条件。

②巷道布置要简单合理，有利于达到掘进工程量省、投资少、投产快；有利于巷道维护和减少维护费；煤柱损失少，有利于提高煤炭资源的回收。

③采区内的通风、运输等系统简单可靠；巷道布置便于采区密闭，有利于安全生产和处理各种自然灾害。

五、分层综采工作面采煤工艺

人工顶板。厚煤层上分层开采时铺设的金属网，隔离上分层垮落矸石形成的再生顶板，作为下分层开采时的人工顶板，所以铺网质量的好坏直接关系到网下开采时，人工顶板控制的难易程度、安全状况和经济效益。

金属网的材料一般为镀锌铁丝，它耐腐蚀，并有足够强度。目前金属网的编织方法和铺设方法不一，主要有经纬网和菱形网两种。

经纬网。有的经线用 12 号铁丝，纬线用 8 号铁丝，这种网在使用中承载情况比较合理，但编织较困难；有的经、纬线均用 10 ~ 12 号铁丝，编织容易。网孔为 40mm × 40mm，网卷长 10m，宽 1.2m。

顶网的铺设是双网交错的形式。即每进一刀，铺一片金属网，交错 0.6m，成为鱼鳞状，因为网的薄弱点在网缝，一般使用 14 号双股铁丝连接，联网点布置采取双排三花，联网点间距为 200mm 或隔一孔联一道，相互要压接扭紧，在联网缝的同时，将另一层网也一并联紧，以增强双层网的整体性。

目前，经纬网的铺设一般均为手工操作，工艺复杂，效率低，劳动强度大，运煤与铺网同时作业不安全。这种落后的工序和工艺，不仅与机械化开采不相适应，而且因为工作面割煤和拉架的需要，铺好的顶网要频繁地吊起或放下会造成一些多余的重复劳动，此外吊在工作面的顶网还影响行人和作业。

菱形金属网主要由网和联网材料构成，菱形网是由若干块成形网片套联而成的。网孔的大小由岩石垮落后的块度而定，网的单位面积重量，根据承托力的需要设计；网片的长度和宽度取决于使用和运输条件。网丝可选 8 号和 10 号两种。因为菱形网一般沿工作面推进方向展开，故其网片宽度要根据综采支架宽度、网片最小搭接量和网丝导程的整倍数 3 个因素确定，可选为 1.6m；网片长度的确定，一要符合循环进度，二要考虑搬运方便。

联网材料是螺旋穿条，有关尺寸的选择是根据联网方便，尽量降低材料消耗，联网强度等于或超过网片强度等因素进行考虑。螺旋丝直径为 $\phi 5mm$ 的冷拔钢丝。螺旋的导程等于 2 倍的网丝节高，即 64mm。螺旋的内径取 40mm，长度取 0.35m，这由循环进度和搭接量确定。穿条由直径为 $\phi 5mm$ 的盘圆钢加工而成。根据网片宽度和两头弯钩固定的需要，其长度可取 1.25 ~ 1.80m。

分层综采面铺设顶网的优点是：展网、联网方便，利用网的自重分地拉紧网片，有利于防止上分层开采时坠网；可以阻止顶板破碎矸石从架间冒落。网片的铺设方向是长边沿走向，短边沿倾斜铺设，其原因是长边为柔性边，短边为刚性边。如果网片沿倾斜铺设，则在倾斜方向上必须用螺旋连接。这样，当顶板下沉来压时，易将螺旋拉开，在开采下分层时可能造成流矸冒顶。

菱形网较经纬网有以下优点。

①菱形网强度高，承载能力大，在重量相同的条件下，承载能力比经纬网高20%。

②网片延伸的大小可根据生产需要设计，不易拉坏。

③自锁性能强，抗冲击性能好，由于网丝间互相勾连，受到集中荷载冲击时，不仅接触冲击物的网丝受力，而且周围的网丝也均匀受力。

④网孔形状不易改变，护顶性能好。

⑤卷网、展网方便，网片可以折叠，便于运输。

⑥铺联网工程设计合理，操作简单，工效高，联网质量容易保证。

⑦编网劳动强度低，机械化编织程度高。因此我国部分煤矿已逐步取消经纬网，改用菱形网。

菱形网的缺点是网丝弯曲，材料强度略有降低。

六、巷道布置与区段煤柱特点

厚煤层倾斜分层长壁下行垮落采煤方法，当煤层倾角较小时，可以沿走向推进，也可沿倾斜推进。同一区段内上、下分层工作面可以在保持一定错距的条件下，同时进行回采，称为"分层同采"；也可以在区段内采完一个分层后，经过一定时间，再掘进下分层平巷，然后进行回采，称为"分层分采"。

分层同采曾经在很长一段时期内是厚煤层集中生产的有效措施，得到了广泛的应用。随着综合机械化采煤工艺的发展，工作面生产能力大幅度提高，出现了一个矿井只布置1～2个工作面的发展趋势。在同一区段内，甚至在同一采区内，布置2个综采工作面已变成了不合理的决策。因此，"分层同采"的应用逐渐减少，尤其在以综采为主的矿井更是如此。与此同时"分层分采"的应用比重不断上升。在数十年的漫长发展过程中，厚煤层分层开采逐渐成熟，对改革采煤方法具有借鉴意义。

开采厚煤层时，各分层平巷的相互位置对于巷道的使用和维护状况影响较大。分层平巷主要有倾斜式、水平式和垂直式三种布置形式。倾斜式分为内错式和外错式。这些布置形式中，以倾斜内错式和垂直式应用最为普遍。倾斜内错式大量应用于煤层倾角小于15°～20°的煤层。具体如图6-1所示。

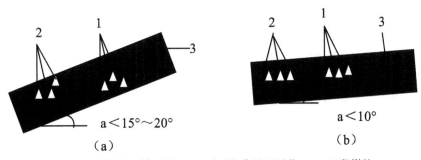

1—上区段分层运输平巷；2—下区段分层回平巷；3—区段煤柱

图 6-1　分层平巷布置与区段煤柱形状

上区段的分层运输平巷与下区段的分层回风平巷之间通常留有区段煤柱，煤柱尺寸视煤层厚度、倾角、煤质松软程度等因素而定，一般情况下煤柱宽度不小于 15 ～ 20m。倾斜内错式布置是将下分层平巷置于上分层平巷内侧，即处于上分层采空区下方，形成正梯形的区段煤柱。各分层平巷内错半个至一个巷道宽度，如图 6-1（a）所示。这时，下分层巷道处于上分层顶板垮落后形成的应力降低区内，比较容易维护，并且沿假顶掘进，方向容易掌握。其问题是区段煤柱越到下面越大，当分层层数较多时，这一问题更为突出。特别地，当只有两个分层时，这种形式的优点是主要的。如果只利用其将巷道布置于采空区下方应力降低区内的特点，并把起护巷作用的煤柱完全采掉，这将取得意想不到的无煤柱开采效果。而这一点在厚煤层全高开采中是可以实现的，这也是创新厚煤层开采方法的一个重要思路。

垂直式布置则是将各分层平巷沿铅垂方向重叠，区段煤柱呈近似矩形，如图 6-1（b）所示。这种布置方式在煤层倾角小于 8° ～ 10°，特别是在近水平厚煤层条件下，可减少区段煤柱尺寸，分层平巷受支承压力的影响也较小，有利于维护，但巷道维护效果比内错式差。下分层平巷沿上分层平巷铺设的假顶掘进，容易掌握方向。

七、分层回采工艺

（一）顶分层铺网回采工艺

分层开采与单一煤层开采在采煤工艺上的区别在于，上分层要铺设人工假顶，一般为铺网；下分层是在假顶下回采。顶分层回采工艺的主要特点就是增加了铺网工序。

金属网假顶一般是用 12 ～ 14 号镀锌铁丝编织而成的，常见的网孔形状有正方形、菱形及蜂窝形等。菱形网在承力性能、延展性等方面的指标均比用相同直径的铁丝编制而成的经纬网优越。由于金属网柔性大、体积小、重量轻，便于运输及在工作面铺设，且强度高、耐腐蚀、使用寿命长，因而其得到了广泛应用。

分层开采工作面的铺网有铺顶网和铺底网之分，其中铺顶网是后面将在新采煤方法中借鉴的内容。

一般来说，铺底网只解决下分层回采时的人工假顶问题，不能为本分层的顶板管理服务。铺顶网则是在上分层回采时将金属网铺设在工作面支架的顶部，对本层工作面有护顶作用。然后，随回柱放顶将金属网放落在底板上，成为下分层的假顶。铺顶网有以下优点。

①有利于改善工作面顶板管理。铺网时可及时挂网，并及时支护，缩短了顶板悬露时间，支护工序简单易行。在顶板较破碎的情况下，顶网可有效地防止局部漏顶。在放顶煤工作面，有时为了端头维护也借鉴采用铺顶网措施。铺一次网可同时为上、下分层的顶板管理服务。

②可提高煤炭采出率。铺顶网后工作面的浮煤均位于金属网下，不会与顶板矸石混杂。在下分层开采时，这些浮煤可一并采出。

③可减少混矸，提高煤质。由于有金属网的掩护，将采空区与工作空间隔开，阻挡了采空区矸石向工作面窜入，减少了混入原煤的矸石，提高了原煤质量。

1. 铺顶工艺

金属网主要采用 12 号镀锌铁丝编织成的经纬网，铺网方式主要为架前铺顶网。铺网与割煤、移架交叉作业，其工艺过程为：展网—联网—吊网—放网四个工序，展网由两人组配对作业，在错链牵引的采面，停机联网，联网人员站在运输机档煤板采空区侧，先在新网的两头或中间选取若干个点与原网相连，防止网边、网头滑进运输机道；联网网丝从支架掩护梁区段内的旧网上抽取，一般网与网对接，扎结点间距不大于 100m，顶板破碎时，长边可搭接 200～500mm，特殊情况下，可铺双层网，网应铺平、直、齐，不得脱网或漏联网，对于漏网处要及时补网。网剩余长度为采高的 1/2，联网后在距采煤机 7 架之内将网可靠地挂在支架前梁下的吊网钩上，采煤机过后 3～5m 放网，为移架做准备，铺网过程中防止网边挂伤人员或被输送机刮板带走。

2. 铺网液压支架

利用普通液压支架人工铺顶网已广泛使用。人工铺顶网能为本层及下分层开采创造良好条件，实现机械化采煤。但是，人工铺设、联网工作量大，占用人员多，影响提高综采工作面工效；铺网要在靠近煤壁处工作，常因冒顶或片帮伤人，由于顶网放在顶梁上部，在移架过程中易把网扯破，不能保证顶网铺设质量，从而影响下分层工作面安全生产，因此近年来大力推广机械化铺底网液压支架。

目前，铺网支架有两种型式：前铺网支架和后铺网支架。前铺网支架的特点是在立柱前靠联网机构联网，随支架前移面铺底网，该类支架在大同矿区应用效果良好；后铺网支架的特点是铺网机构和网卷放在液压支架掩护梁下，随支架前移而铺底网，前铺网支架在潞安和晋城矿区应用效果较好，后铺网支架在义马矿区应用效果较好。

3. 采空区注浆形成再生顶板

厚煤层分层开采时，特别是顶分层开采，为预防采空区自然发火，促使再生顶板的形成，通常要进行采空区注浆。注浆材料主要为具有一定黏结性能的黄土。首先在地面制浆站将黄土搅拌成泥浆，泥浆材料中水和黄土重量比为7：3，然后利用注浆管道将泥浆输送到待注的采空区上端。注浆的方法主要有回风平巷内埋管灌浆和沿工作面方向向采空区洒浆两种，前者注浆方法简单，但注浆不均匀，材料消耗大；后者注浆时间较长，但注浆均匀，材料消耗较少。

由于受回采速度、通风、准备等因素的影响，厚煤层分层开采分层间隔时间往往较长，一些下分层工作面顶网的锈蚀及完好程度较差，起不到应有的护顶作用，在回采过程中煤壁侧常发生冒顶事故，从而造成了煤质下降、材料消耗上升、劳动效率低。针对这种状况结合戊组煤层页岩顶板的特性，在1711工作面进行了沿倾斜方向，向采空区注黄泥浆的试验研究。该工作面沿走向推进 1030m，注浆面积为 181 383m²，节约金属网 18 624m²，产生直接经济效益107.6 万元，部分工作面推广应用了采空区注浆形成再生顶板技术，并取得了较好的经济效果。

（二）下分层网下回采

下分层网下回采的主要工艺特点是顶网下的支护管理。这时的顶板为已垮落的矸石，老顶的周期来压不明显，顶板压力较顶分层小。顶板管理的关键在于如何管好破碎顶板以及防止漏矸。应采用浅截式采煤机并做到及时支护。在单体支架工作面，一般采用正倒悬臂错梁齐柱方式，割煤后及时挂梁进行支护。当工作面片帮严重时，为防止顶网下沉冒顶，可提前在煤壁预掏梁窝，挂上铰接顶梁、打贴帮柱进行超前支护。

对于综采，要选用合适的架型和作业方式。假顶下宜选用掩护式或支撑掩护式支架。采煤机采过后，应追机擦顶带压移架，以免在煤壁处出现网兜。若出现煤壁片帮严重或假顶破损严重且再生顶板胶结不好的情况，应采用超前移架方式，即先超前移架，再割煤、移输送机，以便及时支护。发现金属网有破损时要及时补网。采煤机割煤时，滚筒距顶网不应小于100mm，以免割破顶网，造成漏矸，影响煤质。

网下回采工艺的经验也是创新采煤方法值得借鉴的内容之一。

下分层综采工作面顶板管理。下分层工作面回采与上分层相比，顶板压力不明显，但人工假顶较破碎，容易冒顶，若直接顶为砂岩，锈结性差，胶结不好，则情况更加严重；煤层受二次采动影响，煤壁压酥，容易片帮，端面维护困难，因此，减少假顶悬露面积，减小假顶的下垂量，保持顶板的完整性，成为下分层开采顶板管理的主要环节。

铺顶网回采。若上分层人工假顶的金属网已经锈结腐烂，无法维护假顶，则应在中、下分层工作面支架上方铺设金属网或矿用塑料网，以防止顶板破碎时架间掉矸或采空区向采面窜矸，其铺网工艺与上分层相同。

1. 利用液压支架主动控制顶板

①保持支架前梁接顶良好。当顶板破碎时，掩护梁后部岩石冒落滑向采空区，从而导致切顶线外的直接顶破碎，顶板压力在顶梁上的作用点前移，由于掩护式支架的前梁较长，往往造成前梁出现下俯工作状态，顶梁前端不接顶，冒顶的可能性会随时出现。因此必须保持顶梁前端贴顶并有足够的支撑力，从而保持支架前梁接顶良好。实践表明，只要前梁接顶良好，即可维护假顶工作面顶板的稳定。

②保持支架有合理的支护阻力。增加支架的支护阻力，对改善顶板状况非常重要，由于人工假顶较为破碎，锈结顶板强度低，若支架初撑力过高，会造成顶板的穿顶，破坏顶板的完整性，反而容易引起冒顶。

③减小梁端距。其主要采取追机移超前架方法，片帮严重时及时增加走向梁和顺山板以最大限度地减少端面空顶距离和空顶时间。梁端距一般不应大于300mm。

④带压快速移架。采取带压擦顶移架，可减少支架的对顶板反复支撑破坏作用，有效降低顶板下沉量、保持顶板完整，避免支架前端与煤壁之间出现网兜、破网及冒顶。及时移架的主要方法是，在下分层工作面安设带压移架控制阀。

2. 收尾工作关键技术

下分层工作面收尾是在人工假顶下进行的，因此，必须减少假顶的下垂量并保持其完整技术关键。

①避开上分层停采线位置，减小上分层固定煤柱压力影响。

②护顶严密。整个收作眼内用双层金属网铺设，并护紧煤壁，防止片帮冒顶。

③采面内走向梁和贴帮柱要铰接紧密，尤其贴帮柱要靠紧金属网和煤壁。不准空帮或空顶。

④上、下端头要加强支护，防止冒顶。

⑤收作眼内使用的钢丝绳起强化护顶作用，要有足够的强度，两端应连接牢固。

⑥收尾工作工序为：先上双网，然后在网下铺钢丝绳子，钢丝绳和网联结一起，铺绳网面积要覆盖整个液压支架，同时加强巷内支护，支架进到停采线位置后，做超前扇形出口和回支架绞车窝。

3. 各项工序的基本要求

①收作眼处巷内支护。当机尾推至距风巷设计停采线8m时，必须沿顶回采，保持支架平直，采高控制在2.2m左右。当机尾推至距停采线5m时，风巷停止替棚，并在上帮用工字钢打抬棚，一梁三柱。风巷只回下帮腿；机巷支护与风巷相同，只回上帮腿。

②上双网。距风巷停采位置7m左右时，采面开始上双网，网边搭接宽度不小于0.4m，扎网点间距不大于0.2m。停采后网应护好煤壁。

③上钢丝绳采面距风巷停采线6m时开始上钢丝绳，规格为中$\phi12.5mm$，绳间距为0.5m共计11根。绳要拉直，间隔均匀，两端固定在机巷下帮、风巷上帮的抬棚上，用绳卡固定。

④上大板，在支架立柱上方上倾向大板，大板担在相邻两梁之间，规格端头支护：在机巷$\phi16\sim18mm$第一架下帮及风巷最后一架上帮各打一方形木垛，木垛用$\phi180\times2.0m$的圆木摆成"井"字形；机巷上帮用3.2m的工字钢沿木垛向外架一对抬棚，一梁4柱，煤壁线以外10m打一排点柱。

⑤采煤面做大超前，超前净宽不小于2m，净高2.2m以上，要求每组支架架2根走向梁，梁一端架在支架的前梁上，一端架在壁帮腿上。

⑥做扇形出口，扇形出口是回架的通道，必须确保质量。根据支架的长度和高度应详细计算扇形规格，一般规格为倾斜长4.5m，走向长3～4m，一般使用工竿钢梁、圆木腿，以保证扇形支护的稳定。

⑦做绞车窝，绞车窝位置在风巷上帮，以采面支架前梁端头为中心，宽2.4m，高和深均为2m。

（三）适用性评价与展望

倾斜分层下行垮落采煤法有效地解决了缓斜及倾斜厚煤层开采时的顶板支护和采空区处理问题，有利于在此类煤层条件下实现安全生产，提高资源采出率及获取较好的采煤工作面技术经济指标。目前，这种采煤方法在我国已具有成熟的采煤工艺、巷道布置及工作面技术管理等经验。用于分层工作面的机械化采煤、运输和支护设备在近年来已有了较大的发展，新型假顶材料的研制及假顶和再生顶板的管理技术、分层开采时的通风与防灭火技术均取得了显著进步。因此，这种采煤方法目前已成为我国开采缓斜及倾斜厚煤层的主要方法。一些矿井应用这一采煤方法成功地开采了厚度达 15m 的煤层，有的矿井采用倾斜分层金属网假顶下行垮落采煤法连续开采了 12～15 个分层，开采总厚度为 25～30m。更为普遍的情况是用综采分层开采 6～7m 的厚煤层，只采 2 个分层。在大同、兖州、阳泉、潞安、西山等矿区都取得了良好的技术经济效果。较大的分层厚度可以减少分层数目，降低生产成本，从而有利于实现高产。2000 年国有重点煤矿年产 150 万 t 以上的 14 个综采队，平均采高为 3.47m。因此，当煤厚 6～7m 时，综采以分 2 层最好，这一条件下采用新的采煤方法较容易实施。这种采煤法主要适用于煤层顶板不十分坚硬，易于垮落，直接顶具有一定厚度的缓斜及倾斜厚煤层。这种采煤方法的主要缺点是铺设假顶工作量大。巷道维护较困难，生产的组织管理工作较复杂，在开采易自燃煤层时，自燃问题比较严重，需采取特殊措施。随着生产技术的发展，上述问题已在不同程度得到了解决。

改革倾斜分层采煤方法，将其合理技术要素与放顶煤开采相结合，将会形成既可实现高产高效，又可提高回采率，并保证安全生产的新方法。分层采的巷道布置与上、下分层回采工艺的优点将得到进一步的提升，并取得更好的经济效益与社会效益。

八、特殊条件下的采煤方法

在厚煤层综采工作面上分层回采时，由于地质条件限制或出于技术因素考虑，回采工作面需留煤柱，在可采位置重新做切眼安装设备继续回采。而在下分层回采时，煤柱对顶板管理带来困难，为此，出现了以下两种采煤方法。

（一）托煤柱采煤法

当煤柱沿工作面走向比较短（小于 50m）时，可采用托煤柱采煤法。过煤柱时，下分层回采巷道按下分层要求正常掘进，在煤柱段不做大的起伏，在回采过程中压力大，工作面易片帮冒顶，再加上托顶煤回采，则必须加强下分层顶板管理。

①提前对液压系统进行全面检查，保证过煤柱过程中支架完好，支护有效。

②采煤机只割底刀顶煤随拉架被支架前梁挤落。

③控制采高不超过 2.5m，防止片帮冒顶。

④及时带压移架，并保持合理的支护阻力。

⑤铺顶网回采，并在架间上顺山大板，以保持移架时即使降架，顶板也能处于受控。

（二）穿层沿顶采煤法

当煤柱沿工作面走向长度较大（大于 50m）时，若仍用托煤柱采煤方法，则顶板管理的费用较高，会造成人力、物力的浪费，影响经济效益。因此，可以采取穿层沿顶回采的方法，即初始进入煤柱，工作面逐渐过渡上升进入顶板，在煤柱中部沿顶板回采，离开煤柱前工作面逐渐下扎重新过渡到下分层层位，使工作面进入分层正常回采遗留的煤。此方法在煤柱中间按顶分层的管理方法进行管理，在与采空区接触的煤柱 15m 范围内应注意以下几点。

①加强顶板管理，采取的措施同托煤柱采煤法。

②进出煤柱过程中，对工作面当前及最终所处层位做出正确判断，其中，出煤柱时工作面顶板所处层位，应根据老切眼掘进安装回采装置，以及下分层掘进探明应保证工作面支架躲开老切眼。并以此确定工作面每推进 1m 需要上仰或下扎的幅度，若幅度太大，造成输送机推不动；若幅度太小，会增加进出煤柱的过渡时间，因此每推进 1m，上仰或下扎以 0.2m 为宜。在实际操作时，可用罗盘观测运输机的走向倾斜度，或用层位分析法，以煤层分界线或夹矸，顶、底板为基准，测量支架顶梁距基准的距离，计算上仰或下扎的幅度算出累计下扎、上漂及待扎（漂）量。

③巷道挺进时应做好准备、根据回采需求起伏，否则造成采面运输机与机巷转载机搭接不合理，并且工作面底板沿倾向起伏较大。

第二节 厚煤层的大采高开采技术研究

能源是一切生产和生活的基础，国民经济的发展需要能源的增长来维持。中国是能源开采大国，也是能源消费大国，能源消费量占世界总消费量的 10% 以上。煤炭是我国的主要能源，在一次能源开采和消费结构中分别占 76.3% 和 68.9%（其中井工开采的煤炭产量约占煤炭总产量的 95.0%），并且这一状况在今后相当长时间内不会改变，因此煤炭开采在我国能源战略中将长期处于主导地位。

世界煤炭储量的 1/3 以上为厚煤层，在我国已探明的煤炭储量中厚煤层占 45% 以上，产量也相应为我国原煤总产量的 50% 左右。按照厚煤层定义，井工开采时单层煤厚超过 3.5m 为厚煤层，单层煤厚超过 8m 则为特厚煤层。山西、陕西、内蒙古、宁夏、甘肃、新疆等地广泛赋存单层煤厚超过 14m 的特厚煤层，新疆乌鲁木齐矿区部分煤层厚度可达 70m，适宜的厚及特厚煤层开采技术显得举足轻重。特厚煤层的开采方法及开采过程中的围岩控制技术一直是世界采矿界探讨的课题。厚及特厚煤层的开采方法主要有分层开采、大采高开采和放顶煤开采。

一、国内外大采高综采技术的发展现状和趋势

美国、澳大利亚、南非等先进采煤国家采用大功率、高可靠性的综合机械化装备实现了综采的高产高效，矿井开拓布置为一井一面，生产高度集中，采掘运输、支护设备能力大，自动化程度高，效率高，且安全可靠。我国的高产、高效则以综放开采技术为主，并已向国外出口，但我国各地各煤矿技术水平发展很不均衡，仅有少数国有煤矿达到了发达国家的中等水平，绝大多数矿区处于生产技术落后、劳动生产率低、安全与环境状况差的状态。因此，必须通过技术创新，提高我国煤炭生产的技术水平和安全管理水平，从而赶超国际先进水平。

（一）大采高开采技术

20 世纪 70 年代，国外开始研究应用大采高综采技术及装备。1970 年，德国采用贝考瑞特垛式支架回采了热罗林矿 4m 厚煤层；20 世纪 70 年代末，波兰研发设计了两柱掩护式大采高支架 P10MA 系列，其使用效果较好；1980 年，德国研发出最大高度为 6m 的 G550-22/60 掩护式支架，在威斯特伐伦矿进行现场工业性试验，取得成功后该支架曾出口到南斯拉夫，并在现场取得良好效果；1983 年，美国开始采用大采高综采回采怀俄明州卡邦县 1 号矿 Hanana No.80 厚煤层，采高为 4.5 ～ 4.7m，取得单班生产日产量 3600t，两班生产日产量 5000t，三班生产日产量达 6200t，工作面工效达 210 ～ 360t/ 工的好成绩，该矿井实现了高产高效生产；1993 年开始，捷克的 LAZY 矿不断改进 DBT 公司的大采高支架，将采高从 4m 增加到 6m，在较破碎顶板条件下，工作面最高单产达 8000t/d，正常条件下单产达 7500t/d。

20 世纪 70 年代末期，我国开始采用大采高开采技术。1978 年，开滦范各庄煤矿从德国引进 G320-20/37、G320-23/45 等型号的大采高液压支架及相应的采煤、运输设备，用于开采厚度为 3.3～4.5m、倾角为 10° 条件下的 7 号煤层，工作面最高月产达到了 94 997t，月产平均达到了 70 819t，是我国当时的最高水平。与此同时，我国开始自主研发大采高液压支架及采煤机等配套设施。1980 年，邢台东庞矿采用国产 BYA329-23/45 型两柱掩护式液压支架及配套大采高综采设备，在开采厚度为 4.3～4.8m 的煤层中进行工业试验，试验期间最高月产达 12×10⁴t，平均月产 6.3×10⁴t；1984 年，西山矿务局官地矿使用我国自主研发的 BC520-2/47 型支掩式支架、MXA-300/45 型无链牵引采煤机等在 18202 工作面进行工业性试验，在 Ⅱ 级 3 类顶板及采高 4.0m 条件下，该面 3 个月采煤 11.2×10⁴t；1986 年，东庞矿采用国产 BY3200-23/45 型两柱掩护式液压支架及配套大采高设备，在 2702 工作面成功进行工业性试验；1988 年东庞矿在试验基础上，进一步研发采高达 5m 的 BY3600-25/50 型两柱掩护式支架，在 4.8m 采高情况下，最高月产达 142×10⁴t，平均月产 10.4×10⁴t；20 世纪 80 年代至 90 年代初期，我国先后在开滦、西山、铜川、兖州、徐州等矿区采用大采高开采方法，但采高均未超过 5m。

随着矿井高产高效技术研究的深入，人们普遍认识到高产高效大采高工作面是矿井高产高效的基础，大采高工作面的优势越来越得到认可，大采高开采技术迎来了新的发展阶段，工作面采高突破 5m，部分工作面采高已经达到 6m，甚至 7m，日产量普遍超过万吨，个别工作面的产量达到千万吨、效率达到并超过国际水平，成为国际一流的大采高工作面（表 6-1）。1997 年，神华东胜矿区补连塔煤矿使用 ZY6000/25/50 型掩护式大采高液压支架，1999 年创月产 42×10⁴t，日产 3.04×10⁴t 的全国纪录，后来又使用德国生产的 WS1.7 型两柱掩护式液压支架，2000 年 1 月产煤 51×10⁴t，2 月产煤 54×10⁴t。2002 年，晋城煤业集团开始研究适合晋城矿区的大采高开采技术，2003 年与郑州煤机厂合作研制的 ZY8600/25.5/55 型两柱掩护式大采高液压支架最高月产达 67×10⁴t，随后又研制使用了 ZY9400/28/62 型两柱掩护式大采高液压支架，其最高月产达到 2.7×10⁴t。2003 年，大同煤矿集团等研制使用了 ZY9900/29.5/50 型四柱支撑掩护式液压支架及配套设备，在四老沟矿平均煤厚 4.75m 的"两硬"条件下，最高月产达 31.55×10⁴t。2003 年，补连塔煤矿 32201 工作面单面年产原煤 9.24Mt，工作面采高为 4.5～4.8m；2004 年，神华上湾煤矿 55101 工作面单面年产原煤超 1000 万 t，最大采高达 6m。2004 年，晋城寺河煤矿 2306 工作面使用的 ZY9400/28/62 型支架平均采高达为 6.0m，最大高度为 6.2m。

2005～2009年，神东矿区大采高综采的采高经历了5.0～7.0m的发展历程。为了提高厚度大于6.0m煤层的资源回收率和开采效率，2009年，补连塔煤矿22303工作面（目前世界上采高最大的综采工作面）开展采高70m的综采工业性试验，取得了较好效果。

表6-1 我国某些特厚煤层大采高工作面参数与设备配套统计

工作面	平均厚度/m	采高/m	平均深度/m	工作面长度/m	支架额定工作阻力/kN	平均月产量/10⁴t
寺河煤矿2301工作面	6.22	4.50	305.2	224	8 638	44.6
寺河煤矿2306工作面	6.36	6.00	315.5	220.3	9 400	46.3
赵庄煤矿1301工作面	4.60	4.60	539.6	220	12 000	37.9
康家滩煤矿88101工作面	5.67	4.00	177.4	207	8 638	38.5
长平煤矿4303工作面	5.86	5.86	245.3	225	12 000	38.96
大柳塔煤矿12205工作面	3.57	3.50	88.2	230	7 625	23.9
活鸡兔煤井21303工作面	6.00	3.20	79.0	240	7 645	41.7
上湾煤矿51101工作面	7.40	5.30	82.0	240	8 638	45.2
上湾煤矿55101工作面	7.10	6.00	115.5	300	10 800	97.89
补连塔煤矿22303工作面	7.55	6.80	234.1	301	16 800	—

实践表明，绝大多数大采高工作面均实现了高产高效生产，并取得了较好的技术经济效果。一般情况下，其主要的经济技术指标优于分层综采工作面，在条件合适的情况下，也要优于综放工作面，因此大采高技术在我国发展比较迅速。在合适的煤层条件下，如倾角小、硬度大、厚度为3.5～7.0m、顶底板较平整、地质构造简单、工作面生产能力要求较大的煤层，采用大采高开采具有独特的技术优势。

（二）我国大采高综采技术的发展现状和趋势

为适应我国煤矿综采机械化的发展，国内综采设备科研设计和制造企业已研制开发出具有较先进的电液控制强力液压支架、大功率电牵引采煤机、重型刮板输送机、多点驱动大运力带式输送机。配套设备的生产能力为 1500～2500t/h，在适宜的煤层和矿井条件下，综采工作面可实现年产 300 万 t 以上。

在液压支架方面，我国近期研制成功了 ZY8800/26/50 型两柱掩护式液压支架、ZY9900/20/45 四柱支撑掩护液压支架。郑州煤机厂为晋城研制成功 ZY9400/28/62 型两柱掩护式液压支架，整体结构强度高，调高范围为 3～6m，支护高度最大可达 6.2m，工作阻力为 9.4MN，立柱缸径为 380mm，采用电液控制技术，寿命试验达 5 万次以上。

在采煤机方面，天地科技股份有限公司成功研制的 MG750/1815GWD 型交流电牵引采煤机，总装机功率达到了 1815kW；鸡西煤矿机械有限公司研制成功的 MG800/2040-WD 型电牵引采煤机，总装机功率达 2040kW；西安煤矿机械厂研制成功的 MG750/1910-WD 型和 MG900/2210-WD 型交流电牵引采煤机，总装机功率分别达 1910kW 和 2210kW。

在刮板输送机方面，张家口煤矿机械制造公司、西北奔牛集团公司研制成功的 SGZ1200/1575 型刮板输送机，输送能力最大达 2500t/h，总功率达 1575kW。

我国新研制开发的新型大采高综采装备技术参数已经接近国外先进水平，配套设备的生产能力为 1500～2500t/h，综采工作面年产能力达 300 万 t 以上。我国综采设备设计制造、检测虽已有一定基础，但限于目前研究设计、制造水平和国内高强度优质材料供应等基础条件，大采高综采设备仍不能满足厚煤层高产高效综采生产要求，近年来新研制开发的综采设备在技术性能、工作可靠性和使用寿命方面仍和国际先进水平有明显差距。我国创造综采年产世界纪录的神华、兖矿等煤炭企业的高端综采装备目前仍然以引进为主。

与国际先进水平相比，我国现役综采成套装备生产能力和技术性能还存在很大差距。煤矿使用的高端煤炭生产装备几乎被国外厂商所占领，年产 600 万 t 以上综采成套技术与装备基本被德国公司和美国公司所垄断，重点矿区 4～6m 厚煤层一次采全高综采装备主要依靠进口。我国综采工作面成套设备平均生产能力（300 万 t 左右）仅相当美国和澳大利亚的 50%，采煤机开机率也仅为 50%～60%；美国和澳大利亚综采工作面全部采用了计算机网络化、自动化控制技术，而我国仅有个别综采工作面采用我国综采设备，尤其是大采高重型综采设备在设计制造、加工工艺、高强度材料和关键质量指标方面同国际先进水平存在较大差距。

大采高综放技术在国内外是一个新的发展方向。在大采高综放配套设备的研制、适应大采高综放的端头支护技术以及工作面工艺参数等方面，还需要做大量研究工作。

（三）国外大采高综采技术的发展现状和趋势

20世纪末期以来，美国、澳大利亚、英国、德国等国家采用大功率可控传动、微机工况检测监控、自动化控制、机电一体化设计等高新技术，研制出适应不同煤层条件的大型高效综采设备，使设备功能内涵发生了重大突破，设备可靠性显著提升，实现了生产过程的自动化控制，取得了很好的技术经济效益，推动了煤矿生产从普通综合机械化生产向高产高效集约化生产的根本性转变。新型综采设备在传动功率、设计生产能力大幅度增加的同时，设备功能内涵发生了重大突破，设备可靠性显著提升，并实现了综采生产过程的自动化控制，这使综采新型装备的使用取得了很好的技术经济效益。目前，国外综采成套设备的生产能力已超过3000t/h，在适宜的煤层条件下，采煤工作面可实现年产800万～1000万t，出现了"一矿一面、一个采区、一条生产线"的高效集约化生产模式。为最大限度地占领市场，世界主要采矿设备制造商在综采设备方面展开了激烈竞争，加快了煤机企业的兼并重组，形成了以德国的DBT、Eick—hoff和美国JOY公司为代表的国际采矿设备供应商，基本垄断了综采高端产品市场。

国外大采高综采技术与装备的主要特点是高功率、高可靠性，其主要技术特点如下。

①新型电牵引采煤机装备了电控系统，并采用先进的信息处理技术和传感技术，实现了机电一体化，最大采高达6m，总功率为1500～2000kW。

②大采高强力液压支架。国外综采液压支架的架型主要是高工作阻力的两柱掩护式支架，支护工作阻力为6～10MN，最大达12MN，最大支护高度达6m；支架立柱缸径一般为300～400mm，最大已经达到480mm；支架中心距离为1.50～1.75m，最大达2m；降、移、升循环时间小于10s，寿命试验5万次以上。

③重型刮板输送机、转载设备。工作面重型刮板输送机、转载设备采用大功率软启动、铸焊结合重型中部槽、交叉侧斜等先进技术。最大的重型刮板输送机装机功率达4×800kW，运量达6000t/h，过煤能力超过2000万t/a。

④距离工作面巷道带式输送机。普遍采用长距离、大运量、高带速的大型带式输送机。带式输送机装机功率可达4×970kW，运输能力达5500t/h，带速为5m/s以上。输送机运行可靠性、设备开机率、生产能力与生产效率均不断提高。

⑤采煤工作面自动化生产技术。开发应用采煤机滚筒自动调高技术、液压支架电液控制技术、计算机集中控制技术，可自动完成割煤、运输、移架和顶板支护等生产流程，通过计算机网络系统实现了工作面自动化生产和信息监测控制。

⑥综采工作面中高压供电技术。国外发达国家先后将采煤工作面输送机和采煤机等机械的供电电压从原有1.14kV等级分别提高到2.3kV、3.3kV、4.16kV和5.0kV等级，并大量采用高集成度的负荷中心或更高集成度的配电变压器和负荷中心一体化的新型设备，改善了采区电网和工作面大功率电气设备的运行工况，提升了工作面装备的生产能力和可靠性。

厚煤层一次采全高高效综采技术是世界煤炭井工生产技术主要竞争领域。随着矿井大规模集中化生产的发展，大功率、高性能的设备是必不可少的。

综上所述，国外大采高综采装备有三个方面的发展：装备大型化、配套化、机械化程度高；装备无轨化、液压化、自动化程度高；装备技术性能成熟，可靠性高。

二、大采高综采的特点及问题

（一）大采高综采的特点

大采高在一定的使用条件下取得了较好的技术经济效果，但随着采高的加大，缺点渐趋明显。

①支架重量将随着采高的增长而加大，当采高大于4.5m后，支架重量增大的幅度也明显加大。若采高超过5m，支架的结构重量将大于22t，采煤机及输送机的重量也将随之增加。工作面设备的大型化和重型化不仅会使成本大幅度增加，而且会使设备的井下运输及工作面搬移工作的困难程度和费用增加，大采高综采带来的经济效益将会因设备和生产成本的大幅度提高而被抵消。在目前我国煤矿的具体条件和技术装备情况下，大采高综采工作面的最大采高不宜超过4.5m。

②随着采高的加大，工作面高度与巷道高度的差别随之加大。工作面两端与巷道衔接处的三角煤损加大，使煤炭回收率下降。同时，区段煤柱问题仍未解决。综上所述，沿煤层大采高开采高度上限问题值得进一步研究。厚煤层大采高工作面的端头煤损与区段煤柱等问题可望通过改革巷道布置与回采工艺加以解决。

（二）大采高综放开采技术的优越性

采用底层大采高综放一次采全厚开采 14 ～ 25m 的特厚煤层除具有综放开采的优点外，还有其特殊的技术优势和明显的经济优势。

①加大采高，优化了采放比，放煤量也减少了，放煤对工作面产量波动的影响减小，可使采放相对平衡。

②加大了矿山压力破煤作用，破煤过程中所形成的拱式平衡结构上移，提高了煤炭产量和采出率。

③加大了工作面通风断面，减小了通风阻力，支架后部放煤空间变大，利于放煤口附近瓦斯的稀释。瓦斯含量受顶煤影响变小，瞬间瓦斯涌出和工作面产量可通过调整采煤机速度进行控制。

④增加了支架垂直方向的高度但不增加控顶距，理论上认为支架的工作阻力增加不大，但采区空间变大，利于开切眼支护、支架运输和安装、工人作业，也可方便安设放煤拱脚的扰动机构，也有利于在支架后部布设大功率大运量输送机。

（三）大采高综放开采应该解决的问题

通过对采高为 3.2 ～ 3.5m 的准大采高工作面矿压实测研究表明，围岩活动范围大，矿压显现剧烈，如果采用大采高综放开采应考虑以下主要问题。

①煤壁片帮及由煤壁片帮引起的端面冒漏等问题增多。

②支架荷载大，要求支架重型化，工作面设备投资增加。

③支架高度增加，放顶煤过程对支架稳定性可能会产生影响。

④大采高综放面顶煤顶板运移规律、支架围岩关系、合理工艺参数及工作面长度的选择、工作面巷道间区段煤柱合理宽度的确定及无煤柱开采技术等还需进一步研究。

⑤大采高综放面的技术管理。

三、大采高技术的优势与存在的问题

（一）优势

①资源回收率高。从 3.5 ～ 6m 厚煤层的开采实践看，大采高综采工作面的煤炭采出率均在 90% 以上，且采出煤炭质量好，含矸率低。

②大断面、多通道、低负压，通风阻力小，更适合瓦斯较大、通风距离长的煤层开采。

③粉尘主要来源由机组割煤产生，只要加强机组内外喷雾，并利用抽放钻孔实施煤层注水，就会取得好的降尘效果。

④设备少、回采工艺单一，劳动环境好，系统管理简单。

⑤工作面设备可靠性高，采、装、运和支护设备综合开机率在90%以上，可实现"一井一面"集约化生产。

（二）存在的问题

但是，由于采高的加大和设备的重型化，大采高开采存在以下问题。

①煤壁片帮及由煤壁片帮引起的端面冒漏严重。

②支架荷载大，要求支架重型化，以免导致支架被压死或损坏。

③支架稳定性差。

④对煤层厚度变化的适应性差。采高很难正好与煤层厚度相同，加之回采过程中，端面漏冒及操作不熟练等，往往会人为降低工作面采高，加快推进速度和提高产量，客观上造成煤层厚度损失。当煤层厚度变化加大或顶底板不平时，更易造成煤层厚度损失。

⑤设备大型化、复杂化，设备维护量和设备管理难度大。

四、主要创新性工作和成果

根据大采高综放开采及其自动化控制的特点，结合国内外的研究现状采用现场调研分析、理论研究、实验研究、工业性试验和现场实测研究相结合的综合研究方法，对大采高自动化综放工作面安全高效综合配套技术的关键技术进行了研究，如大采高综放工作面设备配套技术、煤矸流场特征及工艺参数优化、工作面矿压显现规律、设备的自动化监测控制技术、安全关键技术和顶煤回收率控制技术等。

通过研究，取得以下主要创新性研究成果。

①大采高综放工作面设备配套技术：研制了 ZF7000-20/40 型大采高综放液压支架和大采高综放工作面 ZDWX-07 型侧向自移式端头液压支架，进行了大采高综放工作面设备的配套选型计算，实现了工作面设备的合理配套，确保了工作面的安全高效生产。

②大采高综放工作面煤矸流场特征及工艺参数优化：研究了大采高综放工作面煤岩的运移规律和基于块度理论的大采高综放开采煤矸流场特征，优化了放煤工艺参数，研究了改善工作面端部放煤效果的振动放煤技术。

③大采高综放工作面矿压显现规律：实测分析了大采高综放工作面顶板活

动规律，研究分析了大采高综放工作面煤岩稳定性特征及其控制技术以及大采高综放支架的承载特征及适应性。

④大采高综放工作面的自动化控制技术：研究了工作面自动化集成系统，实现了采煤机的自动进刀与割煤、大采高综放液压支架的自动移架和自动放煤等工艺的自动化，实现了运输系统及生产保障系统的集中监控。

⑤大采高综放工作面安全关键技术：研究了大采高综放工作面瓦斯治理关键技术和矿井综合防尘技术，通过增大采高提高工作面通风断面、工作面沿空小断面，留巷采用"J"形通风等技术手段有效解决了因开采强度加大后工作面瓦斯超限问题，实现了工作面安全生产。

⑥大采高综放工作面采出率控制技术：分析了大采高综放面顶煤放出率的影响因素，提出了提高顶煤采出率的相关技术途径，进行了大采高综放面煤炭采出率分析评价。

五、大采高综放液压支架设计

综放液压支架是大采高综放工作面的核心设备，是决定大采高综放工作面能否成功开采的技术关键。大采高综放工作面的特点，对液压支架提出了特殊的要求，具体要求如下。

①大采高综放液压支架应具有良好的横向与纵向稳定性和承受偏载的能力。液压支架各构件为销轴连接，销轴与销孔间存在着轴向和径向的间隙，由于支架结构高度较大，即使当支架处于水平位置时，也会由于各处间隙的配合关系不同而使支架产生歪斜、扭转。支架顶梁在工作状态下，要承受来自顶板的横向和纵向荷载。顶梁的横向偏移必然会在支架上引起偏心荷载，若工作面倾角较大，底板出现起伏不平，都会增加支架失稳的可能性；另外，支架顶梁与底座和顶、底板之间存在着纵向的水平摩擦力，当支架支撑高度较大时，水平摩擦力与顶板垂直荷载的合力作用点很容易超出底座前端位置，或由于支架顶梁上方出现空顶而使支架失去摩擦力的约束，从而使支架纵向失稳。

②大采高综放液压支架的结构和性能应具有较好的防片帮能力。为此应提高支架的初撑力，加强支架对顶板下沉的控制能力，利用伸缩或折叠式前探梁对端面顶板及时支护，减小端面空顶距离；支架应具有完善的护帮装置，可伸缩护帮板应能平移至顶梁端部以外，且具有足够的护帮面积和护帮阻力，支架可采用液压前连杆，当片帮深度较深时，可将液压前连杆缩短，使立柱前倾和使支架顶梁前移一段距离，以便缩小端面距，达到超前支护的目的。

③大采高综放液压支架应具有较大的支护强度和自身强度。大采高综放工

作面开采后形成的自由空间较大，上覆岩层活动的范围和规模也较大，支架所承受的荷载也比普通工作面显著增大。大采高液压支架应选用工作阻力及吨位均较大的支撑掩护式大采高液压支架。

（一）支架设计目标、原则、依据、规范和标准及手段

1. 设计目标

①支架通过 5 万次寿命试验，生产原煤 1000 万 t 不用大修。

②电液控制，移架速度小于 10s/ 架。

2. 设计原则

采用先进的设计理念，吸收国内矿区放顶煤液压支架和大采高支架的成功经验，结合王庄煤矿地质条件，以提高支架的适应性、可靠性为主，进行整体优化组合、优化设计。

3. 设计依据

①最大限度地提高一次采出率。

②最大限度地发挥前柱的有效支撑能力。

③确保支架的稳定性。

④确保挑梁，既能上挑 5°，又可完全收平。

4. 执行的设计规范和标准

设计规范和标准主要为《液压支架通用技术条件》（MT312—2000）、《放顶煤液压支架技术条件》（MT/T815—1999）、《大采高液压支架技术条件》（MT550—1996）、《煤矿机电修造厂工艺守则》（JS-WJ-0905）、《通用技术标准》（JS-WJ-0906）。

5. 总体设计手段

①运用先进的计算机手段，在支架制造以前完成设计计算、设计绘图、设计验证等一系列的工作，运用计算机辅助手段对四连杆机构进行参数优化和受力分析。

②在保证可靠性条件下减轻支架质量，合理选择板材，对液压支架进行方案优化、参数设计、支架稳定性设计和可靠性设计，以达到最佳的运动参数和力学参数，并对危险断面进行安全系数校核。

③采用平面和三维相结合的方法，在运用 CAXA 制图的同时运用美国软件 Solid Edge 进行三维建模，在计算机上对支架进行干涉检查，指导设计及时改进支架结构。

（二）支架结构特点

ZF7000/20/40 支架是针对厚煤层一次采全高设计的一种大采高支架，根据采高加大时工作面矿压明显加大、片帮和冒顶倾向加剧的综采实践，结合以前的设计经验，对支架的总体参数进行优化设计，使支架结构受力合理。

支架为四柱支撑掩护式，切顶能力大，抗冲击能力强。

支架缩回后最低高度为 2000mm，展开最大高度为 4000mm。

采用双活动侧护板，便于采区倒面。通过调节单侧侧护板，支架侧护板收回时最小宽度为 1430mm，侧护板展开后最大宽度为 1600mm。

支架采用两根 φ250mm 的双伸缩前立柱和两根中 φ230mm 的双伸缩后立柱，调高范围大，采高适应性强。

提高支架的初撑力。为防止支架顶梁上方顶煤过多下沉，使支架初撑力达到支架工作阻力的 81% 以上；同时加大前梁千斤顶缸径，其缸径为 φ200mm，增加前梁对顶煤的支撑力，提高支架对新暴露顶板的控制能力。

结构件中大量采用高强度钢板，按高可靠性原则设计。

采用刚性分体底座，有利于排矸和浮煤，且底板后部开档便于推移机构的卸装。

支架顶梁采用分式铰接结构，铰接前梁前端设有挑梁，可有效防止和减少煤壁片帮的发生。顶梁后端伸出，可充分保证顶梁与掩护梁铰接处不漏矸。侧护板圆弧包裹，弹出时具有一定重合量，实现全封闭不漏矸。

支架具有较大的后部放煤空间，支架尾梁可以向上旋转 62°，增大了后部运输机的过煤高度，加大支架插板的行程，插板行程为 700mm，增加了放煤口尺寸，提高了放煤速度，有利于放出大块煤。

采用整体式双前连杆、单后连杆型式，大大提高了支架的抗扭能力和横向稳定性。

顶梁和掩护梁侧护板两侧均为可伸缩式。

为了提高支架的可靠性，支架的结构型式和部件采用成熟可靠的技术，根据以往的经验，顶梁柱窝、掩护梁的腹板最容易开焊，在设计时，顶梁柱窝采用整体柱窝，掩护梁的腹板采用高强度板材料。

有较宽的人行通道，底座下部最小，人行通道大于 750mm。

支架后部放煤口处，设置喷雾装置。支架在放顶煤时，可联动喷雾降尘。

底座上安装抬底装置，可以抬起底座，减小移架阻力。

推移杆采用长推移杆结构，整体强度高。支架推移千斤顶采用倒装装置型式，从而提高支架的移架力和推溜力，倒装装置来回运动，便于向后排浮煤。推移千斤顶推溜腔设置液压锁和安全阀，防止运输机拉架时倒退实现自动锁定。

为防止支架咬架和漏矸，适当加宽顶梁和掩护梁侧护板宽度，保证降架300mm，移架一个步距时，支架间仍有一定的重合量。

支架的轴孔名义间隙不大于1mm，横向间隙不大于10mm，特别是底座与连杆的配合间隙。

为了提高液压元件的可靠性，立柱和千斤顶的密封采用聚氨脂密封，寿命可以提高5～6倍。

系统泵站采用"三泵两箱，双进液双回液系统"，供液流量为400L/min。主进液管为φ31.5mm，主回液管为φ50mm，同时加大立柱和推移杆千斤顶接头孔通径，采用目前国内最大流量的阀类及国外先进阀结构型式，从而构成大流量支架快速移架系统，实现快速移架，为采煤工作面高产高效创造了条件。

六、大采高综放工作面端头支护技术

（一）端头支护技术现状

综采工作面端头是指工作面与回采巷道的交汇处，端头区是采、运设备的交接点，设备布置密集，而且是行人、输煤的咽喉，端头管理和支护的好坏是决定工作面能否正常运转、工作面安全程度的关键。据不完全统计，在使用木支护、摩擦式金属支柱或单体液压支柱维护端头时，因支护状况不佳而在综采工作面端头出现的人身伤亡事故占综采事故的53%。近年来我国综采工作面端头顶板事故数量虽逐年减少，但事故率仍居高不下。因而，改善综采工作面端头的支护状况，实现综采工作面端头作业的机械化自动化，是提高综采工作面安全程度的重要途径。

随着综采技术的发展，对综采工作面的单产要求也越来越高。根据国内外的统计资料，提高设备开机率，加快推进速度，提高工人的工作效率，是提高单产的有效途径。但是，要保证综采工作面的高推进速度，如果端头支护状态不佳，端头设备得不到维护，多项工序不能正常进行，那么提高工作面单产是不可能的。而且综采工作面端头作业劳动量相当大，据有关资料介绍德国的综采工作面端头劳动消耗占工作面用工总数的25%；我国一些较好的局、矿端头劳动消耗占工作面用工总数的30%以上，个别达到40%。因而，实现端头作业的机械化，是减少工人笨重体力劳动、降低事故率、提高工作面的推进速度、实现高产高效的关键因素。

目前，我国配套大功率采煤机，大功率、大运量刮板运输机，大配套的端头支架还没有成功的架型，普遍采用十字形金属铰接顶梁配合单体液压支柱支护。为了防止端头区的冒落矸石涌入开采空间，保证工作面采、放作业的正常进行，在工作面下端头的排头支架尾部各设置一组密集支柱。在支架推溜、移架过程中，端头的支护型式移动非常烦琐，增加了工人的劳动强度，并且移动较慢，给综采工作面的管理带来了一定困难。亟须针对大采高综放工作面的大功率、大运量、高可靠性刮板输送机及自移式转载机等大配套设备，研究制造一种结构简单、质量轻、移动安全可靠、适合高产高效的端头支护支架，来适应它。

（二）端头支护的特点和要求

大采高综放工作面端头区围岩在多种支承压力作用下，受采动影响最大，矿压显现复杂，无立柱空间大，所以，端头既是顶板维护的重点，又是顶板管理的难点。端头区内布置设备较多，包括前后刮板输送机、机头、转载机、机尾等。大采高综放工作面端头支护的技术特点和要求如下。

①大采高综放工作面端头设备复杂，体积庞大，特别是配套的大功率设备，因此要求端头支架不但要保证各种机电设备得到正常维护，而且有较大的无立柱空间，以保证此处设备的正常运转及顺利前移。

②大采高综放工作面采高的增加，势必引起端头支架结构高度相应增加，从而使得端头支架极易出现歪斜、扭转以至倾倒，因而要求支架必须具有良好的横向与纵向稳定性。

③大采高综放工作面端头支架必须结构简单，质量轻，并能实现自身移架。

④大采高综放工作面端头支架必须满足与综采工作面回采巷道机电设备的配套性，如支护面积要大，支撑强度要高，有护巷及护帮能力，系统运动要灵活，推拉力要满足要求。

⑤大采高综放工作面端头支架支护高度和宽度必须能适应巷道宽度与高度的变化。

（三）新型端头支架研制

大采高综放工作面端头处配套设备多，上方悬顶面积大。为了控制好该处顶板稳定性，为材料和人员的进出，为排头（过渡）支架、工作面输送机、采煤机、平巷转载机等配套设备提供一种安全可靠的工作空间，潞安王庄煤矿在国内首创研制了位于外帮 ZDWX-07 型侧向自移式端头液压支架。该端头液压支架构思新颖、独特，具有可靠支护和自动行走的功能，其技术特征及结构如下所述。

1. 技术特征

①支架高度：2670 ～ 3500mm。

②单个支架宽度：2250mm。

③额定供液压力：31.5MPa。

④额定工作阻力：3026kN（单架）。

⑤额定初撑力：2522kN（单架）。

⑥支护面积：6.154m² （单架）。

⑦支护强度：0.491MPa。

⑧推架力：384kN。

⑨拉架力：287kN。

⑩适应煤层倾角：< 12° ～ 15° 。最低高度时外形尺寸（长 × 宽 × 高）为 9000mm × 2250mm × 2670mm。

ZDWX-07 型侧向自移式端头液压支架达到了以下指标要求。

①支架大修周期达到产煤 800 万 t 以上。

②端头支架拉移一个步距时间为 2 ～ 3min。

③满足年产 800 万 t 的总体要求。

2. 端头支架的结构

整个端头支架由底梁、立柱、顶梁、前探梁、横梁组成，并通过特殊机构连结为一体，使结构间既能相对运动，又能相互制约。端头支架工作由操纵台控制，端头支架升降、行走通过液压元件执行。端头支架结构的详细说明如下。

①端头支架由 4 架棚式支架组成，每架 4 根立柱，行程为 800mm，顶上有 3 根横梁，梁与梁之间连接组成一体。

②前后支架由推移油缸连接，前推后拉与采煤面设备、转载机同步前进，一次前进 800 ～ 1000mm。

③立柱两排距离利用转载机与煤壁之间的距离，一般为 1.5m 左右，在正常情况下柱间距离保持在 700mm 以上，从而便于人员行走及设备检修，如果遇到综采设备偏向区段平巷，特设每架一拉柱油缸，使前排立柱后移直至两柱脚并拢，给转载机留出前进空间。

④顶梁间空间达 700mm，移架时下降高度不小于 300mm，可最大限度地不破坏锚杆头及锚索头，从而保证巷道的完整性。

⑤在末架上顶梁间联结采取铰链式，可随排头支架后掩护梁降低高。

第七章 其他特殊煤层的开采技术研究

随着煤层开采的不断发展，在煤层开采中，还会遇到其他各种煤层构造和情况，因此，要求针对特殊煤层的特点，采取相应的开采技术。本章即对不稳定煤层以及各种特殊构造的煤层开采技术进行研究。

第一节 不稳定煤层的开采技术研究

一、不稳定煤层开采概述

（一）煤层的稳定类型与不稳定型煤层

根据井田范围内煤层厚度、结构、煤质的变化，以及工业指标的要求，将煤层稳定程度分为4类。

Ⅰ类：稳定煤层。煤层厚度及煤质变化很小，煤层沿一定方向逐渐发生变化，结构简单，煤层厚度及煤质均符合工业指标。

Ⅱ类：较稳定煤层。煤层厚度及煤质均有相当变化，或煤层结构较为复杂，煤层厚度及煤质均符合工业指标，仅局部地段煤层厚度不可采或煤质不符合工业指标。

Ⅲ类：不稳定煤层。煤层厚度及煤质变化很大，或煤层结构复杂，煤层具有变薄、尖灭或分叉现象，常有煤层不可采或煤质达不到工业指标的地段出现，但有一定规律可循。

Ⅳ类：极不稳定煤层。煤层厚度及煤质变化极大，或煤层结构极为复杂，煤层常呈大小不等的透镜状或鸡窝状，一般不连续，很难找出规律，仅局部地段煤层厚度及煤质达到工业指标。

不稳定型煤层和极不稳定型煤层成因极其复杂，如因为煤层形成时地壳不均衡沉降造成煤层厚度变化、煤层分叉、尖灭；泥炭沉积基底不平造成煤层厚度变化；河流或海浪冲蚀造成煤层厚度变化；构造挤压造成煤层厚度变化，褶皱轴部变厚，两翼煤层变薄，煤层顶板因受挤压裂隙发育；石灰岩地层的岩溶塌陷，在煤层中出现陷落柱或淤泥带，形成无煤区；火成岩侵入造成煤层被分割破坏，变成无烟煤或天然焦，有时形成无煤区；等等。但煤层厚度的变化往往不是单一的由某一种原因造成的，而常常是两种或几种原因综合作用的结果，在同一矿井的不同煤层，或同一煤层的不同部位，引起厚度变化的原因也可能不同，有的是原始沉积造成的，有的可能是后期地质构造形成的变化，因此，对某一具体井田煤层的变化，应做具体地研究分析，从而得出正确的结论。

（二）不稳定煤层的赋存特点

不稳定煤层主要反映在地质构造变化和煤层稳定程度上，地质构造以断层、褶曲和火成岩侵入三个因素为主，煤层稳定性的测定指标是煤层厚薄变异系数和倾角。如果煤层所受压力大、瓦斯量高、有淋水、多煤尘，则更增加煤层赋存的复杂程度。总结起来，不稳定煤层赋存的特点如下。

①煤层中褶曲、断层多，煤层在倾斜和走向方向无稳定的连续性，从宏观上看变化很大，但从局部上看还是比较有规律的。

②煤层不连续，忽有忽无，存在大量无煤带，或变得很薄、可采面积所占比重甚小。

③煤层倾角变化大，在一个水平之间倾角可以从缓倾斜变化到倾斜、急倾斜。

④煤层厚度变化大，厚薄不均，常呈鸡窝状（煤包），大者几百甚至上千吨，小者几十吨，厚度不稳定，不易掌握其分布规律。

⑤煤层被火成岩穿插切割，或火成岩呈层状侵入煤体，煤层仅存在于煤层顶板或底板，在火成岩与煤层接触区常伴随产生天然焦。

（三）不稳定煤层开采存在的问题

不稳定煤层主要是煤层在厚度方面的不稳定，其给矿井生产带来严重影响，主要有三个方面。

（1）影响采区巷道布置

当人们根据已知地质资料在采区内布置好巷道后，却由于煤层厚度变化较大，给巷道布置带来困难。例如，原为分层开采的厚煤层，一旦煤层变薄只能单一煤层开采；或原为单一煤层开采的，由于煤层变厚而被迫改为分层开采。面对这些情况，就需要重新调整巷道布置。

（2）影响计划产量

在存在不稳定煤层的矿区，如果工作面的回采巷道已经掘好，因为煤层变薄造成可采煤量减少，这不仅使原来的生产计划不能完成，还使许多已开掘进巷道发挥不了作用。

（3）影响工作面回采率

不稳定煤层厚度变化造成工作面回采率下降，这是对矿井最严重的影响。在正常开采过程中，由于遇到煤层厚度变薄造成局部不可采的面积损失或局部变厚造成丢顶煤或丢底煤的厚度损失。因此，对于不稳定煤层，为了减少资源损失，应根据煤层厚度变化采取对策，在采区回采前应对煤厚进行探测，力求掌握厚度变化规律，以减少它对生产的不利影响。所以，不稳定煤层开采的主要技术问题是如何根据煤层厚度变化选择合理的采煤方法，提高工作面回采率。

二、不稳定煤层的开采技术

（一）不稳定煤层开采的技术现状

对于缓倾斜、倾斜不稳定厚煤层的开采，国内外主要采用的方法有以下三种方法。

1. 分层下行开采

分层下行开采是开采不稳定厚煤层应用最为广泛的方法。在煤层较厚的局部地区，对煤层进行分层，布置走向或倾斜长壁工作面，用综采、普采或炮采工艺自上而下顺序开采。但因为煤层厚度的变化大，分层厚度及工作面大小常受影响，导致工作面的产量、效率和回收率普遍偏低，同时也不适应综合机械化开采的要求，进而难以达到高产高效。

2. 恒底分层开采

恒底分层开采方法将回采工作面沿底板布置，先沿底板回采第一分层，上方顶煤和顶板自然垮落。顶煤和顶板经过一段时间活动稳定后再沿底板布置，回采第二分层；并用同样的方法顺序采完各个分层。但恒底分层开采的条件是上部煤层垮落后能够胶结为再生煤层，对煤层条件要求高，且最后分层工作面由于垮落顶板影响，煤质灰分高。

3. 一次采全厚放顶煤开采

一次采全厚放顶煤采煤法，能够很好地解决缓倾斜不稳定厚煤层的开采问题。该法是沿厚煤层的底板布置回采巷道，在采用走向长壁采煤方法回采底层煤的同时放顶煤，一次采全厚。它具有巷道布置简单、效率高、产量大、生产安全、回采率高等优点。我国在开采厚煤层中先后有炮采放顶煤采煤法、普通机采放顶煤采煤法、综采放顶煤采煤法等。一次采全厚放顶煤采煤法的工作面始终沿底板推进，这样煤层厚度变化不会影响工作面的正常生产，只影响煤层生产能力，并不影响煤的损失量，即不存在丢顶煤和丢底煤的问题。在煤层厚度变化较大的厚煤层中采用放顶煤采煤法比分层开采可以取得较高的采出率。所以，此方法被认为是解决缓倾斜不稳定厚煤层开采的最好方法。

对于急倾斜不稳定厚煤层的开采，由于其具有特殊性，如果采用倾斜分层开采会因厚度变化而丢失煤炭；如果采用水平分层开采，工作面长度将随煤厚变化而变化，不利于工作面管理；当采用机械化开采时，要使工作面成为等长则必然造成走向方向上的煤炭损失。因此，开采急倾斜不稳定厚煤层一般采用仓储式放顶煤采煤法。

对于较薄不稳定厚煤层开采，目前国内有少数矿井采用轻型放顶煤支架进行综采放顶煤开采，工作面年产量一般为 70 万～ 100 万 t。

（二）不稳定煤层的开拓技术

不稳定煤层在勘探阶段是不可能查清煤层的具体赋存状态的，因此，对地质情况的认识，主要依靠矿井地质工作，这就使得矿井地质工作对开发不稳定煤层特别重要。在实际开采过程中，获得的地质资料是很少的，当这些资料积累到一定程度时，任何复杂的煤田总会展现其真实的地质面貌，而这个积累过程的长短，取决于对矿井地质工作的重视程度、工作的深度和对地质资料的掌握程度。

在设计阶段考虑矿井的基本巷道系统时，应着眼于形成合理的运输、通风系统，而不应过分受图面上的可采范围、不可采范围的约束。因为当钻探网度远远大于煤层厚度变化频率时，钻探点揭露煤层的厚度是否可采只不过是一种随机事件，煤层厚度的变化总是遵循一定规律的。设计巷道时就应在摸清煤层赋存规律的基础上进行，只要矿井基本巷道系统以一定密度控制了井田空间，就有可能从既成的巷道系统中，选择最有利的位置，去开采那些被压薄带、构造切割得零星分散的可采储量，以提高采出率。

不稳定煤层由于可采厚度的连续性和稳定性差，必须有较高密度的巷道系统来控制，这是不稳定煤层开拓的特点，也是巷道掘进率高的原因。降低巷道掘进率、节约巷道工程量和充分开发储量，是相互矛盾而又统一的，而充分开发储量是矛盾的主要方面，是前提和目的，是设计开拓的出发点。人们用放宽巷道控制密度来降低掘进率，节约巷道工程量，但常常由于无法充分获得开采煤量而适得其反。

巷道布置参数选择的原则，除像平稳煤层考虑技术、经济上合理外，还要考虑客观上的可能性，如采煤工作面倾斜长度、走向长度，首先取决于煤层可采部分在走向和倾向上的连续长度。例如，福建省天湖山矿区煤层为紧密的线状褶皱，次级向斜、背斜反复绵连，频率高而起落幅度小，且构造轴线有9°～13°的倾伏角，在这种情况下，其开拓参数和巷道布置与单斜平稳煤层相比就截然不同。

所以，在不稳定煤层中进行开拓设计应考虑以下内容。

①开采阶段的垂高必须小于褶皱起伏的平均幅度，否则就会出现某段煤层在上下阶段石门之间起伏，而不被阶段石门所揭露。

②采煤工作面倾斜长度取决于开切眼起点到向斜轴、背斜轴的长度。

③石门间距必须和褶曲轴的倾伏相适应，否则沿煤层的运输巷就可能因进入背斜顶部或向斜底部而脱离煤层。

④阶段垂高、石门间距等巷道布置参数的选择，在设计阶段就应正确选择，如果设计不当，待基本巷道系统形成后再进行改造，往往很不经济。

总之，选择适当的巷道控制密度，从充分开采储量和降低掘进工程量两方面综合考虑，谋求最佳的总体经济效益，对不稳定煤层的开拓设计是特别重要的。

综观不稳定煤层的开拓方法，其共同的特点如下。

①阶段大巷布置在煤层底板岩石中，由井底车场向两翼延伸，这样避免了主要运输巷在煤层褶曲带或无煤区中绕行，从而缩短了运输距离。

②在急倾斜煤层中，缩小了阶段垂高（有的仅有 20m），用石门贯通煤层群组或受地质构造变化的各块段。

③采区的划分是以断裂块段、不连续的煤带或煤包作为采区范围，对距离较近的零星块段，则以岩巷连通并入大块段内，其优点是各区可形成独立的通风系统，减少保护煤柱，有利于地下资源的回收，易于封闭，防止采空区自然发火蔓延到其他采区。

④采区上下山多采用岩石巷道，以保持巷道坡度要求，并能灵活便利地与煤包联系，有利于巷道布置。

⑤由于煤包、段块分散，因此在矿井浅部形成多井回风系统，由于煤储量少，准备工作量大，矿井延深频繁，出现多水平生产，亦有多水平、多井口生产的局面。

（三）不稳定煤层开采的巷道布置

对于简单和稳定的煤层，准备巷道的布置原则是：满足开采活动的各种需要；而对于不稳定煤层来说，还要处理各种地质构造现象。煤层的简单、复杂是相互联系的，单纯煤层的厚、中厚、薄、缓斜、倾斜、急斜等并不复杂，而当这些因素交织在一起时就复杂了。对待不稳定煤层的准备，可以采用福建天湖山矿务局提出的"边缘切割原理"，即在一定程度上通过工程措施，使准备巷道尽可能沿各种变化和构造的边缘与界线掘进（如厚薄变化的界限、倾角变化的界限、可采和不可采的界限、构造的边缘等），经过切割，宏观上看来是复杂和不稳定的煤层，但从被切割后的各个局部上来看就是简单和平稳的了。

没有经验的技术人员，常常将准备巷道布置在煤层较稳定、厚度较好的部位，其结果是将一些薄带、小构造留在了开采范围内，这是不妥的。因为开采过程比掘进过程更难解决各种地质条件上的变化。充分掌握地质情况，根据煤层在空间上的"拐点"和变化带（线）的位置，来安排采区巷道是一项关键工作，它可以减少无效进尺，加快采准工程，完善采准巷道的实用价值。

按上述原则在煤层产状要素变化剧烈的地段进行采区巷道布置，针对各种不同特点的局部地段，选择相应的采煤方法。

当煤层倾角变化不大，而厚度变化极大时，即断续存在的煤包，其巷道布置又有不同形式。在煤层大致连续的情况下，煤包面积较大时，可采用短柱式巷道布置；在煤层不连续、煤包面积较小时，则采用分煤包布置巷道放顶煤的方法，在这种不稳定煤层采用的巷道布置，有如下4个特点。

①巷道掘进工程的不可靠性。巷道掘进不能完全按照预定的方向掘进，回采巷道变化很大，并带有巷道勘探掘进的性质，因此，无效进尺所占的比重较大，万吨掘进率较高。

②巷道层位的不稳定性。巷道所在的层位是变化的，即巷道是在煤层或岩石中交错穿行的，因此，巷道的岩性变化很大，巷道的层位不易控制。

③获得煤量的不确定性。巷道所圈定的煤体，即准备和回采煤量变化很大，在相同的面积中获得煤量可能相差悬殊，万吨掘进率变化的幅度也较大，如采出1万t煤炭，其采煤面积有时相差4倍之多。

④生产系统的复杂性。局部地段煤体骤然变化，即突然变厚或丢失，因此生产系统复杂，经济效益低。所以为在一个煤包体中形成生产系统，也要布置一套巷道。

与简单稳定煤层相比，不稳定煤层巷道布置的万吨掘进率高、岩巷比例大、采煤机械化程度低，但不稳定煤层的开采也有其有利的一面，具体表现在以下几方面。

①煤层可采部分连续面积小，因此在上、下层之间，同一层位的各部分之间，开采顺序上要求不很严格。

②采煤工作面受地质条件的限制，走向长度一般不超过200m，倾斜长度为10～40m，因此，准备工作量少、准备周期短。

③采掘机械化程度低，采掘两个主要工种的操作技术相近，人员配备和设备也相近，开采面搬迁简单，采掘两个主要工种相互调动也比较方便，加上掘进煤在总产量中所占比重较大，因此，在采掘接替关系上比较容易解决。

④反复的褶曲构造引起煤层挤压、使煤层在平行构造轴线方向形成薄带，但也积聚了一些与其相平行的厚煤包。

⑤因为反复频繁的褶皱，使石门对某一煤层可以多次揭露，从而出现好几个同标高、同一煤层的见煤点，进而增加布置工作面的场地。

由以上内容可知，在不稳定煤层中进行采区巷道布置，应针对其复杂性、不稳定性、形态各异性等特点，因地制宜地提出巷道布置方案，在充分利用不稳定煤层有利于开采的条件下，安全、经济、高效地开采煤炭，这是进行采区巷道布置应遵循的方针。

（四）不稳定煤层的工作面回采技术

1. 回采技术概述

回采技术是采煤方法的重要组成部分，是回采工作面在顺序上、时间上和空间上完成煤炭破、装、运等基本工序及采煤与运输设备的移置等辅助工序的方法及其配合。综采和综放作为高产高效矿井的主要采煤方法技术已比较成熟，但将两种采煤方法结合放到同一工作面的不同时期使用就存在一个过渡状态。因此，特殊煤层条件下采用的特殊采放法包括三个区域：综采区、过渡区和综放区。

2. 回采工作面参数

（1）工作面长度

工作面长度一般情况下应根据所确定的工作面日产量和工作面的日推进度进行计算。但在大多数情况下，各生产矿井多根据采区几何尺寸和布置的工作面数进行圈定或者根据经验及设备能力（刮板输送机的铺设长度）确定。工作面长度可以按下式校核。

$$l = K_1 \frac{Q_y}{n \cdot H \cdot B \cdot \gamma \cdot C}$$

式中：l——工作面长度；Q_y——工作面日产量；

K_1——工作面正规循环率，取 K_1=1.1；

n——日循环数；

H——煤层厚度；

B——循环进尺一刀，一般为 0.8m；

C——工作面回采率；

γ——煤体容重，1.3N/m³。

（2）工作面推进长度

高产高效工作面的走向长度一般均在 2000m 以上，美国一个综采工作面的走向长度超过了 4000m。

（3）工作面采高

工作面采高主要受煤层厚度的限制，除此之外要满足通风、行人的要求。加大采高，会增加采煤机破岩工程，加重工作面截齿等材料的消耗，加大煤炭运输和洗选的成本。采高过小，会给工作面行人、通风带来不便。选择合理的采高有利于降低含矸率、生产成本及材料消耗。

（4）采煤机截深

采煤机截深应保证工作面的循环产量。我国综采工作面的采煤机截深近几年来逐渐加大，由原来的 0.6m，增加为 0.8 ～ 1.0m。在日进刀数相同的情况下，可增加 1/4 的循环产量。

3. 工作面回采工艺分析

（1）综采区

在特殊煤层厚度变大的情况下，采煤机合理的最大采高（即综采区结束的合理煤层厚度）是区分不同采煤工艺方式的参数之一。

综采工作面的采高受地质条件的限制，随煤层厚度的变化而调整，主要由工作面的通风要求、液压支架和煤壁的稳定性以及工作面合理操作空间等因素决定。采高过大，会增加采煤机破岩工程、加重工作面截齿等材料的消耗、加大煤炭运输和洗选的成本。采高过小，会给工作面行人、通风带来不便。

为满足通风、行人的要求，特殊煤层条件下综采区工作面的采高不能低于 1.85m。

虽然加大采高能充分满足工作面通风、行人的要求，但是随着采高的加大会影响工作面液压支架和煤壁的稳定性及增加含矸率。

（2）综采区回采工艺

目前我国高产综采工作面常用的回采工艺主要有以下 2 种。

①端部斜切进刀，双向割煤，往返一次进两刀。

②端部斜切进刀，单向割煤，往返一次进一刀。

端部斜切进刀，双向割煤，往返一次进两刀工艺方式，采煤机沿工作面往返一次进两刀，采煤机效率高。但工作面两端采煤机斜切进刀时，需等待推移机头后才能完成进行斜切，采煤机机头换向次数多，装煤效果差。上行割煤时，采煤机速度慢，输送机过煤困难。

端部斜切进刀，单向割煤，往返一次进一刀工艺方式，采煤机割完一刀煤后，立即反向跑空刀清浮煤。当采煤机清浮煤到达端头时，输送机的机头已推向煤壁，可立即进行斜切进刀。这种工艺方式增加了跑空刀时间，采煤机利用率低，不过避免了端头作业和采煤机进刀之间的相互影响，而且空行清理浮煤工序对采煤机装煤效果差的综采面来说是十分必要的。

综采区，采煤机自开缺口，采用端头斜切进刀双向割煤，其工序如下：采煤机从工作面下端向另一端正常割煤时，随着移架工序的完成，推移前部输送机并及时拉后部输送机；到达工作面上端割透煤壁后，立即反向，先割剩余15m的底煤，而后进入斜切进刀段；斜切进刀完成后将机尾推向煤壁，采煤机反向将上端煤壁割透，而后反向割剩余15m的底煤，并开始向下端正常割煤，与此同时，将机尾和机身顺序推向煤壁；到达下端后，和在上端一样反向进入斜切进刀段进行斜切割煤；完成斜切进刀后将机头推向煤壁，采煤机反向将下端煤壁割透，而后反向割剩余的底煤，并开始向上端正常割煤，进入下一个循环。

虽然在综采区并没有顶煤放出，但是为了防止从采空区窜入工作面的矸石压死后部输送机，工作面后部输送机并不能停止运转，因而其属于"无效"运行。同时为了降低煤炭的含矸率，要及时将后部输送机拉向煤壁，以尽量减少采空区矸石落到后部输送机上。

（3）过渡状态回采工艺

特殊煤层综采区开采最大采高为2.8m；当煤层厚度大于2.8m时，工作面就进入过渡状态。当煤层厚度达到3.6m时（采高2.8m）特殊煤层开采就可以采用放顶煤开采，即已进入综放区。因此，当煤层厚度在2.8～3.6m可认为特殊煤层处于过渡区。

过渡区的采煤方法也有综采与综放两种选择。

①综采通过方式。

在工作面推进到过渡区时，随着煤层厚度的逐渐增加，相应的采煤机的割煤高度和液压支架的支撑高度也逐步加大。在现有设备容许范围内，最大割煤高度可以达到3.4m，即在过渡区综采通过法可以采出煤层厚度为2.8～3.4m的资源，煤层厚度达3.4m后，进入综放区，割煤高度要逐步降低到综放开采的割煤高度。

②综放通过方式。

煤层厚度达 3.4m 后，开始综放开采。与综采通过方式不同，综放方式在工作面推进到过渡区时，逐步降低采煤机的割煤高度，当煤层厚度减去采煤机割煤高度大于 0.8m 时开始放出顶煤。在进入综放区时，割煤高度要逐步抬高到综放开采的割煤高度。综放通过方式在进入过渡区调低采高过程中会造成煤炭资源损失，但以后的推进中就能达到一次采全厚。

比较综采、综放两种过渡区的通过方式，两者在回采工序上相差不大，都存在采煤机割煤高度和液压支架支撑高度的调整，但是综采方式采高的增加降低了煤壁和支架的稳定性，容易造成工作面煤壁片帮，因此从安全角度考虑选用综放方式。而且，从资源回采率上讲，综放方式也高于综采方式。因此，在过渡区采用综放方式通过。在过渡区开采中要加强煤厚探测工作，及时调整采煤机的割煤高度，避免有效资源的损失。

第二节　特殊构造煤层的开采技术研究

一、特殊构造煤层开采的影响因素

选择和设计采煤方法时，必须充分考虑地质条件、煤层赋存状态、技术装备水平和管理水平等四类因素的影响。其中，地质因素、工作面的几何尺寸、煤层复杂性评价值、技术及设备因素是影响采煤方法选择的基本因素。

（一）地质因素

煤层厚度：煤层厚度及其变化是影响采煤方法选择的重要因素。根据煤层厚度的不同，应选择不同的采煤方法。此外，煤层厚度还影响采空区处理方法的选择，当煤层厚度大、煤层易自燃时，可考虑采用充填法处理采空区。煤层厚度变化也影响采煤工艺的选择和采空区顶板的管理。煤层厚度变化大时，会给综采设备选型带来一定的难度，也不利于综合机械化的开采。有时，煤层厚度变化大时会导致煤层不能连续推进，从而使得煤层的可采性降低，甚至局部不可采。

煤及顶底板特征：煤层硬度及结构特征（节理裂隙发育程度、含夹石层情况等），顶底板岩性及稳定程度等都直接影响采煤机械、回采工艺、支护及采空区处理方法的选择。

煤层倾角是影响采煤方法选择的重要因素之一，不同倾角的煤层都有相应的常规采煤方法。煤层倾角不仅影响回采工作面的落煤、运煤、采场支护和采空区处理等方式的选择，同时也直接影响巷道布置、通风方式及各种采煤参数的确定。煤层倾角大时，在顶板垮落的同时，底板也可能产生滑动，使采空区处理困难，所以，回采工作面沿倾斜长度不能太大。当煤层倾角小时，运煤设备等就是限制和约束工作面长度的因素之一。

煤层的地质构造状况：地质构造简单的煤层有利于综采，煤层赋存条件不稳定，结构复杂的煤层宜采用普采和炮采。多走向断层时，宜采用走向长壁；多倾斜断层时，宜采用倾斜长壁。因此，在选择采煤方法之前，应充分掌握开采煤层的地质构造状况，正确选择采煤方法。

矿井水、瓦斯和煤的自燃情况：煤层及围岩含水量大时，需在采煤前预先疏干，或在采煤过程中设置疏排水系统及设施。煤层瓦斯含量高时，除要布置预抽瓦斯的巷道外，同时还应采取措施保证采场通风顺利。煤的自燃性及发火期，直接影响工作面的长度和推进的速度，还影响巷道布置及维护，并且决定是否需要采取防火灌浆措施或选用充填采煤法。

煤层的其他条件：煤层赋存区域的地面条件、地层条件等特殊时，需采用特殊的采煤方法。例如，煤层露头、煤层位于河床下或在含水量极大的岩层下面，煤层回采后，顶板岩层垮落可能造成水患或淹井事故。在此情况下，必须采取设置隔离煤柱、岩柱、预先疏干等特殊措施，或采用限厚开采、充填开采、条带开采等特殊采煤方法。

（二）工作面的几何尺寸

由于综采设备可靠性及适应能力的不断提高，且煤炭生产企业为了提高开采的机械化程度、工作面的安全性和开采效率，因此在煤层条件稍好的区域尽量采用综采，这大大促进了综采的应用范围，从而使得综采工艺参数的上限和下限都发生了较大的变化，如综采工作面长度上限可以提高到 $300\sim400m$、下限可以减少到 $100m$ 以下，综采工作面推进长度上限可以提高到 $3000\sim6000m$、下限可以减少到 $300\sim500m$。

（三）煤层复杂性评价值

煤层复杂性评价指标值是综合反映煤层受地质条件影响程度、煤层赋存形态复杂程度的值，煤层复杂度指标值越小，煤层越容易开采；煤层复杂度指标值越大，煤层越难开采。

（四）技术及设备因素

科学技术的不断发展，将促进采煤方法的不断变革。例如，煤炭地下气化技术发展成熟并推广应用到煤层的开采，这样传统的井工地下作业采煤方式将会消失。这使煤层厚度和倾角变化大的复杂难采煤层的开采变得相对容易。

采煤设备水平的提高，有利于促进采煤方法的变革和发展。例如，大采高液压支架及采煤机的出现，改变了过去厚煤层采用分层开采的技术方法，从而实现了综合机械化一次采全高。

二、复杂构造煤层开采的原则

不同赋存状态的煤层，需要不同的采煤方法进行回采。不少复杂矿区多年的开采实践表明，在地质条件、煤层赋存条件复杂的矿区，复杂煤层中局部也有相对稳定的区域，这些区域可能适合机械化开采。所以，对于复杂煤层井田内整个煤层来说，同一层煤可能存在极复杂区域、较复杂区域、煤层赋存相对稳定区域，如在煤层的轴部等情况，即从大区域来说复杂煤层整体是复杂的，但是对于某些开采单元，煤层赋存条件可能相对简单。所以，对于某一开采单元在参考煤层复杂度选择采煤方法时，应注意这个复杂度是对开采单元评价的，而不是对整个煤层单元的评价。

采煤方法的选择，直接影响整个矿井的生产安全和各项技术经济指标的选取。在严格执行国家技术政策、法则和规程的基础上，选择采煤方法应结合具体的矿山地质和技术条件，所选择的采煤方法必须遵循安全、经济、技术先进的基本原则。

（一）安全原则

保证煤矿生产安全是煤矿企业一项经常而又重要的任务，充分利用先进技术和提高科学管理水平，以保证井下生产安全。对于所选择的采煤方法，应符合《煤矿安全规程》的各项规定：合理布置巷道，保证巷道维护状态良好，满足采掘接替要求；建立妥善的通风、运输、行人以及防火、防尘、防瓦斯、防水及其他各种灾害防治系统。

（二）经济原则

经济效果是评价采煤方法的重要依据。选择采煤方法时不仅要列出几种方案进行技术分析，而且要在经济效益上进行比较，从而选择经济上合理的方案。合理的方案一般要求有：①劳动效率高，选择合理的采煤工艺和劳动组织，采用先进的技术装备；②材料消耗少，减少工作面的各种材料消耗；③成本低，成本是经济技术开发效果的综合反映。提高劳动效率，降低材料消耗，减少巷道掘进量等，是降低煤炭生产成本的主要途径。

（三）技术先进原则

采煤工作面机械化水平高、单产高，是实现矿井高产、高效、安全生产的决定性因素。提高工作面单产量，是实现整个矿井各项技术经济指标的中心环节。提高工作面劳动效率，主要应当提高工作面机械化程度、合理加大工作面长度、选择先进的采煤工艺等。改善顶板管理，防止矸石混入煤中，尽量减少含矸率和灰分，在可能的条件下，增加块煤率，降低煤的水分。同时，提高回采率，减少煤炭损失，不仅可以充分利用煤炭资源，而且有利于延长回采工作面、采区及矿井的服务年限。

三、背斜和穹隆构造煤层的开采方法

（一）背斜煤层概述

背斜煤层是指煤层受地质构造作用，造成煤层中间凸起两翼倾向相背，呈一个"∩"字形状。煤层凸起点的联络线是两翼的分界线，其又称背斜轴。背斜与向斜是一对矛盾的地质构造，它们是构成褶曲构造的基本单位，背斜与向斜往往是伴生共存的，从而造成了煤层褶曲起伏。向斜与背斜经常连在一起，但背斜也可单独存在。背斜与向斜煤层一样，按其赋存状态可分为对称水平背斜、不对称倾伏背斜和倒转背斜构造，在生产中经常遇到的是不对称倾伏背斜构造。

穹隆构造是与盆地构造相反的一种地质构造，煤层中间凸起向四面倾斜，就像一个倒扣的盆子。有时由于断层的破坏，穹隆被断开分成几部分，在判断构造时造成错觉，误把被断开的某一部分当成一个背斜构造，这样就不能全面地研究煤层的构造。如穹隆形状近于椭圆形，其长轴为短轴的 3～5 倍，这种构造又称为短背斜。

根据背斜构造形态的特点，背斜构造煤层的开拓方式和巷道布置有所不同。近水平煤层宽缓的背斜构造对煤层的产状没有太大的影响，其开拓方法与单斜煤层相同，而煤层倾角较大的倾伏背斜构造，可引发煤层产状发生较大的变化，其开拓方法应考虑背斜构造的影响。

（二）倾角较大的倾伏背斜构造煤层的开拓方法

倾角较大的倾伏背斜构造煤层，由于两翼不对称，煤层的展布和倾角变化差异较大，故井口位置和开拓巷道的布置应兼顾两翼的储量与走向距离，以布置在背斜轴附近为宜。

例如，开滦矿务局吕家坨煤矿井田为一不对称的倾伏背斜构造，煤层呈扇贝状，上部狭小，下部开阔，背斜轴位于井田中部，向西倾伏，倾角在浅部为 15°～20°，深部变为 6°，其两翼不对称分布，东部延展长，倾角达 50°，西部延展短，但分布面积大，其浅部倾角为 25°，深部倾角变缓至 10°。可采煤层共 6 层，主采煤层为中厚煤层，其矿井多采用立井水平开拓方式（-125m、-425m、-600m 和 -800m 水平），井口位于背斜轴部接近井田走向方向的中央，各开采水平皆处于轴部，有利于向两翼开拓，为解决深部开采提升及通风问题，在深部开凿混合井并穿过 -800m 水平。开采水平阶段大巷顺煤层走向布置，皆与背斜煤层等高线走向一致。

分析各水平采区上下山布置可以发现，随背斜煤层走向的变化，采区呈扇面分布，上山以煤层露头为中心呈辐射状布置，与向斜构造煤层的采区划分有相似之处。

（三）倾角较小的倾伏背斜构造煤层的开拓方法

倾伏背斜构造煤层倾伏倾角较小成倒扣状时，两翼煤层相背，其走向变化较大，此时背斜轴相对地呈现平稳状态，适宜布置开拓巷道。

例如，松藻矿务局打通一矿井田为倾伏背斜构造，背斜轴倾角为 9°～11°，两翼走向变化大，倾角为 3°～13°，可采煤层 3 层，即 6 层煤、7 层煤和 8 层煤，层间距分别为 6m 和 7m，煤层属瓦斯突出矿井，井田地形为山区，平地较少。矿井设计产量为 60 万 t/a，采用立井、斜井多水平上下山开拓，布置倾斜长壁工作面开采。根据地形和煤层赋存状态，主斜井布置在地面标高最低的平阔地点，以减少井筒工程量。第一水平为 350m，倾斜长为 1000～1400m。在 350m 标高的茅口灰岩中布置了运输大巷、南北石门和南北边界底板大巷，在背斜轴部 400m 标高的茅口灰岩中布置了集中运输巷、轨道总回风巷，同时在各煤层中沿背斜轴部设置了煤层集中轨道巷和集中回风巷，分别向背斜两翼布置倾斜长壁工作面，在 450m 标高的背斜轴部布置了回风平硐。350m、400m 和 450m 各水平的巷道由集中材料上山和集中行人上山相联系，从而构成了矿井生产系统。矿井开拓方式和开拓系统立足于背斜构造的形态，其特点如下。

①各水平开拓巷道设置在背斜轴部，形成了轴部巷道群，由轴部骨干巷道向两翼布置准备回采巷道，从而便利两翼的开采。

②350m 水平运输大巷、南北石门和南北边界底板大巷布置在茅口灰岩中，既易于巷道维护，又为建立倾斜长壁岩石集中巷抽放瓦斯系统创造了条件。该水平主要开拓巷道构成了一个"日"字形的辅助运输系统，提供了便利的运输

系统。

③在背斜轴部建立回风水平，形成翼部进风、轴部回风的合理通风系统，其满足了高瓦斯矿井风量的需求。该矿井开拓系统充分适应了矿井地质条件，并建成以背斜轴部巷道群为特征的开拓系统

（四）背斜构造煤层的采区巷道布置方法

背斜煤层的两翼以背斜轴为界，倾斜方向相背，煤层的走向也是以背斜轴为突变点，所以布置采区时可以以背斜轴作为采区边界划分采区，也可以顺背斜轴开掘采区上下山，以背斜的两翼构成一个双翼采区。例如，枣庄矿务局某矿东部上山采区就是以背斜轴作为采区边界，该背斜属于倾伏背斜构造，背斜轴倾角为 7°，翼部倾角为 10°～18°。由于轴部倾角较小，如果顺背斜轴布置采区上山，必然增加上山长度，因此将采区上山布置在背斜的一翼，而以背斜轴作为采区边界。但采区的一翼就形成上小下大的三角形状，布置的各区段走向长度差别很大，上部几个区段准备工作和搬家频繁，对生产管理很是不利。

背斜区的巷道布置因背斜构造所处的位置和与主要开拓巷道的相互关系不同而有所区别，大致有以下几种类型。

①枣庄矿务局某矿 5 号轨道上山上部有一背斜构造，背斜轴倾角为 4°，两翼倾角不同，南部倾角为 4°～5°，北翼倾角为 9°～10°，由于采区上山已经布置在背斜构造的一侧，并将背斜的北翼作为采区的第一区段进行开采，因而对背斜区南翼的开采，采用了顺背斜轴开掘轨道上山，在轨道上山的下部和中部布置车场、中巷，并安排了 4 个采煤工作面。根据煤层倾角较小的特点，中巷和工作面沿伪斜方向布置，这对开采运输影响很小，在背斜轴附近布置了 1 个工作面，后期沿轴向推进开采。这种巷道布置实质上是在背斜区内顺背斜轴布置一个独立的单翼上山采区，以适应局部地质构造区的开拓。

②某矿 6 号采区上山上部有一短背斜，短背斜倾角为 8°～15°，南部为矿井边界线（大断层），西北部被落差 6m 的断层断开，采区上山采用垂直于背斜轴的布置方法。6 号采区上山布置在背斜中央部分，穿过背斜轴与 4 号风井连通，在顺长轴方向上开掘中巷，将背斜区划分为三个区段，下部布置了 4143 和 4138 两个工作面，上部布置了两个工作面，其中 4142 工作面又因背斜轴和断层的影响，分成上下工作面分段回采。经过采区上山和中巷的划分，短背斜被划分成许多块段，每一段都形成了一个单斜形状，从而有利于开采，与上面的方案比较其优点为：准备巷道少，工作面集中，便于掌握。

③对采区中的局部背斜构造，在划分区段时应当考虑利用背斜轴作为区段边界线。例如，某矿西井306采区有一小型背斜构造，布置工作面时就是以背斜轴作为区段自然边界，顺轴开掘7163回风巷，将背斜的两翼布置成倾斜方向不同的两个采煤工作面，便于工作面的运输生产。

④当背斜区煤层倾角很小时，不一定沿背斜轴划分区段，此时可按工作面长度划分区段。某矿西井西大巷以上有一短背斜，煤层倾角为4°～5°，考虑到煤层起伏对开采影响不大，故按照工作面的长度划分为两个区段，将背斜轴布置于区段内，这样巷道布置比较简单，且与单斜煤层是相似的。

四、大倾角煤层的开采方法的概述

（一）大倾角煤层概述

煤层生成初期为水平状态，以后成为大倾角煤层，期间必然经历了较强烈的或多次的地质构造变动。因此，一般在大倾角煤层地区，断层和褶曲多煤层倾角和厚度变化大，煤层及其围岩节理发育，性脆易冒落。

煤层倾角大开采困难，所以开采大倾角煤层的矿井多采用上山阶段分区式开拓并且阶段垂高和斜长也比较小。由于同样垂高的情况下储量少，加之开采条件差，生产能力小，因此大倾角煤层的矿井开采以中小型为主，矿井及水平的服务年限也较短。由于受地质构造和开采条件的限制，大倾角煤层采区尺寸小，服务年限短。

开采大倾角煤层时，垂直岩层层面的作用力减小，沿层面方向的力加大，从而使巷道易发生鼓帮片落支架棚腿易内移、折损。护巷煤柱沿倾斜的尺寸可以比缓倾斜煤层小但煤柱易片落。大倾角煤层工作面支架受垂直压力较小但支架稳定性差，容易倾倒。由于倾角大，采落的煤炭垮落的矸石以及工作面内其他未固定的物体均可沿底板滑滚，这虽然可以使工作面的运煤工作和矸石充填工作大为简化，但必须采取措施防止滑滚物体伤害人身安全、砸坏设备以及冲倒支架。

由于垂直层面的作用力减小，在顶板岩性相同的条件下，大倾角煤层工作面采过之后其顶板比缓倾斜煤层顶板难以冒落，因此大倾角工作面可以加大控顶距和放顶步距。开采大倾角煤层，上部垮落的矸石会自动向下滑滚，充填下部的采空区，因此工作面附近老顶一般不会折断，可以避免周期来压对工作面的威胁。但如果工作面后方采空区不能及时被垮落矸石充填，则不论是工作面的初次来压还是周期来压，都可能在没有明显移动和下沉的情况下，突然发生大面积垮落，因此要特别注意防止这类事故的发生。

因为倾角大，不仅顶板冒落，底板也可能滑脱，尤其是倾角大、底板不稳固时，要注意采取措施控制底板，如一些矿井加设底梁。

工作面倾角大时，采空区垮落的矸石会从上部自动向下滑滚，从而对下部采空区起到充填作用。因此开采大倾角煤层时垮落带、裂隙带和下沉带的分布情况与缓倾斜煤层相反。

大倾角煤层回采后，不仅顶板发生垮落，而且底板也可能发生移动和塌落。因此在开采大倾角近距离煤层群时，除了开采下部会影响上部煤层和围岩外，开采上部也会影响下部煤层和围岩。但顶底板移动和垮落的范围均比缓倾斜煤层小得多。所以大倾角煤层群的开采顺序，不仅可以采用自上而下的下行开采顺序，也可以采用自下而上的上行开采顺序。

如果煤层间距小，为了使上、下煤层开采不致互相影响，应缩小区段（或阶段）的高度。

落煤机械对大倾角工作面的适应性差，顶板管理和工作面支护机械化难度更大。因此，目前大倾角煤层开采机械化程度低，相当多的是人工作业。在大倾角工作面上人员上下不便，操作困难，不安全因素多。为了解决以上问题，众多大倾角煤层采煤方法应运而生。

（二）大倾角煤层的开采方法

1. 伪斜柔性掩护支架采煤法

伪斜柔性掩护支架采煤法是我国开采大倾角煤层的一种主要方法，它的主要特点是：工作面沿煤层伪斜直线布置，沿走向推进，用柔性掩护支架隔离采空区和采煤工作面，工作人员在柔性掩护支架的保护下进行采煤工作。回采工艺主要有支架安装、支架的下放以及支架拆除三个环节。正常回采期间主要有三项工作同时进行：在区段回风平巷内不断接长掩护支架，在工作面下端不断拆除掩护支架，在掩护支架下采煤。掩护支架工作面目前一般采用爆破落煤，所以掩护支架工作面采煤包括打眼、装药、放炮、铺溜槽出煤和调整掩护支架等工作。

回采巷道的布置方式使这种采煤方法具有倾斜和缓倾斜走向长壁采煤法巷道布置生产系统简单、掘进率低，回采工作连续性强、通风条件好等一系列优点。柔性掩护支架把工作空间与采空区隔开，这不仅大大简化了繁重复杂危险的顶板管理工作，还给工作面的采煤工作创造了良好的安全条件；支架拆装在工作面外进行，与工作面内的回采工作互不干扰，掩护支架在其自重和其上冒落矸石重量的作用下跟随工作面移动，其工作面内工序简单，采落的煤炭自溜运输，为三班出煤创造了良好的条件；工作面伪斜布置，不仅充分利用了煤炭可自溜运输的优势，而且克服了真倾斜布置的工作面内煤矸快速滚滑造成灾害、行人行动困难和操作不便的缺点。因此这种采煤方法的技术经济指标明显高于它以前的倾斜煤层采煤方法，成为开采大倾角煤层的主要方法之一。

伪斜柔性掩护支架采煤法也存在一些缺点，需要进一步改进。其中主要的有两方面，即支架的结构性能和机械化问题。掩护支架对煤层厚度，倾角变化的适用性比较差，改进掩护支架在这两方面的适应性可以减少煤炭损失，扩大掩护支架采煤法的适用范围；此外还应该提高支架在下放过程中的可控制程度。

2. 斜坡陷落采煤法

斜坡陷落采煤法的核心实质就是以倾斜巷道（立眼也是倾斜巷道）为主要布置形式，以煤体的自然陷落为主要落煤方式。此法不仅普遍应用于急倾斜厚及特厚煤层，在急倾斜薄及中厚煤层和缓倾斜、倾斜的厚煤层中也有应用。

巷道布置方式是从底板运输巷每隔 100 ～ 150m 掘凿透煤石门，然后在石门内距煤层 7 ～ 8m 处掘岩石上山透回风水平的采区石门，再沿岩石上山每隔 20 ～ 30m 掘透煤小斜坡，再沿煤层走向向两翼掘伪斜坡抵达采区边界后，开袖后退回采。

在斜坡陷落采煤法中，采煤工作面有其特定的概念，它不同于壁式采煤法，回采时有相当的长度和人为控制的高度，其也不是一个连续向前推移的面。它实际只是一个空间，在这个空间依靠煤的自然塌落或采用某种手段促其塌落，从而扩大其面积，更主要是扩展其高度。当附近采空区的矸石窜入并填满这个空间时，这个空间的采煤工作即宣告结束，换一个地方形成新的空间。人们称这种空间为"塘"。"塘"的特点还在于其中没有任何支护，也不容许人员和设备进入。

斜坡陷落法的巷道布置和采煤工艺能随开采煤层的变化而及时调整改变，且简便易行。还由于采煤工作是多头作业，个别采煤作业点遇到意外情况时，其他作业点仍能继续生产，因此，对采区的产量影响不大。而且采场的顶板管理十分简单，采空区顶板暴露面积不大，有塌落的矸石和护塘煤柱支撑，从而提高了劳动生产率，减少了坑木消耗。

3. 俯伪斜走向长壁分段密集采煤法

俯伪斜走向长壁分段（水平）密集采煤法的主要特点是：直线长壁工作面按俯伪斜方向布置，沿走向推进；用分段水平密集切顶档隔离采空区与回采空间；工作面分段打眼放炮落煤，煤炭自溜运输。

俯伪斜走向长壁分段密集采煤法对大倾角煤层开采的适应性强，工作面俯伪斜直线布置，变大倾角为伪倾斜开采，减小了回采工作面的倾角，可实现机械化采煤，避免了煤壁片帮伤人，工作面可铺溜运煤，煤流的方向和速度可控制，煤炭不易窜入采空区造成损失。采用分段走向密集支柱切顶挡矸，工作面上下分段可同时回柱放顶平行作业，充分利用时间、空间，提高了工作面的有效利用率，工效可提高 40% ～ 200% 工作面推进速度快，单产高（工作面月产量可达 15 000t）；工作面可采用单体液压支柱，能适应煤层厚度变化，工人在工作面作业方便、安全，工作面运料方便，可减少伞檐隅角煤与瓦斯突出的威胁；坑木消耗低（一般为 10 ～ 40m³/10⁴t，最多 100m³/10⁴t），工作面回采率可提高 30% ～ 40%，从而达 90% ～ 95%。

俯伪斜走向长壁分段密集采煤法适用于倾角为35° ～ 75°、顶板中等稳定、煤壁易片帮、厚度不超过 2.0m 的稳定或不稳定煤层，或不宜采用伪倾斜柔性掩护支架采煤法的不稳定大倾角薄及中厚煤层。

4. 斜台阶采煤法

斜台阶采煤法的采场煤壁形状也是台阶状，但是其上下台阶的超前位置关系与倒台阶采煤法正好相反，即上台阶超前于下台阶，并且两相邻台阶间以伪斜的正台阶状 30° 的伪斜小巷相连，整个采场（及其煤壁）呈伪斜的正台阶状。

斜台阶采煤法的整个工作面由沿真倾斜的短壁工作面和伪斜小巷依次相间联结而成，整个采场呈伪斜正台阶状。因此这种采煤方法，既吸取了伪倾斜掩护支架采煤法的优点，消除了倒台阶采煤法工人可能掉入采空区的不安全因素，又吸收了倒台阶采煤法对断层、煤厚、倾角适应性强的优点和水平分层（以及斜切分层）采煤法铺设假顶隔离采空区并便于处理矸石的优点。采空区处理方法对整个工作面而言是全部垮落法，而对于下部的短面则是矸石充填法。因煤壁整体伪斜，沿走向顶板的支承压力传递稳定，缩短了工作面真倾斜方向控顶的长度，减少了顶底板的滑动，从而改善了采场顶底板的受力状态，增加了顶板的稳定性，顶板压力小，无明显周期来压现象，提高了工作面的安全可靠性。用假顶隔离采空区，落煤损失少，不仅提高了煤炭回收率而且有利于防止采空区自然发火。斜台阶采煤法巷道布置简单，掘进率低。实际应用表明，这种采煤法的技术经济效果不仅优于相同地质条件下的长壁式采煤法，而且优于倒台阶采煤法，具体优点为工作面单产提高、成本降低，大幅度提高了回采工效和降低了坑木消耗。

（三）大倾角煤层开采的巷道布置

因为煤层倾角大，下山开采缺点严重，技术经济效果不佳，所以开采大倾角煤层时一般只采用上山采区的准备方式。一般由水平运输大巷开掘采区运输石门由回风大巷开据采区回风石门（非第一开采水平，常利用上水平的采区运输石门作为本水平相应采区的回风石门），两采区石门通过采区上山连通。

大倾角煤层采区巷道布置虽然与缓倾斜、倾斜煤层采区巷道布置一样，也可以分为单层布置和联合布置两大类型，但因煤层倾角大，巷道布置又各有其特点。

1.单一煤层采区巷道布置

过去，我国开采大倾角煤层的矿井，采区巷道大多采用单层布置，即每个开采煤层单独布置一套上山眼。上山眼布置在煤层中，并沿煤层真倾斜方向掘进。

沿煤层真倾斜掘进的上山眼，倾角大，为了安全，运煤上山眼和运料上山眼不能兼作行人用。因此大倾角煤层采区的上山眼至少要有三条，即溜煤眼、运料眼和行人眼，当采区内有矸石排出时，要增设采区溜矸眼；涌水量大时，还应开掘专用的泄水眼。

为装车运输方便，采区溜煤眼应靠近采区运输石门，其下部设置与其相连的采区煤仓，该煤仓穿过煤层底板与采区运输石门相通。同理溜矸眼也应靠近采区运输石门。溜煤眼和溜矸眼内均为自溜运输。为了自溜运输畅通，不易堵眼，溜煤眼和溜矸眼应沿倾斜方向直线掘进，并尽量保持坡度一致。运料眼要直通回风水平。因为倾角大，运料眼内不能用轨道运输，而用特制的运料设备（如平底运料船或带撬板的小罐笼），利用小绞车在底板或钢板上拖动。为了便于拖动，在运料眼靠近底板一侧，可铺上木板或钢板。为了保证行人安全，行人眼与联络平巷交接处，左右错开。为了据进方便，沿倾斜每隔 10～15m 开掘联络平巷连通各上山眼。上山眼的间距主要根据维护上山眼，以及在联络平巷中装设通风和防尘设施的需要来确定，一般为 5～10m。

采区上山眼多为正方形和圆形断面，一般采用混凝土预制块、木垛盘或金属垛盘支护。溜煤眼和溜矸眼采用圆形断面混凝土预制块砌壁壁厚150～200mm，断面净直径为 1m 左右。采用金属垛盘时为正方形断面，每架垛盘由 4 根 1.2m 长的工字钢或旧钢轨组成，净断面面积为 1m² 左右。运料眼和行人眼有的用木垛盘。

当开采大倾角厚煤层时，在煤层中掘进的上山眼，在实际中既有沿煤层顶板布置的，也有沿煤层底板布置的。上山眼沿厚煤层顶板布置是否沿煤层底板布置，主要取决于顶底板岩石的稳定情况、靠顶底板两侧煤层的软硬程度和采煤工艺的要求，其宗旨是使用方便和上山眼易于维护。为了减少上山眼数目、掘进工程量和施工难度，以及提高行人、溜煤的安全程度，可以用一条伪斜上山代替一套上山眼。

这条上山分段布置成折返式，在煤层中按30°～35°伪倾角掘进。上山坡度变缓，掘进技术较简单并可使上山断面加大，用梯形棚子支护，据出的上山用支柱分为2～3个格，一个格溜槽用于溜煤，其余的用于行人、运料、通风等。但是用这种伪斜上山运料时，折返多，不易实现机械化。因而有时还需另外开掘一条沿真倾斜的运料直眼。此外当煤层厚度大时，可采用在煤层中开掘螺旋式伪斜上山的布置方式。

实际应用表明，布置伪斜上山有以下优点：与沿煤层真倾斜开掘一套上山眼相比减少了掘进工程量（约60%）和巷道的维护量；杜绝了立眼、堵眼和坠人事故；改善了巷道的掘进和支护条件，为采用新技术、新材料提供了良好条件。

布置伪斜上山的主要缺点是，需要留设较大尺寸的上山煤柱，从而造成煤炭损失大，采区有效走向长度减少。这可以用布置采区单翼上山、工作面跨上山眼回采的方法解决，如此尚可不留采区间的煤柱，并且工作面通过伪斜上山时也比较安全。

2. 采区巷道联合布置

采煤层群的联合布置采区按其是否包括了阶段内所有可采煤层可分为集中联合布置采区和分组联合布置采区，前者为集中联合布置（亦称大联合）采区是由一套共用上山开采阶段内所有可采煤层。分组联合布置（亦称小联合）采区是把阶段内的所有可采煤层分为若干组，每组用一套采区上山开采组内所有可采煤层。

分组时要考虑地质条件（如煤层的间距、厚度、层数稳定程度、自燃发火情况、围岩性质沼气和涌水情况）、采煤方法、巷道维护条件、开采顺序、产量要求和技术装备等因素。实际中往往以煤层间距为主，把相距较近的几层煤划归为一组，开掘为这一组煤层服务的采区上山或共用区段平巷；把相距较远的几层煤划归为另一组，另开共用的采区巷道（如果某一层煤距离上、下煤层均较远，又具备单层布置的条件则可单层布置）。

根据某些矿区的经验：一般两层煤间区段石门的长度在10～12m以下时，可采用共用上山并共用区段平巷的联合布置；如果两层煤间区段石门的长度在

30～50m 以下时可采用共用采区上山的联合布置。但是这些数据不是固定不变的，它们会随着条件的变化而变化。设计时，要综合考虑前述因素，并通过技术经济比较来确定对于具有瓦斯突出、冲击地压等特殊条件的煤层，不论煤层距离远近，均采用单层布置。

对于联合布置采区根据是否共用区段平巷，可分为只共用上山（眼）的联合布置和既共用上山又共用区段平巷的采区巷道布置，在实际应用中，还有一些混合布置形式，如在一个联合布置采区内，几层煤相距很近这几层煤共用区段平巷，而另外一层或几层煤相距较远，则只共用上山，而不共用区段平巷。

联合布置采区共用上山沿采区走向的位置一般布置在采区中部，以便形成双翼采区。在层位上，共用上山一般布置在采区最下部的一个煤层中。如果在最下部煤层中布置巷道维护很困难，可以布置在维护条件较好的其他煤层中（乃至最下煤层底板和联合开采的煤层间）。如果联合布置采区内煤层数目较多或间距较大时，为了缩短准备时间和减少上山煤柱的尺寸，可以把几条上山分别布置在这几个煤层中。

五、遭受火成岩破坏煤层的开采方法

（一）遭受火成岩破坏煤层概述

不少矿井煤层遭受火成岩侵入破坏，使巷道布置和生产遇到很大困难。断层对煤层的破坏在于将煤层割裂开来，而火成岩的侵入不仅切割煤层，而且大面积的破坏煤层，形成无煤区或天然焦。火成岩对煤层的侵入极为复杂，侵入体形状不规则，侵入边界不易确定；侵入范围差别很大，有时局部地区全部煤层被破坏，有时只某一层被侵蚀；侵入的深度也不一致。由于火成岩侵入的规律不易掌握，因而给巷道布置带来很大的困难，这就要求在布置巷道之前，必须利用钻探、巷探和物探等方法，多方面了解火成岩的侵入情况，并尽可能取得详细的地质资料，使巷道布置符合实际要求。

（二）煤包

江苏盐城市利国煤矿主采二叠系山西组七层煤，由于受燕山期岩浆的多次侵入，火成岩分布广泛，煤层顶底板岩层被火成岩所取代，煤层变为天然焦。煤层赋存形态的变化主要是将原来层状改变为非层状，并形成厚如包、薄如线的断续煤层。岩浆侵蚀挤压推移煤层，使煤发生迁移和富集，形成了范围不同、大小不等、形状各异的煤包。煤包形状具有多变性，往往沿侵入体的长轴方向排列，与断层方位基本一致，与煤层走向大致垂直，沿倾斜方向，平面呈条带状。煤包

的厚度变化具有对称性，一般为拱形顶板，煤厚向两侧逐渐变薄。

（三）火成岩侵入区找煤方法

在火成岩侵入区是利用钻探与巷探相结合的办法来找煤的。利用巷探找煤的主要方法如下。

①根据地面钻孔资料，绘制煤层底板等高线图，掘进巷道时，如遇到火成岩使煤层发生变化，煤层层位消失时，仍应利用等高线控制掘进方向，并根据钻孔煤层分叉情况，决定巷道沿较厚煤层方向掘进。

②根据煤层底板层位，用跟踪法边掘边探，沿煤层走向方位最大限度地揭露煤层赋存情况，找出煤层由厚变薄或由薄变厚的煤厚变化点或煤层的分叉点，在煤厚变化点上顺煤厚的一侧，向倾斜方向沿火成岩顶方位掘进，找出条带状分布的煤包。

③跟煤层底板沿走向掘进的巷道，如出现较长距离的变薄带，顶板岩性为火成岩时，则可考虑向顶板方向掘反坡上山或平石门，探出被分叉的较厚的中分层或上分层煤如出现经一段变薄带揭露出煤层分叉点时，可反向沿分叉厚煤层掘进，找出可采煤层。

④棱柱状的天然焦（四棱状、五棱状、六棱状）有始终垂直于火成岩顶板的特点，观测天然焦棱柱体的变化角度，可以预测掘进迎头顶压的来临和消失，从而判定煤层的变薄和增厚。

⑤分析对比火成岩的岩性，从其颜色、风化程度判断煤层的位置，一般顶板火成岩与煤层接触处颜色变浅，呈灰白色，风化程度高，岩性变软，裂隙增加，局部出现渗水；而底板火成岩则岩性硬，颜色深，厚度大。

⑥在阶段水平布置工作面找煤时，可根据沿倾斜方向条带分布煤包带的规律，对照上下两巷侧面，从上水平巷道下帮所揭露煤层点处的倾斜方位，确定下水平巷道探煤上山的位置，找出沿倾斜方向的煤包。

（四）火成岩侵入区开拓部署

1. 深部和火成岩侵入残余区开拓部署特点

淄博矿务局洪山煤矿一立井就是开拓被火成岩侵蚀的煤层。五行煤平均厚0.9m，平均倾角为7°，采用斜井单水平上下山开拓方式，主斜井以17°交叉煤层走向打至-9m水平，副井为立井打至-6m水平，以南北大巷建立主水平。沿煤层倾斜方向分别开掘采区上下山，在建立北部一号下山和二号下山后，在采区下部都遇到火成岩侵入，此时无论是延深井筒还是延深下山都不易开拓部署煤层，为此，另开五北下山作为开采深部的主要下山。因受提升长度的限制，五北下山采至 -109m 水平，其下又开一接续下山开采 -138m 水平，这样由主水平以下又建立 30m 和 -109m 辅助水平，完成对深部的开拓。但在运输方面由三节下山接替运输，造成运输环节多，给生产管理带来很大的不便。

由上例可知，一个井田的井巷开拓部署受火成岩影响，只剩余一部分煤炭，而在这残余区内布置巷道也是很困难的。以淄博矿务局某矿在残余区内布置采区为例，该区煤层厚 0.8m，煤层倾角为 8°，被火成岩侵入后，残余区范围极不规则，沿走向最长 600m，最短 300m，倾斜长 500m，呈上宽下窄舌状伸出。该矿在残余区布置一个下山采区，由采区中央开 22 号下山，上接集中运输大巷（15 号下山北大巷），下至 -99m 水平，全区共分五个区段。为采 -99m 水平以下的煤，另开 23 号下山辅助提升，变成两段提升。这样就构成一个上部是不对称的双翼下山，而下部是单翼布置的下山采区。像这种被火成岩侵入造成的畸形采区在其他地质构造中是不多见的。

上述例子的共同特点是，火成岩入侵使煤层赋存状态发生改变，煤层分布极不规则巷道布置困难，从而造成多段运输。

2. 小型火成岩侵入体对开拓部署的影响

在煤矿中经常遇到的还有小型火成岩侵入体，其常以岩墙的形式出现，纵横切入煤层，其具体的分布情况不易掌握。岩墙对煤层的作用与断层对煤层的作用相似，就是将煤层断裂开来，所以在开拓部署中对岩墙的处理可以采用与处理断层类似的方法。另外，岩墙对煤炭还会发生变质作用，使岩墙的两侧煤炭变成天然焦，使其硬度增加，从而给采掘工程增加了困难。

例如，淄博矿务局岭子煤矿七行煤 -120m 水平东部上山采区的布置。七行煤厚 2m，倾角为 15°～16°，在本采区由火成岩墙侵入，岩墙上部连接大面积火成岩侵入区，下部为一窄墙。在采区布置中，将火成岩墙置于上山煤柱之内，这样一方面减少煤柱的损失，另一方面避免了大量的巷道通过岩墙，对生产影响较小。在其他情况下，根据岩墙在采区内的位置，也可以作为采区边界处理。

根据岩性不同，火成岩墙对开采的影响亦有所不同，如火成岩呈软岩性质或火成岩含水等，虽然对巷道布置影响较小，但会对开采带来不利影响。福建省上京矿务局小华煤矿井田中赋存火成岩侵入体，以宽 3.5～5.0m 的岩墙切割煤层，火成岩中矿物以斜长石、钾长石为主，含 Al_2O_3，易吸水形成胶结物呈软岩状，使穿过火成岩体的巷道极难维护。苏帮煤矿可采煤层被火成岩侵入体破坏，以岩脉的形式自深部侵入煤层，岩性为辉绿岩，浅部与煤层和围岩接触带出现疏松破碎现象，成为导通上部含水的通路。该矿在建井期间，井筒揭露火成岩后发生涌水现象，随后在每一开采水平巷道揭露火成岩处皆发生透水现象，从而给掘进施工造成困难。因此，需根据火成岩岩性的特点，采取相应的技术措施来通过火成岩带。

3. 采煤工作面遇火成岩时的处理措施

火成岩如果穿插于采煤工作面内，则会使回采工艺复杂化，从而增加处理火成岩的工序，其处理方法与处理断层相似。例如，大屯姚桥煤矿综采工作面遇到火成岩，便采取了如下措施。

（1）超前掘进

7102 工作面煤厚 4.1m，上分层采高为 1.8～2.0m，煤层倾角为 6°～10°，顶板为砂页岩。使用国产 ZY3 支撑掩护式液压支架、MD-150 采煤机、SQW-150 刮板输送机等设备。侵入火成岩带长 3～10m、宽 2～3m，与工作面推进方向成 25°夹角。火成岩系玄武岩，较坚硬，其两帮煤变质为天然焦，附近顶板破碎。由于玄武岩较硬，采煤机强行截割不动采取超前工作面 10m，用打眼爆破的办法将火成岩除去，掘进处以两帮不见火成岩为准，顶与煤层顶板平齐，底比工作面底板低 100～200mm，以防止采煤机割底支护为矩形棚，采用半圆木梁、金属摩擦支柱腿，棚距 1.0m。出矸采用自制 400mm 轨距、0.5m³ 的小翻斗车，卸入工作面刮板输送机。每班掘进 1.2m，当工作面推进到火成岩掘进带时，需要注意与硐交叉处的顶板维护工作，一般是将硐口两架液压支架超前600mm，并于前梁上挑 2～3 根长 2m 左右的半圆木，以托住掘进硐的木梁，使采煤机慢速通过。

（2）躲开火成岩

7203 工作面下方有火成岩侵入，该面刮板输送机躲开火成岩布置，工作面长度由 150m 缩短为 110m，掘进巷道也成上坡，但工作面发挥了综采设备的效能。

（3）另开巷道

7107 工作面有呈 50°斜交、长 80m、宽 6m 的火成岩带，处于工作面收尾处。在火成岩带上下各掘一条巷道，上侧的三角煤由上部 7106 面回采，下侧调斜工作面回采。接近火成岩带前约 30m 处即开始调斜，使工作面与推进方向成 75°，调斜缩短时支架由下山材料道拆除，上部刮板输送机道及部分空顶用铰接顶梁、金属摩擦支柱补充支护。

该矿从实践中总结火成岩侵入带的经验为，对于与工作面斜交小于 35°的火成岩带应采取事先布置巷道躲开措施为好。

六、裂隙的处理方法

（一）裂隙分布特点及与顶板冒落性的关系

煤层裂隙是井下遇到的大量地质现象，无论是顶板还是煤层，如其裂隙发育，则对顶板控制、支护方式和炮眼布置等都有很大影响，而尤以对顶板控制影响最大。裂隙的发育程度与岩层的组合关系和构造变动有关，根据煤系地层，煤层顶板岩层组合关系有以下三种类型。

①Ⅰ类顶板。由碳质页岩、黏土岩、砂质页岩和煤等软硬相间的互层组成，这种组合的岩层力学强度较低，顶板受构造作用，岩层破坏以黏性剪断为主，产生大量不明显的隐裂隙或闭裂隙，裂隙延展较短、较窄，分布也较密。

②Ⅱ类顶板。由砂页岩、砂岩和粉砂岩较厚层岩层组成，其力学强度大，破坏方式以脆性破断为主，产生的裂隙较长。

③Ⅲ类顶板。由石英岩、砂砾岩和石灰岩等厚层状岩层组成，力学强度大，破坏方式以脆性拉断为主，塑性变形非常小，产生的裂隙较长、较宽，分布较稀，裂隙中充填物较少。

Ⅰ类顶板由于层理、节理和裂隙比较发育，一般顶板破碎面积较大，当顶板暴露后常沿煤壁产生裂缝（2～10mm）或错断（0～50mm），有时也会出现沟状冒落，顶板冒落块度较小、厚度较薄、顶板下位岩层1m内的冒落块度80%在0.2m以下。

Ⅱ类顶板易沿层面滑动而断裂，从而形成相叠紧密的六面体，其裂缝内充填物为泥或方解石，易冒落，受水浸湿易沿裂隙面滑落，滑落体块大而厚，且失稳前没有预兆。而当有两组节理或裂隙存在时，其破坏冒落的岩块呈锥体，尤为威胁安全。

Ⅲ类顶板无缝或裂隙细微，不易冒落，冒落块度较大。裂隙面上摩擦力的大小与裂隙面倾角有关。倾角增大，摩擦力变小，岩块越易冒落，当倾角减小在25°～30°以下时，岩块沿裂隙面的滑落性将减弱。

裂隙面的倾向与回采工作面的推进方向关系到顶板的稳定性。当顶板裂隙面倾向采空区时，煤壁能承担岩块的部分重量，顶板稳定性较好；当顶板裂隙面倾向煤壁时，顶板容易开裂和下沉，采场支柱承受荷载大，工作面冒顶事故多。

（二）裂隙处理方法

在生产中，对裂隙的处理方法有以下 4 种。

1. 调面

某矿 2306 综采面由于裂隙（节理）特别发育，其密度达 12 条 /100m²，又因节理方向与煤壁之间的夹角为 10° ～ 28° ，而且节理光滑陡直，因此曾一度导致严重片帮冒顶，迫使生产停顿。该矿采用调面的方法，即使工作面下头回采超前 25m，使煤壁与节理方向夹角大于 33° ，这样虽然节理密度没有变化，但片帮冒顶情况却大有好转，从而实现了正常生产。

2. 垂直节理打木锚杆

如 2307 综采面也出现过类似情况，但该面使用掩护式液压支架回采，设备无邻架间隔，故不能调面，他们采用垂直节理打木锚杆的方法来防止片帮冒顶，也取得了较好的效果。两个实例使用不同的方法处理裂隙，都取得了较好的效果，这是他们在地质方面做了大量工作的结果，他们对采煤工作面的节理做了调查统计，绘制了玫瑰图，并采取了有针对性的措施。所以细致的地质调查编录工作是提出采煤技术措施的根据。

3. 旋转式开采

在掌握裂隙方向的情况下，设计区段及其推进方向应充分考虑裂隙方向的影响，最大限度地让采区区段处于有利推进方向，以保证采煤工作面顶板的稳定和安全生产。俄罗斯库兹巴斯某矿在被断层切割的断块中，将下山采区划分三个区段，采用旋转式推进开采，投产的开切眼布置在中间区段，而后旋转开采至最上区段结束。

4. 化学注浆加固

对顶板或煤壁裂隙处理的最佳方法是进行化学注浆加固，即利用聚合复合材料进行顶板固结，或对炮孔注浆锚固顶板，或向裂隙大面积压注浆液，使破碎岩体胶结成整体，增加其稳定性。

七、采煤工作面遇陷落柱的处理方法

（一）落柱概述

落柱是井下采掘工程遇到的地质现象之一，主要分布在华北石炭二叠纪煤田和华南晚二叠世煤田，在山西、河北和山东等华北煤田中多见，尤以山西省煤系地层陷落柱最为发育。山西轩岗矿是直径为 300m、深 600m 的陷落柱，是迄今为止发现的最大陷落柱。陷落柱分布密度最大的也在山西省，如西山矿务局从 1956 年到 1986 年，在矿区开采过程中共遇到陷落柱 1312 个，平均密度为 21.9 个/km²，其中以杜儿坪矿的陷落柱密度最大，如南二采区已采面积 0.74km²，共有陷落柱 29 个，平均密度为 39 个/km²，陷落柱面积占已采面积的 9.2%。矿区内陷落柱直径大于 80m 的占陷落柱总数的 16%，直径为 30～80m 的占 63%，直径小于 30m 的占 21%。以西山矿务局白家庄矿二井陷落柱分布为例，西山矿务局至 1986 年年末，所采 98 个综采工作面中有 61 个工作面遇到陷落柱，占综采工作面总数的 62%。官地矿平均每个综采工作面有陷落柱 0.8 个，杜儿坪矿有 2.1 个，西铭矿有 1.3 个。对陷落柱的处理方法一般按以下程序进行：综采工作面在安装设备前，先进行无线电坑透勘探，发现有陷落柱后，打水平钻孔验证，以确定其准确位置与尺寸。对于直径大于 30m 的陷落柱，采用工作面搬家的方法处理；对于直径小于 30m 的陷落柱，若其位于工作面中部，则采用强制通过的方法，若位于机头或机尾部时，则采用绕过的方法（缩短工作面避开陷落柱）。

（二）硬过陷落柱

开滦矿务局范各庄矿 7 号煤层平均厚 4.1m，倾角为 6°～13°，伪顶为 0.6～1.5m 厚的粉砂岩，直接顶为 2.34m 厚的粉砂岩，伪顶与直接顶之间有一层厚 0.1～0.2m 的煤线，基本顶为 5.97m 灰色胶结中砂岩，底板为粉砂岩。

遇到陷落柱的 2172 工作面和 2176 工作面倾斜长分别为 112m 和 1446m，走向长分别为 776m 和 766m，两顶板均属于弱含水层，但裂隙较发育，2172 工作面涌水量为 1.9m³/min，2176 工作面涌水量为 3.46m³/min，工作面装备有 G320-23/45 掩护式液压支 EDW-300L 双滚筒采煤机、EKF-3E/74V 运输机等综采设备。

2172 工作面内的陷落柱走向长 42m，倾斜最宽 56m，胶结状况比较好。2176 工作面内落柱走向最长 75m，倾斜宽 55m，两陷落柱均为上小下大。2172 工作面遇陷落柱前发现煤体比较松软，无亮光，煤层沿走向倾斜，在陷落柱附近顶板上掉下了一些有水锈的矸石接近陷落柱时，煤体带有水锈色，揭露陷落柱后，其外表是一些大小不等的风化鹅卵石，局部有滴水。2176 工作面在遇陷落柱前两个月，工作面沿倾斜下部曾发生了一次顶板透水，其涌水量为 5.13m³/min，但遇陷落柱前没发现异常现象，揭露之后，发现矸石胶结不好但未被风化，有时有少量的水流出。对 2172 工作面的陷落柱采取了硬过的方法。为了查明陷落柱的范围及其内部状况，在工作面回风巷进行了打钻勘探，同时在工作面运输巷沿煤层倾斜向上采掘一个探巷，探巷在距陷落柱边缘 2m 处擦边通过。这两项措施基本圈出陷落柱的范围。为了掌握陷落柱的内部状况，又在其中部沿煤层走向开掘了一个横贯陷落柱的平巷，观测表明陷落柱内的充填物多为块度在 40～60mm、棱角磨损严重呈卵石状的岩块和粒度不大于 5mm 的泥沙，陷落柱中心部分的涌水量为 5.58m³/h，最大时为 6.78m³/h，其边缘部分为 1.9~3.6m³/h，没有出现涌水剧增的趋势。

穿过陷落柱的技术措施如下。

①在支架顶梁上铺设双层金属网，并在网下加钢丝绳，金属网用 12 号铅丝编制，长 10m，宽 1.2m，网孔为 20mm×26mm。联网丝用 16 号铅丝，双丝双扣，网头搭接宽度为 500mm。铺金属网的优点是：一方面加强顶板的自承能力，防止冒落；另一方面为下分层的开采创造条件。一旦工作面不能继续开采，只要再做超前支护，即可将工作面的设备撤出。

②在工作面采高范围的下部留 1m 高的台阶，上部超前支护，即在上部用手镐刨出梁窝，在支架顶梁上打顺板，探横板，然后打贴帮柱，顺板的长度应能架设在两个相邻支架的顶梁上。这样，当其中一架支架降柱时，顺板可借相邻支架的支撑，仍可使降柱空间内的顶板处于承载状态，超前支护妥当处，即可由采煤机割掉下部台阶，进行推溜移架作业。

③为保障支架的稳定性和少出矸石，缩小采高并使其尽量接近支架伸缩高度的下限，由于陷落柱内的顶压不大，因此其没有"压死"支架的现象。

④因底板松软，支架有啃底现象，此时，可在支架顶梁下支一撑柱，收缩支架立柱使底座抬起，然后垫上木或矸石，将支架抬起前移。

⑤工作面输送机发生下扎啃底现象，可用钢丝绳及链环把机身和支架顶梁连接起来，而后升顶梁，把机身吊起，下垫矸石，进行推溜作业。工作面采取上述方法后，仅用 60 天的时间就安全地穿过了陷落柱。

为了摸清过陷落柱时的矿压显现规律，在探巷、横贯平巷和工作面运输巷处设置了矿压观测站。在陷落柱内横贯巷道中矿压显现强度最小，即使在工作面前方支承压力影响区内，横贯巷道中的顶底板相对移进速度也要比工作面运输巷低 709.8%，比陷落柱边缘的探巷内平均低 281.0%，其支承压力的影响范围也要比工作面运输巷小 54.7%，与探巷中的测站基本相同，故工作面过陷落柱时，矿压显现并不强烈，没有发生冒顶、片帮和其他安全事故。

但工作面在陷落柱与煤体交界处发生过冒顶，有分析认为，工作面前方的煤岩体可视为连续介质，因而有可能形成应力集中，此时又系两种不同介质的衔接处，煤壁及顶板岩层在支承压力的作用下会向陷落柱方向作强烈的卸压运动,煤壁和顶板因而在水平推力的作用下遭到破坏,一旦维护不善,即发生片帮、冒顶。

（三）绕过陷落柱

对 2176 工作面陷落柱采取绕过的方法,从工作面上出口以下 58.5m 处沿走向掘一条长 90m 的中间运输巷,然后沿倾斜向下掘上小工作面出煤边眼,上小工作面形成运输系统后,距边眼 7m 处掘倒装切眼,将中间运输道以下的 55 组支架倒入新切眼,根据工作面条件进行整体拆除,在倒装前进行人工超前支架拆除,人工超前支架分三次进行拆除。支架顶梁梁端超前做 2.5m,先用 2.0m×0.16m×0.12m 的大板,再用 2.4m×0.18m×0.12m 的大板,最后用 3.0m×0.18m×0.14m 的大板,每探一次大板都要打好贴帮柱,贴帮柱要迎山有劲,煤壁用 1.2m 半圆木背帮,大板上用背板背实。在掘进倒装切眼和边眼的同时,工作面做支架和上小工作面出煤的准备工作,掐接好上小面输送机后,首先拆除正对中间运输道位置的一组支架,每拆除一架后及时在原支架前梁下和尾部打棵木柱,上小工作面生产与工作面下半部拆架平行作业。

第八章　煤层开采与软岩工程

随着我国新生代煤层的大力开发，软岩矿井的数量也在与日俱增，因此对于软岩支护技术的要求越来越高，但我国软岩工程支护技术并不理想。本章就煤层开采以及煤矿软岩工程支护的发展现状进行了一些简要分析。

第一节　软岩的概念与属性

一、软岩的概念及其分级

（一）软岩的概念

目前，对于软岩尚无统一定义。1981年在东京召开的"国际软岩学术讨论会"规定软弱、破碎和风化岩石为软岩。有的学者建议把软岩定义为难支护岩体。清华大学周维垣教授认为软岩可定义为：在高地应力、地下水和强风化作用下，具有显著渗流、膨胀、崩解特性的软弱、破碎、风化和节理化围岩，简称不稳定围岩岩体。在众多的文献中，关于软岩的概念仍然名目繁多定义各异，其各有优缺点，总括起来，大体可分为描述性定义、工程定义和指标化定义3类，具体内容如下。

1.描述性定义

①陆家梁提出，松软岩层是指松散、软弱的岩层，它是相对于坚硬岩层而言的。松软岩层由于成岩的时间短、结构疏松、胶结程度差，故自身强度很低。

②郑雨天、王明恕、何修仁等认为，软岩是软弱、破碎、松散、膨胀、流变、强风化蚀变及高应力的岩体总称。

③朱效嘉提出，松软破碎膨胀及风化等岩层为软岩层，简称软岩。

④曾小泉认为，松软岩层是松散破碎、软弱、强风化和膨胀性岩层的总称。

⑤1984年12月，在昆明市举行的煤矿矿山压力名词讨论会上提出的软岩定义是，松软岩层是指强度低、孔隙度大、胶结程度差、受构造面切割及风化影响显著或含有大量膨胀性黏土矿物的松散、软、弱岩层。

⑥还有学者提出松软岩层是低强度的岩体。

2. 工程定义

①中国矿业大学董方庭教授提出，松动圈厚度大于 1.5m 的围岩，称为软岩。

②中国矿业大学鹿守敏教授指出，围岩松动圈厚度大于 1.5m 并且常规支护不能适应的围岩，称为软岩。

③松软岩层是指难支护的围岩，或多次支护，需要重复翻修的围岩。此外，对于软岩的概念进行过研究的国外学者还有：科茨（Coates），迪尔（Deer）和米勒（Miller），布罗克（Brock）和富兰克林（Franklin），詹宁斯（Jennings），比尼亚克夫斯基（Bieniakwski），艾根布罗德（Eigenbrod），塞奥蒂（Sciotti），赫克（Hoek）。

3. 指标化定义

①国际岩石力学学会（ISRM）定义：软岩是指单轴抗压强度在 0.5～25MPa 的一类岩石。

② Russo 定义：软岩是指单轴抗压强度小于 17MPa 的岩石。

③有学者提出抗压强度小于 20MPa 的岩层为软岩。

④还有学者提出 $\gamma H < 2$ 的岩层称为软岩（式中，γ 为岩层容重；H 为深度）。

由此可见，国内外对于软岩的定义尚不统一，这严重阻碍了软岩学术交流和研究的深入开展。作为软岩的定义，应抽象出前述各家定义的共性规律，抽象出软岩的本质特征，力求简明扼要并反映软岩的实质性规律。本书作者在充分研究前人关于软岩概念的基础上，提出了新的软岩概念及其分类体系。

（二）软岩的分级

进入软岩状态的洞室，其软岩种类是不同的，其强度特性、泥质含量、结构面特点及其塑性变形力学特点差异较大。根据上述特性的差异及产生显著塑性变形的机理，软岩可分为四大类，即高应力软岩、复合型软岩、节理化软岩和膨胀性软岩（也称低强度软岩）。

1. 高应力软岩

高应力软岩（high stressed soft rock，简称 H 型），是指在较高应力水平（大于 25MPa 条件下才发生显著变形的中高强度的工程岩体。这种软岩的强度一般高于 25MPa，其地质特征是泥质成分较少，但有一定含量，砂质成分较多。例如，泥质粉砂岩、泥质砂岩等它们的工程特点是：在深度不大时，表现为硬岩的变形特征；当深度加大至一定深度时，就表现为软岩的变形特性了。也就是，在地表浅部或低地应力环境时，岩块显示出较坚硬岩特征；在高地应力环境中，当围压较高时，岩体尚具有较高的强度和模量（弹性模量或变形模量）；当围压较低时，工程岩体则表现出软岩特征。

2. 复合型软岩

复合型软岩是指上述三种软岩类型的组合，即高应力 - 强膨胀复合型软岩，简称 HS 型软岩；高应力 - 节理化复合型软岩，简称日型软岩；高应力 - 节理化 - 强膨胀复合型软岩。

3. 节理化软岩

节理化软岩（jointed soft rock，简称 J 型），是指含泥质成分很少（或几乎不含的岩体；发育了多组节理）的软岩。

其中岩块的强度颇高：呈硬岩力学特性，但个别工程岩体在卷道工程力的作用下则发生显著的变形。

呈现出软岩的特性：其变形机理是在工程力作用下，结构面发生滑移和扩容变形，此类软岩可根据节理化程度不同，细分为碎裂节理化软岩和款体节理化软岩，根据结构面组数和结构面间距两个指标将其细分为三级，即较破碎软岩、破碎软岩和极破碎软岩。

4. 膨胀性软岩

膨胀性软岩（swelling soft rock，简称 S 型），是指含有黏土高膨胀性矿物在较低应力水平（小于 25MPa）条件下即发生显著变形的低强度工程岩体。例如，通常软岩定义中所列举的软弱、松散的岩体，膨胀、流变、强风化的岩体以及指标化定义中所述的抗压强度小于 25MPa 的岩体，均属于低应力软岩的范畴。

产生塑性变形的机理是片架状黏土矿物发生滑移和膨胀。在实际工程中，一般的地质特点是泥质岩类为主体的低强度工程岩体。

由于低应力软岩的显著特征是含有大量黏土矿物而具有膨胀性，因此，根据低应力软岩的膨胀性大小可以分为：强膨胀性软岩（自由膨胀变形＞15%）、中膨胀性软岩（10% ＜自由膨胀变形＜ 15%）和弱膨胀性软岩（自由膨胀变形＜ 10%）。根据矿物组合特征和饱和吸水率两个指标可细分为三级。

二、软岩的基本力学属性

软岩有两个基本力学属性：软化临界荷载和软化临界深度。它们揭示了软岩的相对性实质。

（一）软化临界荷载

软化临界荷载是使地基中塑性开展区达到一定深度或范围，但未与地面贯通，地基仍有一定的强度，能够满足建筑物的强度变形要求的荷载，地基中塑性复形区的最大深度达到基础宽度的 n 倍（n=1/3 或 1/4）时，作用于基础底面的荷载，被称为临界荷载。

软岩的蠕变试验表明，当所施加的荷载小于某一荷载水平时，岩石处于稳定变形状态，蠕变曲线趋于某一变形值，随着时间的延长而不再变化；当所施加的荷载大于某一荷载水平时，岩石呈现明显的塑性变形加速现象，即产生不稳定变形。这一荷载称为软岩的软化临界荷载。

当岩石种类一定时，其软化临界荷载是客观存在的。当岩石所受荷载水平低于软化临界荷载时，该岩石属于硬岩范畴；当岩石所受的荷载水平高于该岩石的软化临界荷载时，则该岩石表现出软岩的大变形特性，此时的岩石被视为软岩。

（二）软化临界深度

地下水临界深度又称临界水位或警戒水位，是指在蒸发最强烈的季节，土壤表层不显积盐的最浅地下水埋藏深度。临界深度不是一个常数，影响因素很多，主要有气候、土壤（特别是土壤的毛管性能）、水文地质（特别是地下水的矿化度）和人为措施四个方面。一般来说，蒸降比越大，地下水矿化度越高，临界深度越大；壤质土壤较黏质土壤和砂质土壤临界深度大；表层结构良好、耕作管理精细的土壤，临界深度较小。

与软化临界荷载相对应，存在着软化临界深度。对特定矿区，软化临界深度也是一个客观量。当巷道位置大于某一开采深度时，围岩产生明显的塑性大变形、大地压和难支护现象；但当巷道位置较浅，即小于某一深度时，大变形、大地压现象明显消失。这一临界深度称为岩石的软化临界深度。软化临界深度的地应力水平大致相当于软化临界荷载。

（三）软化临界荷载与软化临界深度的确定方法

软化临界荷载与软化临界深度是相应的，可以相互推求，只要确定了其中一个，即可求出另一个。下面对于其确定的方法进行了个别解说。

1.蠕变实验法

蠕变是流变的一种特殊形态，是指物体内应力一定、应变状态随时间变化的一种力学现象。软岩的单轴蠕变试验是决定其蠕变特性参数的重要手段。在实验中，通过岩石蠕变力学试验测定出各岩石的长期强度，此值大致相当于软化临界荷载。

2.现场观察法

在现场调查中，围岩产生显著变形的埋深即为岩石的软化临界深度。

三、软岩的工程分类体系

（一）软岩工程分类研究概况

软岩是软岩工程和软岩力学的研究对象。作为一项工程学科，对研究对象必须要有完整而又严格的定义和分类，对于软岩，由于有复杂多变的矿物成分和组织结构以及工程背景，要对其实施有效和合理的工程控制，必须要给出科学的和有实用价值的工程分类，科学合理的分类将对工程设计施工管理、定额管理、支护方式的合理选择，以及推动软岩工程技术的发展起决定性作用。

软岩的工程分类引起了国内外专家的高度重视，1986 年由《煤炭科学技术》编辑部组织全国从事软岩工程的专家和学者撰文（该刊自 1986 年第 3 期至 1987 第 3 期，每期刊登一篇这类文章），对软岩工程分类进行了讨论评究，1986 年 12 月煤炭部矿压情报中心站在广东茂名软岩会议上组织了 8 名教授草拟了一份《软岩巷道工程分类》的报告，经过实践，大家认为国外的岩体质量分析对我国软岩是不适用的。

20 世纪 60 年代日本按岩体的地质特征分成 6 种类型的岩体质量，再按岩块的抗压强度、抗拉强度、治松比、风化、破碎胶结程度和弹性波纵速度分为 7 级。1972 年威克赫姆和比尼威斯基对岩体质量分级做了大量工作，最后按岩石节理组数、节理面粗糙度、节理蚀变系数、节理含水拆减系数、地应力拆减系数和岩石复原率 6 个参数把围岩分成了 5 级，但这些分级方法一般只能对硬岩有效，而对软岩一般无法使用。

为此，我国广大研究软岩的学者结合我国国情针对各自的研究重点，提出了多种软岩分类方法。例如，中国科学院地质所提出了"泥岩工程稳定性评定标准"；于双忠教授提出了"煤矿巷道土岩稳定性工程地质分类"；陆家梁教授提出了"岩体属性及支架稳定性的综合软岩分类指标"；方庭教授提出了"巷遭围岩松动圈分类标准"；易恭酰教授提出了"工程类比法围岩分类标准"；还有宋数嘉、王会华、冯像等教授也分别提出了多种软岩分类办法和标准。1991 年，我国已经建立了自己的《工程岩体分级标准》，其中给出了相应的软质岩分级国家标准。

（二）软岩工程的矿井分类

在煤矿开发之前，科学地判定其是否属于软岩矿井，对于准确地实施合理设计极为重要。根据实践摸索和理论研究，提出根据软化临界深度（J）指标判别软岩矿井的方案。根据软化临界深度，将矿井分为 3 类：一般矿井、准软岩矿井和软岩矿井。各种矿井的力学工作状态是不同的，因而其设计对策也有所不同。

一般矿井的巷道围岩是弹性工作状态，常规设计即可奏效。进入软岩工作状态的矿井，并不表征所有岩层都进入软岩状态，而是局部某些岩层首先进入了软岩状态，其余岩层尚属于硬岩状态，故优选岩层十分重要。对进入了软岩状态的矿井，要区分准软岩和软岩两种状态。准软岩状态是指巷道围岩局部（如曲率变化最大处）进入塑性状态；软岩状态则是指整个巷道围岩全部进入塑性或流变状态。对于准软岩矿井，其工作状态是弹塑性（局部塑性）工作状态，其设计对策有两种。

①仍采用常规设计，但要经过 1～2 次返修才可达到稳定。

②在常规设计的基础上，对局部塑性区（两底角或底部处理）予以加固，即可一次成巷，不用返修。

对于软岩矿井，常规设计绝不能奏效，返修多次也不会稳定；越返修，其稳定状态越不好，必须严格按照软岩工程力学的理论和支护对策进行设计，才能收到事半功倍的效果。

第二节　我国软岩分布概况

一、我国煤矿软岩分布

我国煤矿软岩的类型也是多种多样的。泥质系列有：泥岩、页岩、黏土岩、粉砂质泥岩、砂质页岩等。火山岩蚀变系列有：沈北的蚀变玄武岩、鸡西穆棱矿的蚀变凝灰岩。泥质岩与碳酸盐岩的过渡系列有：龙口北皂的钙质泥岩、云南蒙自煤盆地的泥灰岩。泥质岩与碎屑岩过渡类型有：龙口的黏土胶结的粗砂岩和含砾粗砂岩等。泥质软岩胶结物的成分和胶结强度也是复杂多变的。有机质胶结系列有：油页岩、含油泥岩、黑色页岩、炭质页岩等。硅质胶结系列有：华北地区的石炭二叠纪的硅质泥岩、硬质黏土岩等；铁质胶结系列有：淮南潘一、潘二矿的花斑泥岩，山东张家洼矿第三纪的"红板岩"及大量弱胶结的泥页岩。由于胶结成分、结晶程度和含量不同，泥质岩的强度也大小不一，低的只几兆帕，高的可达 80MPa，泥岩的耐久性和膨胀性也是千差万别的，从耐崩解稳定性来分，有极不稳定的（弱胶结）、不稳定的（中等胶结）和稳定的（强胶结）。从膨胀性的角度来分，有非膨胀的、弱膨胀的、中等膨胀的、强膨胀的、剧烈膨胀的。软岩矿井并非全部都是软岩，往往是软岩、硬岩都有，各层的岩石力学性能有高有低。

有些受断层带的影响，有的受构造应力的影响，围岩性质相同或相近的巷道也会发生严重破坏。还有许多矿井，原来巷道掘进与支护并不困难，由于开采深度增加，地层压力也逐渐增大，巷道围岩也发生了软化，从而致使巷道掘进与支护也变得十分困难，甚至在巷道竣工不久后，就严重破坏，需要经常翻修，从而耗费人力、物力和资金，严重影响矿井正常生产和企业的经济效益，同时也对矿井安全生产带来巨大的危害。

我国从 20 世纪 70 年代开始，软岩支护问题就引起各方面的关注。煤炭系统许多专家在沈北、梅河、舒兰、龙口、长广、淮南、潘集等矿区，开展了软岩巷道掘进与支护的大量研究，在软岩巷道的矿压显现、掘进方法、支护技术等方面，都取得了很好的成绩和经济效果，但到目前，仍然还不能说已根本解决了问题。研究和认识软岩与软岩工程的复杂性的目的，在于寻找和利用它的规律性，以便有效、经济地解决软岩巷道工程问题。在我国煤炭资源的开发中，许多矿山都遇到过软岩工程问题。据不完全统计，软岩矿山多达几十个，根据工程地质条件分析，软岩矿山可能超过一二百个。数十个、上百个软岩煤矿，广泛分布在我国各省。例如，北起黑龙江和内蒙古的扎赉诺尔矿、鸡西穆棱矿、伊兰矿，南至广东石鼓和海南的长坡、长昌煤矿，东起吉林珲春、山东龙口，西至青海的大通煤矿。

软岩不仅分布于中新生代煤盆地，如上侏罗纪的元宝山、平庄、霍林河、扎赉诺尔；古近纪的沈北、抚顺、舒兰、梅河、珲春、龙口、石鼓；新近纪的云南小龙潭、昭通、海南岛的长坡、长昌等，而且上古代的煤盆地亦分布有许多软岩矿山，如四川的芙蓉淮南潘集，山西汾西的柳溪、水峪，翟县的南下庄矿等。

二、我国煤矿软岩的赋存特点

我国煤矿软岩分布与聚煤期分布特征和地质环境等密切相关，下面将介绍我国煤矿软岩的赋存特点。

（一）地理分布范围广

我国煤矿煤系地层中具有软岩的矿井分布十分广泛，北起黑龙江、内蒙古南到广东、广西，东起山东、浙江，西到新疆、青海，遍布全国各主要产煤省区，近半数的矿务局存在软岩矿井，有的矿务局甚至大部或全部矿井是软岩矿井。据不完全统计，有软岩的矿务局有：黑龙江省的鹤岗、鸡西，吉林省的辽源梅河矿区、通化、舒兰、珲春，辽宁省的抚顺阜新、铁法沈阳，内蒙古的扎赉诺尔、大雁、平庄，河北省的开滦、邢台、邯郸、峰峰，山东省的龙口，河南省的平顶山、郑州、焦作，江苏省的徐州、大屯，浙江省的长广，安徽省的淮南、淮北，江西省的萍乡，湖南省的涟邵，四川省的芙蓉、松藻，贵州省的盘江、水城、六枝，云南省的田坝、小龙潭、昭通，广东省的茂名，广西壮族自治区的那龙、右江，陕西省的铜川、韩城，甘肃省的靖远、华亭、阿干，新疆的乌鲁木齐，宁夏回族自治区的石嘴山，青海省的大通，以及近期发展起来的几大露天矿如霍林河、伊敏河、元宝山等，还有相当数量的地方矿务局，等等。随着我国第三纪新生代煤田的开采及老矿井采深的增加，软岩煤矿的数量将会继续增加、软岩煤矿的分布范围将会继续增加和扩大。

（二）跨越地质年代长

我国煤矿软岩伴随着我国煤炭沉积的几个主要成煤时代。自古生代石炭二叠纪，中生代的三叠纪、侏罗纪、白垩纪到新生代的新近纪均有软岩赋存。由于生成地质年代不同，以及受我国区域构造影响不同及变质程度与成岩胶结作用不同，我国软岩各具特色，并具有明显的时代痕迹。

古生代软岩多分布在我国华北、华东地区。其特征是以海相沉积为主，岩石的组成多以泥岩、砂质泥岩、页岩为主。岩石结构多以块状层状为主。一般岩石胶结程度较好，黏土矿物以高岭石、伊利石为主，蒙脱石一般较少，也有部分岩层含伊利石 – 蒙脱石混层，含量多在 5% ～ 15%，其相对膨胀性稍差。受区域地质构造影响和多次构造影响的叠加，煤矿深部多为高应力破碎软岩。

中生代软岩，分布比较广泛，如大兴安岭以西、阴山以北均有分布。其特征是：岩石以陆相沉积为主，和古生代岩层相比成岩时间较短，受构造破坏影响相对较小，成岩胶结程度较差。黏土矿物以伊利石和伊/蒙混层矿物为主。部分矿区蒙脱石含量较高，可达 25% ～ 35%，遇水泥化，有较强的膨胀性。岩石结构多为层状、块状、破碎状结构。新生代古近纪、新近纪软岩，在我国分布极为广泛。吉林、内蒙古、辽宁、山东、广东、广西、云南、新疆均有古近纪、新近纪软岩存在。岩石成岩时间短，胶结程度差，强度低。黏土矿物以蒙脱石为主。一般含量为 15% ～ 45%，最高可达 70%，岩石亲水性强，膨胀性显著，物理化学活性强，风化耐久性差，遇水易解体成软泥。

（三）成因和结构复杂

按成岩情况，我国软岩有沉积形成的厚层状、薄层状、间层状、夹层状软岩，有火成岩低温蚀变及火山灰转化和断层泥状的软岩。其膨胀性、胶结性和物化活性各具特色。按岩石的结构状态有软弱型、松散型、破碎型及膨胀型软岩。

因我国软岩范围分布广、成因环境复杂、难控制，从而给煤矿生产带来严重影响，这已成为专家学者和现场工程技术人员亟待解决的技术难题。

第三节 煤矿软岩工程的发展现状

一、岩石力学的历史回顾与软岩工程的发展

软岩工程技术的研究属于岩石力学的范畴。岩石力学这门学科是在 20 世纪 50 年代开始的，岩石物理学的基础研究，到 60 年代，逐渐发展成一门具有独立体系的学科。这成为岩石力学在 60 年代广泛用于工民建、采矿业而繁荣发展的标志。1963 年国际岩石力学学会正式成立，发展至今，国际岩石力学学会已经成为具有 37 个国家 7000 多名会员的世界性学术组织。

在岩石力学的发展进程中，有其明显的研究重点。在 20 世纪 60 年代，重点研究完整岩块；70 年代的研究重点是岩体和不连续面；80 年代，计算机数值分析蔚然成风；90 年代，十分强调综合研究分析，即岩石材料性质的确定，大尺寸原位测试、计算机分析和工程作用规律相结合。岩石力学发展到 20 世纪末，由于无法测试到准确的岩体力学参数，人们便怀疑计算机模拟是否可靠。因此，此阶段大大限制了计算机分析技术的发展。

我国煤矿软岩工程技术的发展起始于矿产资源开发工程。20 世纪 60 年代，煤矿软岩问题在部分矿区开始出现，70 年代就更为广泛，还引起了有关部门的高度重视。煤炭部从"六五"开始，继"七五""八五"均有计划地将软岩巷道支护及监测技术列入煤炭部科技发展规划，并组织各方面力量进行科研攻关。中国科学院系统的地质研究所和武汉岩土力学研究所、水利部、煤科总院北京开采所与建井所、吉林长春煤研所、中国矿业大学、东北大学、山东矿业学院、淮南矿业学院、西安矿业学院、阜新矿业学院等在软岩巷道围岩控制的基础理论、软岩的岩性分析及工程地质条件、软岩巷道围岩变形力学机制、软岩巷道围岩控制、软岩巷道支护设计与工艺及施工和监测方面进行了试验研究，并取得了多方面的科研成果；煤炭科学研究总院（简称煤科总院）上海分院、南京煤研所，在软岩巷道掘进、支护施工机具研制方面也做了卓有成效的工作。国内各涉及软岩的生产建设单位，如辽源梅河、平庄、淮南、龙口、舒兰、那龙、茂名等矿务局和葛洲坝、小浪底工程局等在软岩巷道和软岩隧道支护方面也进行了大量试验工作，并积累了丰富的生产实践经验。

进入 20 世纪 80 年代，煤矿开采深度日益加大，如开滦矿务局的开采深度

已超过 1200m。深井高应力软岩普遍出现，更加推动了煤炭系统的软岩研究向纵深层次发展，并形成了以联合支护理论和松动圈理论为代表的多个学派。90年代以后，除了煤炭系统又有新的研究成果之外，我国的三峡工程、小浪底工程、大规模的城市现代化高层建筑、城市地下工程、道路交通的建设，均使得软岩滑坡问题、软岩隧硐及隧硐群稳定问题、软岩基坑问题的研究更加广泛和深入。全国性软岩工程技术研究繁荣的标志是 1995 年中国岩石力学与工程学会软岩工程专业委员会的诞生和 1996 年煤矿软岩工程技术研究推广中心的成立，这一切都有力地推动了我国煤矿软岩工程技术的研究。

二、软岩工程技术理论分析与数值计算法

人们根据软岩工程岩体和工程环境的有关资料确定软岩类别、岩体结构、地压显现类型，并建立正确的力学模型和计算方法，还通过验算巷道周边位移预计值、支架的最大反力及支护结构力学参数等，从总体上验算类比法所选取的支架类型和支架设计参数是否符合巷道围岩变形规律。随着电子计算机和各种计算软件的迅速发展，出现了有限元、有限差分法、边界元、离散元、DDA算法、流形元等数值计算方法，这使得理论验算校核类比参数变得更加高效、快捷，但在使用时，要特别注意计算参数和岩体所处的物理状态应匹配，在理论分析与数值计算中，人们对于支护荷载的认识和分析方法经历了以下三个阶段。

（一）荷载－结构模式分析法

荷载－结构模式认为围岩对支护结构的作用只是产生作用在结构上的荷载（包括主动的围岩压力和被动的弹性抗力），以此计算支护结构在荷载作用下产生的内力和变形的方法称为荷载－结构模式分析法。荷载－结构模式分析法是仿效地面结构的计算模式，即将荷载作用在结构上，用一般结构力学的方法来计算。长期以来，地下支护结构一直沿用这种计算方法，至今仍在使用。传统支护结构原理认为，结构上方的岩层最终要塌落，因此，作用在支护结构上的荷载就是上方塌落岩体的重量。然而，一般情况下岩层由于支护的限制并不会塌落，而是由于围岩向支护方向产生变形受到支护阻止才使支护产生压力。这种情况下作用在支护结构上的荷载是未知的，此时应用荷载－结构模式分析法就有困难。所以荷载－结构模式分析法只适用于浅埋情况及围岩塌落而出现松动压力的情况。

（二）支护结构与围岩共同作用模式分析法

这种模式主要用于由于围岩变形而引起的压力，该压力值必须通过支护结构与围岩共同作用而求得，这是反映现代支护原理的一种计算方法，需采用岩石力学方法进行计算。应当指出，支护结构体系不仅是指衬砌与喷层等结构物，而且包含锚杆、钢筋网及钢拱架等支护在内岩体。

这类模式的计算方法通常有数值解法和解析解法两类。数值解法是把围岩视作弹塑性体或黏弹塑性体，并与支护一起采用有限元或边界元数值法求解。数值解法可以直接算出围岩与支护的应力和变形状态，以判断围岩是否失稳和支护是否破坏。数值解法往往有多种功能，可考虑岩体中的节理裂隙、层面、地下水渗流及岩体膨胀性等影响，是目前理论计算法中的主要方法。监控设计法中的反馈计算方法一般也采用数值解法。解析解法主要适用于一些简单情况，以及某些简化情况下的近似计算。

（三）信息化设计法

这种方法是 20 世纪 70 年代后期发展起来的一种地下工程设计方法。其最大优势是根据软岩工程施工过程中获得的地质、围岩与支护结构工程信息的现场观测数据进行有关工程参数的快速反馈。监测的主要内容如下。

①岩石物理力学性质。

②软岩巷道收敛变形规律。

③巷道围岩施加于支护上的实际荷载。

④典型地段的巷道围岩深部位移。

对上述 4 部分实测资料进行分析整理，然后调整工程设计参数，从而使设计更为完善。但该方法只能用于在施工工程进行量测的地段，其数据分析与运用仍然部分依赖于人们的经验，加之目前量测技术水平的限制，人力、物力、财力消耗均较大值得提出的是，近几年，随着非线性力学理论的发展和对软岩工程的深入研究，软岩工程正面临着从小变形岩土工程向大变形岩土工程的飞跃。

例如，深埋的大变形岩土工程若仍然沿用常规设计，就可能发生失稳、塌方等事故。其根本的原因是深埋巷道区别于浅埋巷道的显著力学标志，即大变形、大地压和难支护。近年来，屡屡发生的岩土工程恶性事故也在呼唤着软岩工程设计的新阶段——非线性大变形力学设计理论及方法的到来。

三、地下工程概念的进展

（一）结构工程概念

结构工程概念来源于建筑工程，其基本特征是荷载－结构模式，也就是说，把地下工程围岩内潜在的不稳定岩体视为作用在结构上的荷载，把支护视为承受荷载的结构，然后利用结构力学理论与方法，计算结构的内力和位移，由此判断地下结构的稳定。正是基于结构工程的概念与设计理念，地下工程的设计与分析主要集中在荷载的确定和提高结构本身的承载能力上。例如，假设不同的塌落形状和范围，计算作用在结构上的荷载，从而提出了诸如塌落拱理论、普氏理论、岩柱理论、太沙基理论等计算理论。

从提高结构的承载能力方面来考虑，人们主张采用诸如混凝土、钢筋混凝土或砌石等刚性结构。即使在喷射混凝土、锚杆支护技术的广泛应用过程中，人们仍沿用荷载－结构模式的理论，并提出诸如悬吊理论、组合梁或组合拱理论，用来解释锚杆支护的力学作用和用于地下工程的支护设计。

（二）岩土工程概念

岩土工程概念以现代岩石力学理论、数值计算方法及支护作用理论等为基本依据。它的基本特征是：充分发挥围岩的自稳能力，防围岩破坏于未然。支护和适时、合理的施工步骤的主要作用是控制岩体变形与位移，以改善岩体应力状态，从而提高岩体自身强度，以使岩体与支护共同达到新的平衡与稳定，进而获得最佳的效果。

岩土工程概念是在推广新奥法，尤其是在锚喷支护技术的广泛应用过程中逐步形成和发展的。围绕推广应用中出现的两个主要问题——锚喷支护作用原理与适应性，以及如何进行工程测试设计，展开了岩土工程数值分析、模型试验，以及在软弱破碎不良岩层中构筑大跨度地下结构的工程实践与现场试验研究。岩土工程概念的提出与深化，是随着数值分析方法（有限单元法、离散单元法等）的发展而发展的，它不仅为定量研究围岩变形破坏机理、损伤演化过程、支护作用机理以及支护参数的优化提供了强有力的工具，而且还大大地促进了复杂条件下的大跨度地下工程建设。

因此可以说，岩土工程概念不仅突破了荷载－结构模式，而且从理论上定量解释了围岩应力传递、结构与围岩相互作用的动态过程，从而为地下工程失稳预测和可靠度分析奠定了理论基础。尤其是位移反分析法的提出和应用，其将现场位移观测与数值分析方法巧妙结合，在设计理念上体现了信息反馈的系统分析思想。同时，在设计方法上，首次实现了真正意义上的信息反馈与工程应用。

（三）地质工程概念

地质工程术语是古德曼在 1974 年首先使用的。孙广忠教授在 1984 年提出了地质工程命题，并给出了定义：地质工程是以地质介质作为建筑材料，以地质体作为工程结构，以地质环境作为建筑环境构筑起来的一种特殊工程。广义地说，地质工程又可称为大地改造工程。由此可见，地质工程概念不仅体现岩体材料性质、岩体结构效应对地下工程稳定性的作用，而且更强调它们受地质环境的影响，由此体现地下工程系统的观点与理念。

地质工程的发展可划分为三个阶段：第一阶段，地质材料性质测试与软岩工程支护理论与技术发展阶段；第二阶段，岩体结构概念的提出与岩体结构效应的研究以及地质改造与控制阶段；第三阶段，以地质灾害及地质灾害防治、施工地质超前预报为特征的地质工程研究阶段。

第一阶段，主要是对不同建筑材料的地质体进行力学与变形特性的研究。

第二阶段，主要是认识到地质不连续面的结构效应，并强调"岩体结构效应"受地质环境的影响，在此体现了整体性与相关性的系统分析理念。

第三阶段，主要是提出了以超前地质预报和超前地质改造为核心的地质控制设计和施工方法，全面体现了系统分析的整体性、相关性、动态性和有序性原理。

应该说，地质工程概念的提出与发展是以体现地下工程系统分析的设计分析理念为基础的，它不同于结构工程概念和岩土工程概念，从而使得地下工程的设计理论上升到了一个新的高度。

四、煤矿软岩工程支护理论进展与现状

地下软岩工程与地面工程在设计方法上虽然没有根本区别，但是其所处的环境条件与地面工程是全然不同的，所以长期以来沿用适应于地面工程的理论和方法来解决在地下工程中所遇到的各类问题，常常不能正确地阐明地下工程中出现的各种力学现象和过程，从而使地下工程长期处于"经验设计"和"经验施工"的局面。这种局面与迅速发展的地下工程极不相称，因此人们一直在努力寻求用于解决地下工程问题的新理论和新方法。地下软岩工程支护理论的一个重要问题是如何确定作用在地下结构上的荷载，因此支护理论的发展离不开围岩压力理论的发展，从这方面来看，支护理论的发展大概可分为三个阶段。

（一）古典压力理论

20 世纪初发展起来的各种古典压力理论认为，作用在支护结构上的压力是其上覆岩层的重量，它们的不同之处是对侧压力系数的定义方式由于当时地下工程埋藏深度不大，因而人们曾一度认为这些理论是正确的。

（二）弹塑性变形压力理论

20 世纪 50 年代以来，岩石力学成为一门独立的学科，人们开始用弹塑性力学来解决巷道支护问题，其中最著名的是 Fenner（芬纳）公式和 Kastner（卡斯特纳）公式。弹塑性支护理论通过对"支护–围岩共同作用系统的分析，从而揭示出支护与围岩的共同作用原理，与传统支护理论相比，其特点表现为以下几方面。

①对围岩与围岩压力的认识方面，传统支护理论认为围岩压力是由硐室塌落的松散压力造成的，而现代支护理论认为，围岩不仅仅是支护荷载的来源，并且是主要的承载结构，支护的作用是阻止围岩的变形压力。

②在支护围岩共同作用体系中，传统支护理论把围岩与支护分开考虑，支护只是承载，而现代支护理论认为支护是为了及时稳定加固围岩，围岩不再是被动的承载结构，亦是支护结构，其力学性能反过来影响支护受力的大小，属于支护与围岩共同作用体系塑性区的适度扩展，能充分发挥围岩的承载能力，因而减小了支护受力。

③在设计方法上，传统支护主要是确定作用在支护上的荷载，而现代支护设计的作用荷载是岩体的地应力，支护与围岩共同承载，这一观念的建立，为巷道支护设计提供了重要的理论依据，对大变形软岩巷道支护设计具有重要的指导意义。

20 世纪 60 年代，奥地利工程师在总结前人经验的基础上，提出了一种新的隧道设计施工方法，称为新奥地利隧道施工方法，简称新奥法（NATM），目前新奥法已成为地下工程的主要设计施工方法之一。1980 年，奥地利土木工程学会地下空间分会把新奥法定义为：在岩体或土体中设置的以使地下空间的周围岩体形成一个中空筒状支承环结构为目的的设计施工方法。新奥法的核心是利用围岩的自承作用来支撑隧道，从而促使围岩本身变为支护结构的重要组成部分，进而使围岩与构筑的支护结构共同形成坚固的支承环境。

20 世纪 70 年代，Salamon 等提出了能量支护理论。该理论认为，支护结构与围岩相互作用、共同变形，在变形过程中，围岩若释放一部分能量，支护结构吸收一部分能量，但总的能量没变化。因而，人们主张利用支护结构的特点，使支架自动调整围岩释放的能量和支护体吸收的能量，支护结构具有自动释放多余能量的功能。应力控制理论也称为围岩弱化法、卸压法等，起源于苏联，其基本原理是通过一定的技术手段改变某些部分围岩的物理力学性质，从而改善围岩内力及能量分布，人为降低支承压力区围岩的承载能力，使支承压力向围岩深部转移，以此来提高围岩稳定性。围岩支护的应变控制理论由日本山地宏和樱井春辅提出。

该理论认为，隧道围岩的应变随支护强度的增加而减小，而容许应变则随支护强度的增加而增大。因此，通过增加支护强度，能较容易地将围岩应变控制在容许应变范围之内。

20世纪90年代，澳大利亚盖尔等又提出了最大水平主应力理论。该理论认为：全球范围内原岩应力的实测结果表明，最大主应力常为水平方向。当巷道的轴线方向与最大主应力方向一致时，巷道稳定性好；两者相垂直时，巷道稳定性差。水平主应力有两个分量——最大水平主应力和最小水平主应力，二者通常相差50%～100%，有时相差数倍。当巷道走向与最大水平主应力方向平行时，控制巷道稳定性的不是最大主应力，而是小于最大主应力的最小水平主应力，这时巷道最易维护；如果巷道走向垂直于最大水平主应力，则巷道最难维护。

采矿工程巷道因受矿体位置的制约，不便于选择巷道的轴向，当条件允许时，应尽量按最大水平主应力方向予以调整。岩层强度和原岩应力是决定巷道围岩稳定性的两个主软岩工程支护理论与技术要因素，以往在评价围岩稳定性时，由于岩层自然状态特性的复杂性和地应力测试方面面临的困难，人们对岩体强度和地应力因素不能恰当全面地予以考虑，支护设计只能依赖较低级别的围岩分类及工程类比。

如今，在地应力测试和岩体强度测试方面都取得了一定进展，这使得人们在进行支护设计时，能够考虑岩体强度、地应力大小与方向等因素的影响。最大水平主应力理论就是在这种背景之下，在澳大利亚、英国率先发展起来的，并用于指导煤巷锚杆支护的设计与施工。该理论不但重视围岩强度的作用，更重视原岩应力大小及方向对围岩稳定性的影响，与传统观点方法相比，其科学性更进一步。目前，数值计算方法的发展日趋成熟，如有限单元法、边界元法、离散元法等，以此为理论基础的计算软件大量涌现，如ADINA、NOLM、UDEC、SAP、FLAC等程序都为广大用户所熟知，这些软件与一些支护理论相结合，在地下工程支护中得到了广泛的应用。

我国软岩巷道支护系统研究工作始于1958年，当时辽宁的沈北矿区开发，在前屯矿建设中出现了井口报废事故，从而导致停工数年。

此后，蒲河矿、大桥矿、京西木城涧矿也出现了重大技术事故。为此，原煤炭工业部集中了一些科研院所、高校和设计院的技术力量，在前屯矿二、三井进行了多种巷道支护形式的试验和测试工作，在巷道断面、支护形式及施工工艺等方面都取得了初步经验。我国软岩巷道支护理论有如下几种。

①于学馥等提出轴变论理论，认为巷道塌落可以自行稳定，可以用弹性理论进行分析。围岩破坏是因为应力超过岩体强度极限引起的，坍落改变巷道轴比，从而导致应力重分布，应力重分布的特点是高应力下降，低应力上升，并向无拉力和均匀分布发展直到稳定而停止。

应力均匀分布的轴比是巷道最稳定的轴比，其形状为椭圆形。近年来，于学馥教授等运用系统论、热力学等理论提出了开挖系统控制理论，该理论认为，开挖扰动破坏了岩体的平衡，这个不平衡系统具有自组织功能。

②主次承载区支护理论是由方祖烈提出的，他认为巷道开挖后，在围岩中形成拉压域。压缩域在围岩深部，体现了围岩的自承能力，是维护巷道稳定的主承载区；张拉域形成于巷道周围，通过支护加固，也形成了一定的承载力，但其与主承载区相比，其只起辅助的作用，故称为次承载区。主次承载区的协调作用决定巷道的最终稳定。支护对象为张拉域，支护结构与支护参数要根据主次承载区相互作用过程中呈现的动态特征来确定。支护强度原则上要求一次到位。

③松动圈理论是由中国矿业大学董方庭等提出的，其主要内容是：凡是坚硬围岩的裸体巷道，其围岩松动圈都接近于零，此时巷道围岩的弹塑性变形虽然存在，但并不需要支护。松动圈越大，收敛变形越大，支护难度就越大。因此，支护的目的在于防止围岩松动圈发展过程中的有害变形。

④软岩工程力学支护理论是由何满潮运用工程地质学和现代大变形力学相结合的方法，通过分析软岩变形力学机制，提出的以转化复合型变形力学机制为核心的一种新的软岩巷道支护软岩工程支护理论与技术理论。

⑤冯豫、陆家梁、郑雨天、朱效嘉等提出的联合支护理论是在新奥法的基础上发展起来的。

其观点可以概括为：对于巷道支护，一味强调支护刚度是不行的，要先柔后刚，先抗后让，柔让适度，稳定支护。由此发展起来的支护形式有锚喷网技术、锚喷网架技术、锚带网架技术、锚带喷架等联合支护技术。

⑥孙钧、郑雨天和朱效嘉等提出的锚喷－弧板支护理论是对联合支护理论的发展。

该理论的要点是：对软岩总是强调放压是不行的，放压到一定程度，要坚决顶住，即采用高标号、高强度钢筋混凝土弧板作为先柔后刚的刚性支护形式，坚决限制和顶住围岩向中空位移。

（三）散体压力理论

随着开挖深度的增加，人们发现古典压力理论在许多方面都与实际不符，于是，出现了散体压力理论。该理论认为：地下工程埋藏深度较大时，作用在支护上的压力，不是上覆岩体重量，而只是围岩冒落拱内松动岩体重量，冒落拱的高度与地下工程跨度和围岩性质有关。可作为代表的有普氏冒落拱理论和太沙基冒落拱理论。普氏认为在松散介质中开挖巷道后，其上方会形成一个抛物线形自然平衡拱，该平衡拱曲线上方的地层处于自平衡状态，其下方是潜在的破裂范围。该理论将平衡拱内的围岩作为支护对象，支护荷载只是冒落拱内的岩石重量。

普氏理论计算方法建立在松散均质介质体的基础之上，并不适用于岩石；对于一些裂隙、层理比较发育的岩体，虽然勉强符合松散介质理论的基本假设，但在测定岩体的强度值 a 和内摩擦角 g 值时将会遇到较大的困难，因为岩体强度与岩块强度通常相差 $3 \sim 8$ 倍，而岩体 σ 值的获取较为困难，若简单地以岩块的值作为破裂岩体的 a 值使用，将造成较大的误差。当岩体较完整、强度较高时，其计算结果误差较大。对于较深部工程而言，随着原岩应力水平的升高，开巷后围岩将产生显著的变形压力，其数值将远大于冒落拱内的岩石重量。

例如，某软岩巷道工程（$a=20$MPa），围岩松动圈 $Ln=1.6 \sim 1.8$m，$2 \sim 3$ 层花岗岩料石竟然不能正常维护，这是普氏冒落拱理论无法解释的。因此，巷道地压与埋深无关的结论与地下工程实践不完全相符，且普氏理论只考虑到松动地压，未能考虑变形压力，而后者往往是主要的，这是普氏理论不能在较深部岩石工程中应用的根本原因，所以在工程实践中也常常出现失败的情况，但是由于这个方法比较简单，直到现在普氏理论仍然在应用。

太沙基松散介质理论的理论基础与普氏理论基本相同，只是认为冒落拱为矩形，也未考虑围岩的变形因素。因此，松散介质地软岩工程支护理论与技术压理论只适用于变形压力小的浅部（能够形成自然平衡拱的深度）松散地层。

五、煤矿软岩工程支护技术进展与现状

在软岩巷道支护方面，由过去单一的被动支护形式逐步发展形成了各种系列支护技术。例如，锚喷、锚网喷、锚喷网架、锚网喷注系列技术，"U"形钢支护系列技术，注浆加固和预应力锚索支护系列技术，这些技术中的一个突出的特点就是联合支护技术的开发与应用。

联合支护是指采用多种不同性能的单一支护的组合结构，即在联合支护中各自充分发挥其所固有的性能，扬长避短，共同作用，以适应围岩变形的要求，最终达到围岩和巷道稳定的目的。联合支护要与混合支架概念相区分，如梯形支架采用钢梁木腿，是混合支架，即两种不同材质组成的单一支护体，而不是联合支护。联合支护还要与复合衬砌和复合材料的概念相区分，如在碹支护中两碹体间充以沥青或塑料板等进行复合衬砌，以满足工艺要求，其不能称为联合支护；又如在同一喷层，内、外层采用不同弹模的纤维，只能称作复合材料而不能称作联合支护。联合支护必须是多种独立的支护方法的组合，如锚喷和"U"形钢支架的联合锚喷和弧板的联合等。

联合支护是生产建设过程中的产物。如原设计采用碹体支护，在建设过程中经常翻修且翻修量过大，为保证安全，则在碹体内喷一层混凝土，效果会极好。因为我国使用"U"形钢支架的背板、拉杆都不配套，所以帮顶松动冒落现象非常突出，导致"U"形钢支架失效。为保证巷道安全，现场常采取喷射混凝土的办法将"U"形钢支架作为钢支撑置于喷层内，结果巷道围岩稳定了，从而达到了联合支护的目的。如上所述皆是被动式的联合支护。近20多年来，在软岩支护的系统研究中，人们进行了大量的软弱岩体围岩特性曲线的测定以及软岩变形破坏机制的研究，并取得了较好的支护效果。

但是任何一种支护特性曲线都不能满足围岩变形的要求，因此，综合治理、联合支护的设计思想应运而生。经过完善与发展主动而有效的联合支护设计方法日趋成熟。联合支护的形式主要有：各种锚杆支护的联合、锚喷支护+"U"形钢支架联合、锚喷支护+砌体支护的联合、锚喷+锚注+"U"形钢联合支护和"三锚"（锚杆+锚索+锚注）支护等，其中，"三锚"支护以其加固围岩的主动性，能把深部围岩强度调动起来和浅部支护岩体共同作用，来控制巷道稳定性，这将成为软岩巷道支护发展的主流方向。

第九章 煤层开采的软岩工程治理技术研究

在煤层开采中，软岩工程的治理是非常重要的内容。在煤层开采中，由于各种原因会造成巷道出现破坏，对煤层开采造成困难。因此，必须对软岩进行支护。本章对巷道破坏和软岩稳定性的影响因素进行分析，并对软岩支护技术进行研究。

第一节 煤层巷道的软岩支护与控制理论

一、煤层开采与软岩巷道

在我国煤炭资源的开发中，许多矿山都会遇到软岩工程问题，大量的软岩煤矿，广泛分布在我国各省区。

软岩矿井并非全部都是软岩，往往是软岩、硬岩都有，各层的岩石力学性能有高有低。有些受断层带的影响，有的受构造应力的影响，围岩性质相同或相近的巷道也会发生严重破坏。还有许多矿井，原来巷道掘进与支护并不困难，因为开采深度增加，地层压力逐渐增大，巷道围岩也发生软化，致使巷道掘进与支护也变得十分困难。有的甚至在巷道竣工不久，就严重破坏，需要经常翻修，耗费人力、物力和资金，从而严重影响矿井正常生产和企业的经济效益，同时也对矿井安全生产带来巨大的危害。

随着煤矿开采的深入发展，软岩支护问题逐渐引起各方面的关注。煤炭系统的许多专家开展了软岩巷道掘进与支护的大量研究，从而在软岩巷道的矿压显现、掘进方法、支护技术等方面，都取得了很好的成绩和经济效果。但是，对于实现更有效、更经济地解决软岩巷道工程问题，还需要大量的研究和实践。

二、软岩工程中的巷道破坏

（一）巷道破坏现象

工程实践中，巷道发生变形破坏的现象较为普遍，而软岩巷道变形破坏的现象尤为突出。巷道变形破坏的特征有顶板下沉、变形、扩容、冒顶；两帮变形、收敛、扩容、位移；底板变形、破坏、底鼓；在复杂应力区引起巷道位置发生时空变化，偏离走向、倾向、倾角、方向。给巷道布置、生产、安全等造成一系列影响。根据矿压显现特征，可将巷道发生变形破坏分为三类：①顶板下沉，冒顶；②两帮收敛位移，片帮（内移）；③底鼓。

巷道破坏的特征如下。

巷道最先出现的破坏点在拱顶及拱腰部位，表现为混凝土喷层的炸皮、开裂。伴随着拱部混凝土喷层炸皮、开裂，底板发生向上位移，即底鼓。底鼓一般表现为巷道中部较大，两边逐渐减小。在很多巷道中，沿巷道轴线底鼓程度会有变化。对于处于厚泥岩层中的巷道，伴随着"卧底"的反复进行，会出现底鼓速度及两帮收敛速度加快的现象。

伴随底鼓，巷道两帮开始向内移动，发生倾斜，"U"形棚支腿向内收缩，很多情况下，属支架拱腰部位发生塑性弯曲，"U"形凹槽变成扁平状，严重时发生撕裂。

很多情况下，巷道底板上方 600～800mm 处，会出现金属支架柱腿弯折，即"跪腿"现象，有时还会出现柱腿扭曲现象。

对于锚喷巷道，在发生较大底鼓、顶部炸皮和开裂的同时，还会发生严重的片帮现象。

在实施锚杆、锚索支护的巷道内，会出现一定数量的锚杆、锚索被拉断的情况，同时还会出现一定数量的脱锚情况。

很多软岩巷道变形持续不断地发生，某些巷道刷帮过程中，围岩中看不到明显的裂缝。

某些泥岩巷道围岩遇水成泥、遇风成砂。

巷道周边松动圈范围大小不一：顶部范围最小、底板范围最大、两帮范围居中。受动压反复影响下的巷道松动圈较大，帮部松动圈通常在 2000mm 以上，有些地方甚至超过 3000mm。

巷道底角部位破碎最为严重。

（二）巷道破坏原因

影响巷道稳定的因素是多方面的，由工程地质特征、埋藏特点、支护强度、刚度、类型和施工工艺等多因素决定。归纳起来，由三大因素决定：地应力、岩性、次生因素。

1.地应力

（1）深埋巷道

地应力与埋深呈线性关系，埋深越大，地应力也越大。例如，焦作矿区方庄煤矿，第三水平埋深为650m，巷道的地应力主要由垂直应力引起，巷道在施工中出现响炮、震动摧毁支架、围岩倒、台阶下沉等现象，生产过程中巷道会产生较大变形破坏。

（2）采动巷道

巷道受采动影响、动压影响等支撑压力影响时，采动应力可达3倍，从而引起巷道的变形破坏。在大巷、采区上下山等地区，受采动影响时，巷道变形破坏非常剧烈，甚至必须经加强支护、维修才能保证巷道的稳定，这种矿压显现现象主要是采动形成的支撑压力引起的。

（3）巷道群影响

当巷道布置得比较集中时，彼此间支撑压力会互相叠加，从而常引起应力叠加集中。当应力峰值大于围岩强度时，就会使围岩产生变形破坏。例如，焦作矿区古汉山矿11采区巷道硐室布置在空间互相叠加集中的区域，巷道变形破坏严重，是巷道应力叠加集中引起的。

（4）构造应力

当巷道布置在构造应力区，因构造应力的影响，常引起巷道的变形破坏。例如，焦作矿区古汉山矿主要巷道受构造应力的影响会普遍发生变形破坏。

相关分析研究认为，巷道在很大的水平挤压应力作用下，其顶板与底板岩层承受水平构造应力的作用，而巷道两帮的围岩由于解除了应力，处于弹性恢复状态。因此构造应力主要引起巷道的顶板岩层的挤压破坏，巷道底板岩层发生屈曲破坏。

2.岩性

岩性是决定巷道变形的主要原因之一。硬岩岩石强度高，支撑能力强，一般一次支护可以控制巷道变形；而软岩巷道中一般都富含膨胀性泥岩，膨胀性泥岩遇水、遇风、震动等都会引起围岩膨胀变形。岩性受岩石强度影响，与块体大小有关；结构面强度与弱面、层理、节理面强度有关；岩体强度与岩石强度、结构面强度有关。以常见的膨胀性泥岩为例，分析物化膨胀性变形力学机制及其变形破坏机理。

（1）分子膨胀机制

含有蒙脱石和伊／蒙混层矿物的泥质岩类的膨胀性颇为显著，这种膨胀性与蒙脱石的分子结构特征关系十分密切，因此也可将这种膨胀机制称为蒙脱石型膨胀机制。

蒙脱石的晶体是由很多相互平行的晶胞组成的，每个晶胞厚度约为1.4mm，有3层，上层和下层为S-O四面体，中间夹一层Al-O-OH八面体。其最大特点是每个晶胞中四面体和八面体数量之比为2：1，晶胞与晶胞之间以O^{2-}接触，故不够紧密，可以吸收无定量的水分子，因而结构格架活动性大，亲水性强，晶胞之间的Al^{3+}可被Fe^{3+}、Fe^{2+}、Ca^{2+}、Mg^{2+}等离子取代而形成蒙脱石组各种不同的矿物。若为两价离子所取代，则在格架中出现多余的游离原子价，从而提高了吸附能力，有助于增强晶胞间的连接力。由于上述特性，蒙脱石组矿物具有吸水能力强，从而使其体积大大膨胀，甚至使相邻晶胞失去连接力的特性。

由于蒙脱石的相邻晶胞具有同号电荷，因而具有斥力，活动性大。另外，晶胞之间的沸石水也有一些反离子。当泥岩遇水后，其中的蒙脱石晶胞之间沸石水的一部分反离子逸出，使吸引力减小，水分子挤入，晶胞间距加大，使矿物颗粒本身急剧膨胀。此外，矿物颗粒之间的结合水膜也增厚了，这属于胶体膨胀力学机制。由于蒙脱石具有遇水后颗粒内部晶胞间距剧增和粒间结合水膜加厚两种膨胀机制，因此其膨胀量在黏土矿物中是最大的。据测定，蒙脱石可膨胀到原体积的7倍多。

不仅蒙脱石具有上述晶粒内部膨胀机制，而且伊/蒙混层矿物、伊利石矿物也具有这种膨胀特性，只是伊利石的3层结构中的SO_2比蒙脱石少一些。其上、下两层Si-O四面体中的Si_4可以被Al^{3+}、Fe^{3+}所取代，因而游离原子价与蒙脱石不同，在相邻晶胞间可出现较多的价正离子，有时甚至有二价正离子，以补偿晶胞中正电荷的不足。在软岩中，常见一价钾离子。故伊利石结晶格架活动性比蒙脱石小，亲水性也低一些。

（2）胶体膨胀机制

在煤矿的软岩中，有些软岩并不含蒙脱石、伊/蒙混层矿物和伊利石，也具有膨胀性。例如，黏粒成分为高岭石、腐殖质和难溶盐时，也具有一定的膨胀性。现以高岭石为例说明其膨胀机制。

高岭石的结构格架是由互相平行的晶胞组成的。由于晶胞之间通过O^{2-}与OH胶结连接，连接力较强，不允许水分子进入晶胞之间，所以其亲水性小，遇水后体积膨胀也小。

高岭石等黏粒遇到水时，虽然其晶胞之间不允许进入水分子，但其黏粒表面具有游离价原子和离子，这些原子或离子具有静电引力，在黏粒表面形成静电引力场。水分子是偶极体，一端带正电荷，一端带负电荷，可以为静电引力所吸引。于是黏粒表面附近的水分子紧密地、整齐地排列起来。这时水分子失去了自由活动的能力，越靠近黏粒表面，这种情况就越显著；距黏粒表面稍远，静电引力场的强度渐小，水分子自由能力渐小，排列也将不那么整齐，此即为胶体中的弱结合水；再远一些，静电引力几乎没有作用，水分子自由活动的能力和原来差不多，成为自由液态水。完全失去自由活动能力的水分子是胶体中的强吸附层的强结合水；部分失去自由活动能力的水分子是胶体中的弱吸附层中的弱结合水。这两部分结合水共同组成水化膜，使黏粒的体积膨胀。其结合水力学性质既不同于液体，也不同于固体，而是介于二者之间的过渡类型。由于黏粒极小，表面积很大，因此这种吸附作用极其明显。这时的黏粒将形成一种胶体，黏粒表面将形成很厚的水化膜吸附层，从而使黏土在宏观上产生膨胀。这种膨胀机制并非高岭石矿物独有，蒙脱石、伊利石等其他矿物，只要粒径小于 0.002mm，均能形成胶体，且具有上述膨胀机制。

这两部分结合水共同组成水化膜，使黏粒的体积膨胀。其结合水力学性质既不同于液体，也不同于固体，而是介于二者之间的过渡类型。由于黏粒极小，表面积很大，因此这种吸附作用极其明显。这时的黏粒形成一种胶体，黏粒表面形成很厚的消化膜吸附层，使得黏土在宏观上产生膨胀。这种膨胀机制并非高岭石矿物独有，蒙脱石、伊利石等其他矿物，只要粒径小于 0.002mm，均能形成胶体，且具有上述膨胀机制。

水化膜会有一部分重叠起来，形成公共水化膜。当各自水化膜加厚时，公共水化膜消失，水胶连接力消失，软岩产生膨胀而进入塑性阶段；若各自水化膜变薄，公共水化膜形成，水胶连接可以使软岩变得相当坚硬，这就是现场见到的软岩十分坚硬的原因。

软岩遇水膨胀（胶体膨胀机制）可称为软岩胶体膨胀模式。固体软岩黏粒周围有公共强结合水化膜，故其硬度很大；吸水膨胀后，公共强结合水化膜消失，黏粒的弱结合水膜加厚而出现公共弱结合水膜，这时软岩变成塑性状态；黏粒进一步吸水膨胀，公共弱结合水化膜随水化膜加厚趋于消失，随之出现了黏粒之间的自由水，此时软岩进入平时所见的黏流状态和液流状态。

（3）毛细膨胀机制

软岩的空隙颇为发育，由于大量孔隙和裂隙的存在及水的表面张力，从而产生了毛细压力，使地下水通过软岩中的微小空隙通道吸入。其上升的高度和速度决定于它的孔隙、有效粒径、孔隙中吸附空气和水的性质以及湿度等。据试验数据，卵石的毛细高度为零至几厘米，砂土则在数十厘米之间，而对黏土（相当于泥质软岩）则可达数百厘米。因此，在整个毛细带内，事实上为软岩的进一步化学膨胀和胶体膨胀准备了条件。正是由于这种毛细作用，才使水通过毛细空隙向各方向运动。所谓毛细作用，实质上就是指水与软岩固体间的吸引力同水与空气界面的表面张力二者的相互作用。

3. 次生因素

所谓次生因素，是指巷道开挖后产生的因素，具体包括：巷道断面（大小、形状）、应力集中（含相邻巷道集中应力之间的相互叠加效应）、围岩质点应力状态改变、围岩质点蠕变动力变化、岩石浸水软化等因素。

（1）巷道断面

巷道断面大小决定了围岩应力集中程度，巷道断面越大，围岩应力集中程度就越高，围岩质点的切向应力值就越大，相应的切向应力与径向应力的差值也就越大，这一方面会导致围岩损伤速度加快、蠕变动力加大，另一方面也导致许多岩石质点不稳定蠕变的发生。

这里的巷道断面实际上有两种含义：巷道的净断面和巷道的有效承载断面。有效承载断面是指松动圈与外围稳定岩体之间的界面所形成的断面，围岩应力集中主要发生在有效断面外围一定范围之内的岩体之中。有效断面越大，应力集中程度就越高，围岩蠕变的动力也就越大。反复受动压影响，巷道的松动圈会较大，相应的围岩蠕变动力也较大，因此，控制松动圈的发展也是减小巷道蠕变动力的有效措施之一。

总之，巷道断面的大小与形状直接关系到支护强度的确定。

（2）应力集中

应力集中是巷道开挖所形成的地应力重新分布的一种特殊现象，因为去除了巷道所在位置的岩体，原先途经巷道部位的地应力不得不改道从巷道周围的介质中传递，致使巷道周边的应力值较巷道开挖前的地应力值明显变大。这种应力的改变必将导致围岩发生一系列的弹性变形和流变。通常情况下，巷道断面越大，巷道围岩中应力集中程度越高，巷道支护难度越大。

当两条巷道距离较近时，通常应力集中区域会相互重叠并导致集中应力相互叠加，从而引发更严重的变形，这就是巷道群次生应力叠加效应。

（3）围岩质点应力状态改变

巷道开挖导致围岩质点应力状态改变，应力状态改变的第一后果是质点的形状弹性改变和体积弹性改变，第二后果是质点的长期蠕变。围岩质点应力状态改变涉及两种基本变形：弹性变形和流变。

（4）围岩质点蠕变动力变化

处于软岩层中的巷道，在支护设计时，工程地质条件是非常重要的一个因素，因为不同的工程地质条件伴随着巷道的开挖会产生不同的次生因素。

巷道开挖后，在支护强度不足以维持围岩原有应力状态的情况下，随着围岩质点应力状态的改变，围岩质点发生向巷道方向的位移是必然的情况。处于两层坚硬岩层之间的软岩层间的流动如同管道中流动的液体，存在滞流效应。对于同一液体，管道直径越小，滞流效应就越强。同样的道理，软岩层厚度越小，上下坚硬岩层对其的蠕变约束力就越强。上下坚硬岩层的反向被动约束力会有效地改变围岩质点的应力状态，从而削弱其蠕变动力。很多岩石巷道在开挖后2～3个月会自动地稳定下来，就是因为这一原因。

（5）岩石浸水软化

煤矿岩石巷道的变形存在两个特殊现象：第一个特殊现象，同样工程地质及支护方式的巷道，上下山的变形要小于平巷的变形，其中主要的原因就在于上下山虽有流经的水，但受水浸湿的岩体范围较小，而平巷底板500～4500mm基本常年浸泡于水中；第二个特殊现象，某些巷道底板也实施了与顶板同样的锚注，但顶板稳定，底板仍底鼓不止，如若底板不存在特殊原因，就难以符合重力规律。受水浸泡的泥岩，强度要比干燥状态下的强度低5～10倍。这是一个可怕的数值，强度降低引发的直接后果是底板松动圈继续扩大，松动圈的扩大使得受水浸泡的范围更大，从而一方面导致松动圈内围岩质点的蠕变加剧；另一方面也会因为对外围岩体的径向力减小导致外围岩体的蠕变动力加强。此种危害不会自动消失，它会以一种恶性循环的方式发展。

在很多矿区的砂岩中储存有一定的静态水，巷道开挖使得区域内的静态水的压力平衡被打破，巷道部位的水头大幅降低，巷道附近与远处静态水之间的压力差形成，从而导致较大范围的静态水向巷道渗流，使得巷道围岩中的动态含水量远远大于原先的静态含水量，时间一长，围岩强度将大幅度降低，蠕变动力大幅度增强，锚固力下降，极易突发冒顶、片帮事故。

三、巷道的支护与设计

（一）巷道支护的基本原理

松软岩层巷道支护的着眼点应放在充分利用和发挥自承能力上。支护原理是：根据岩层不同属性，不同地压来源，从分析地压活动基本规律入手，运用信息化设计方法，使支护体系和施工工艺过程不断适用围岩变形的活动状态，以达到控制围岩变形，维护巷道稳定的目的。

具体来说，有以下几个方面。

必须改变传统的单纯提高支护刚度的思想，支护结构及强度应与加固围岩、提高围岩自承能力相结合，与围岩变形及强度相匹配，实践证明，单纯提高支护刚度的方法是难以奏效的。

必须采取卸压、加固与支护相结合的方法，统筹考虑、合理安排，对高地应力区，要卸得充分，对大变形区，要让得适度，对松散破碎区，要注意整体加固，对巷道围岩整体要支护住。

进行围岩变形量测，准确地掌握围岩变形的活动状态，根据量测结果进行反馈，以确定二次支护结构的参数，确定补强时间，再次支护时间和封底时间。

树立综合治理、联合支护、长期监控的支护思想体系。

①综合治理

对松软岩层巷道支护，必须树立综合治理的观念，方可达到预期效果，主要应考虑以下几方面。

巷道位置的选择，最好是选在工程地质条件好，工程量又少的地段，并注意避免空间效应；巷道轴线方向和最大主应力方向平行或小角度相交。

巷道断面形状要适应地应力分布特点，一般应使巷道周边圆滑，防止应力集中，设计的断面尺寸要考虑变形后断面尺寸的要求。

施工工艺，应尽量减少对围岩的震动，并应及时封闭围岩，防止风化。

巷道底板和水的治理，对巷道整体稳定性具有重要意义，可采用底板注浆或打锚杆办法来提高其自身强度，采用疏水、导水措施确保工作面及整个巷道不存水。

支护结构、参数、施工工艺要密切注意和围岩变形状态相匹配。

②联合支护

根据松软岩层特征，巷道支护一般需分次进行。

巷道开挖，围岩暴露后，立即进行第一次支护，并及时封闭围岩，使围岩尽可能减少其强度损失，防止有害的松散状态发生，以后再根据情况，适时的进行二次或多次支护。

支护形式，目前发展趋势是以锚喷支护为主的联合支护方式。在松软岩层巷道维护中，锚喷支护作为一次支护已被公认；二次支护可用锚网喷，也可用金属可缩性支架，还可采用整体混凝土支护。

实践证明：以锚喷为主的联合支护体系对松软岩层的维护有较好的适应性。

③长期监控

围岩变形是围岩力学形态变化最直接的体现。它不仅直接反映了地压规律，而且也是松软岩层来分析判断围岩稳定程度的可靠手段。因此，进行现场变形量测，掌握围岩变形活动状态和时间效应，并在此基础上，选择支护结构和参数，妥善安排掘进和支护工艺过程，以确保支护体系和支护特性曲线与围岩变形活动状态相适应、相匹配，以最大限度地发挥围岩自承能力和支护体系支撑能力，这是搞好维护的关键。松软岩层变形具有时间效应长的特点，所以坚持长期监控，对于及时了解围岩稳定信息及采取相应的加固措施具有重要意义。

（二）巷道支护的基本原则

早期的支护理论沿用地面结构工程原理设计支护参数，围岩是支护的对象，支护只是人工构筑的承载结构而已。然而，现代岩石力学揭示，岩石破裂后具有残余强度，松动破裂围岩仍具有相当高的承载能力，围岩既是支护压力的根源，又是抵抗平衡原岩应力的承载体，而且是主要的承载结构体。支护的作用在于维护和提高松动围岩的残余强度，充分发挥围岩的承载能力。因而，在软岩巷道支护中，要遵循以下几方面原则。

1. 维护和保持围岩的残余强度

一般软岩，在经受水或者风化影响后，强度将降低，所以开巷后应及时喷射混凝土以封闭岩面，防止围岩风化潮解，减少围岩强度的损失；施工过程中的光面爆破等技术措施，有利于保持围岩的强度。

2. 提高围岩残余强度

提高围岩残余强度有三个技术途径。

①提高支护阻力，改善围岩应力状态。开巷后应尽快完成支护的主体结构，使围岩由 2 向应力状态转为 3 向应力状态，从而提高围岩的残余强度。

②用锚杆支护加固围岩。实验证明，锚杆能利用其锚固力将破碎围岩锚固起来，从而恢复和提高破裂围岩的残余强度，形成具有较高承载能力和可塑性的锚固层。锚杆锚固力大、密度高，这种加固作用就越明显。

③注浆加固。破碎严重的岩体，单纯依靠锚杆加固不能满足要求时，应考虑注浆加固，这是提高松动破碎围岩强度最有效的方法。注浆方式可以采用单独注浆或者采用外锚内注的"锚注式"锚杆。

3. 充分发挥围岩的承载能力

充分发挥围岩的承载能力，主要体现在以下几个方面。

①圆形巷道原则。在软岩巷道中，圆形巷道支护结构的承载能力最大（均匀应力场），采用圆形断面有利于提高围岩的承载能力，从而改善支护效果。巷道断面形状的确定应尽量适应围岩应力场的特点。

②全断面支护原则。软岩巷道支护所承受的荷载主要是围岩的变形压力，它来自巷道的四周，包括巷道底板。如果底板不支护，它就是支护的一个薄弱点，很容易发生底鼓现象，从而降低整个巷道支护结构的承载能力，导致支护失败。所以，软岩巷道底板必须予以支护。

③可缩性支护原则。在软岩巷道中，围岩变形压力是支护的主要荷载，普通刚性支护（砌碹支护、普通锚喷等）难以适应，在较大的变形压力作用下很快就会被破坏，从而使围岩处于事实上的无支护状态，不利于发挥围岩的承载能力；对于可缩性支护，当变形压力超过围岩的承载能力后，支架可缩让压，这一过程是减少支护受力，让围岩发挥更大承载能力的过程，所以，软岩巷道支护的主体结构必须是可缩性支护，如锚喷网支护和"U"形钢可缩性支架等。

④二次支护原则。理论和实践都已证明，软岩巷道采用一次强阻力刚性支护来维护围岩是不能成功的，因为它不适应软岩巷道初期变形量大、变形速度快的特点。为适应软岩的变形特征，应采取二次支护成巷的方法。一次支护主要是加固围岩，提高其残余强度，在不产生过度膨胀、剪胀变形的条件下，利用可缩性支护控制围岩变形卸压。二次支护要在围岩变形稳定后适时完成，从而给巷道围岩提供最终支护强度和刚度，以保持巷道较长时间的稳定性和安全储备。二次支护时机，应根据监测数据确定。

（三）巷道支护设计方法

巷道支护设计方法有：工程类比法、理论计算法（理论解析法、数值模拟法）、现场监控法、实验室模拟法等。

1. 工程类比法

（1）直接类比法

一般以巷道围岩强度、围岩完整性、巷道埋深、断面尺寸等因素与已建工程类比，由此确定支护类型和参数。

（2）间接类比法

依据技术规范，按巷道围岩分类及其他有关参数确定。它是目前常用的方法。现场工程技术人员多数采用工程类比法进行巷道支护参数设计。工程类比法最大优点是设计简单使用方便；主要缺点是受设计人员的主观因素影响较大，即使是同样的工程地质条件，不同的人可能作出不同的参数设计，因而其盲目性大、安全性差、易产生安全隐患。

2. 理论计算法

（1）解析法

它是指用数学方法借助固体力学通过计算可以取得闭合解的方法。使用时，要特别注意和岩体所处的物理状态相匹配。这种方法可以精确地计算支护参数，但由于工程地质条件的复杂多变，参数难以准确确定，解析法仅作为设计方法之一。

（2）数值模拟法

其通常包括有限元、有限差分法、边界单元法、离散单元法、DDA 流形元等，目前各类计算方法都得到了长足的进步。目前，软岩巷道设计采用 FLAC 或 RFPA 计算软件，可数值模拟软岩巷道大变形支护。

数值模拟与数值试验。对于地矿工程学科的工程技术人员来说，岩石力学为他们提供了一种解决岩石力学工程问题的有用方法。但这些知识的获取必须通过相关的岩石力学实验才能够得以实现。尽管如此，诸如岩石的非均匀性、非线性以及破坏行为、地压、失稳、岩爆等概念，往往在普通实验室通过小型试样的实验是难以建立的，因为这些概念通常涉及尺度更大的岩体和岩体结构。野外和现场实例无疑是弥补这一缺陷的重要内容，但遗憾的是，适宜于这方面的资料档案（包括照片、挂图、录像等）极其缺乏。因此，通过数值计算方法进行岩石力学数值试验研究无疑是解决这一问题的良方之一。

进行岩石力学数值试验，首先必须有一个适合的数值分析工具。由于岩石力学问题主要涉及岩石的破裂问题，属于固体破坏问题的研究领域，因此，有关岩石力学数值试验的数值分析工具必须具有材料的破坏过程分析、计算功能。这一要求则正是当前岩石力学研究的难点。事实上，它也是固体力学研究的难点。我国老一辈科学家曾指出，研究固体材料在外部荷载和环境作用下，材料中缺陷的演化规律及其导致材料最终失效或破坏的全过程，是力学家和材料科学家为之长期奋斗的跨学科命题。无论是采矿、隧道边坡等岩石工程中的岩石介质，还是混凝土、耐火材料、陶瓷等脆性材料，他们在外力作用下的破坏，都是其内部各种尺度裂纹产生、扩展、聚集、贯通的宏观表现，它与脆性材料的非均匀性及其内部事先存在的裂纹分布有关。因此，研究脆性材料的破坏过程必须研究非均质材料中的裂纹群扩展、相互作用及其贯通机制问题。尽管断裂力学为研究裂纹扩展规律提供了一种基本的理论框架，但是由于断裂力学只研究有限可数的若干裂纹的扩展，因此其很难真正应用于像岩石、混凝土等脆性材料这种本质上就具有非均匀、非连续特征等内部缺陷结构的介质，特别不适宜研究多裂纹、非规则分布系统中裂纹的相互作用与贯通机制。可以说，对裂纹群的扩展、相互作用直至宏观贯通的理论研究，目前仍是国际断裂力学界的一个难题，而研究岩石类非均匀脆性材料中的裂纹群扩展问题，则更是难中之难。因此，发展一种能用计算手段研究脆性材料破裂规律的数值计算方法，不仅具有重要的理论意义，而且对于研究脆性材料破裂过程的失稳问题，具有更加重要的实际意义。数值试验这一术语来自英文 numericaltest 一词。尽管数值试验与数值模拟同为利用数值计算方法研究力学的各种问题，但数值模拟主要是指通过数值计算方法再现已知的现象，强调运用数值模拟的结果加深对实际实验中观测到的已知现象的解释。而数值试验则更注重通过数值计算方法，对一些由于经费、时间、难度等因素的制约而难以实施实验室实际再现的未知现象进行虚拟显现，更强调运用数值实验的结果加深对未知现象的探索。

在岩石力学研究中，岩石的拉、压、剪基本实验及岩石的破裂与失稳过程是一个重要内容。由于岩石材料的非均匀性、非连续性，以及几何结构的复杂性，现有的解析方法尚缺少有效的手段对此过程进行研究，也很难对岩石的破裂与失稳过程做准确的描述。因此，目前有关岩石破裂与失稳过程的研究，仍然主要依赖于现场观测和实验室物理实验。现场观测对工程而言是非常必要的，但由于这种方法受到现场条件、人力、物力和财力的限制，很难在研究中得到充分利用；物理实验虽直观，但有关岩石破裂过程现象的复杂性，以及实验室观测手段、经费等条件限制，通常的岩石力学研究很难通过大量的物理实验直观演示各种岩石变形、破坏的复杂现象。因此，数值实验方法有可能补充常规的实验研究，以达到岩石力学实验设计的目的。

利用计算机对岩石的变形与破裂过程进行数值试验，不仅具有通用性强、方便灵活、可重复性等特点，而且可以通过数值试验得到许多在常规实验室试验中观测不到的重要信息。计算机拥有强大记忆功能的器件（存储器）和强大计算功能的器件（中央处理器，CPU），用它进行力学试验过程的模拟可以避免加载能力不够、测量范围有限等问题。只要 CPU 的计算速度足够快、内存足够大，计算机的计算范围就很大，就可用于对复杂系统的描述。同时，强大存储器件能够记录下计算对象每一个构成基元（所谓基元是指岩石破裂研究最基本的单位）。在任何时间内的信息，可以根据不同需要整理这些数据，并以图形、报表和文字的形式反映出来，以满足理论分析、工程设计等需要。因此，运用数值计算方法研究岩石的力学问题具有广泛的发展前景。

岩石力学数值计算及破裂过程分析系统在过去的 30 多年中，岩石力学中的数值计算方法得到了蓬勃发展。与解析理论相比数值计算有如下一些基本特点。

一是通过离散求解域，将复杂的宏观模型离散成可求解的若干简单模型。

二是利用计算机计算速度快和精度高的特点，快速求解问题。对于工程设计而言，它还可以达到缩短工程设计、分析周期并降低设计成本的目的。

三是计算参数便于调节，使用灵活，可考虑多种工况情况。

四是可以进行全场应力、应变计算，计算结果可以重复。

五是简化复杂的理论解析推导。

目前在岩石力学中应用的计算方法和商业软件众多，但最常用的方法主要有：有限单元法、边界元法、离散单元法等。这些计算方法在岩石力学发展中起了不同的作用，表现出不同的特点和适用领域。然而，尽管人们针对不同的科学问题发展了各种不同数值计算方法，但目前可用于岩石力学数值计算的方法主要包括两类：一类是建立在连续介质力学基础上的数值计算方法，诸如有限单元法边界单元法等；另一类则是通常所说的非连续介质力学分析方法，其中最具代表性的当属离散单元法。应该说，这些方法均有各自的适应范围和各自的优缺点。

从 20 世纪 70 年代至今，有限单元法、边界单元法和离散单元法已在岩石力学问题的研究中得到了广泛的应用。人们将经典理论的算法编成计算程序，使得过去难于计算的问题得以解决。然而，尽管有限单元法、边界单元法和离散单元法已在岩石力学的研究中得到了应用，但直到目前为止，还没有一种成熟的数值计算方法，可以有效地解决岩石在荷载作用下的变形与破裂全过程的数值计算问题。岩石在荷载作用下的变形、破裂直至失稳过程的研究，则一直是岩石力学数值计算方法发展的难点之一。因此，开发一种新的岩石破裂过程数值分析系统，是岩石力学特别是采矿科技工作者为之奋斗的目标之一。

岩石力学问题，在很大程度上是有关岩石破裂的问题，是一个由局部损伤发展到宏观破坏的岩石破裂过程失稳问题。因此，有关岩石破裂过程数值计算方法的研究，必须首先研究岩石破裂的基本性质。其中，最基本的特征就是岩石的脆性破裂特征。

一般认为，岩石的脆性破裂是指岩石在达到峰值荷载前没有或者很小的残余变形，而且破裂时其承载能力迅速降低，这一破坏形式往往诱发岩石破裂过程的失稳，是包括地震在内的自然或工程扰动引起的岩体或岩体结构发生灾难性破坏的根源。除了泥岩、部分弱固结砂岩等岩石外，地壳中大部分岩石具有脆性破裂特征。因此，除了地球科学外，在许多与岩石有关的工程问题中（如采矿、水利水电、铁道交通、土建、核废料处理等），岩石的脆性破裂一直是一个极其重要的研究课题。

自有材料试验机以来，有关岩石脆性破裂的试验研究，已经进行了半个多世纪。20 世纪 60 年代出现的刚性加载试验机，以及后来出现的以 MTS 为代表的高性能伺服控制试验机，使有关岩石破裂全过程的试验研究达到了高潮。近年来，岩石 CT 技术、遥感测试技术的发展，又为岩石脆性破裂过程的试验研究增添了新的活力。然而，正如固体破坏是固体力学研究的难点一样，作为特殊固体的岩石，其破裂过程的理论研究，仍然是岩石力学研究的难点之一。由于岩石介质的非均匀性和岩石破裂过程的复杂性，通常用于描述均匀、连续固体介质的经典力学理论难以直接应用于岩石破裂过程的研究。

目前损伤力学、断裂力学的发展已在岩石力学研究中得到许多应用。损伤力学是研究固体介质内局部缺陷的累积、发展对岩石宏观性质劣化的影响的学科。将岩石作为一种有缺陷的地质材料，无疑是损伤力学相对传统的强度理论的一个进步。但是，损伤力学只是从一种唯象的角度对介质破裂引起的力学性质的弱化作简单的宏观描述，并没有涉及裂纹的萌生、扩展、相互作用直至贯通的全过程，而这一过程的研究正是研究岩石力学性质劣化程度所必须考虑的。尽管断裂力学可以用于描述具体的裂纹扩展（确切地说是扩展的可能性），但从实质上说，经典断裂力学所研究的只是已有尖锐裂隙引起的应力集中导致裂纹的扩展问题。然而，对于岩石类非均匀脆性介质而言，缺陷不仅仅是以尖锐裂隙的形式出现，它也可能是孔隙或其他弱质介质。软弱缺陷诱导着裂纹的扩展，而坚硬颗粒则阻碍着裂纹的扩展。

因此，当这类介质在承受荷载时，常常在已有裂纹的基础上萌生许多新的裂纹，这些裂纹在受软弱缺陷诱导扩展的同时又受强硬颗粒的阻碍。裂纹不规则扩展、相互作用直至贯通是岩石类非均匀脆性介质破坏的主要形式。因此，岩石脆性破裂过程的研究，不仅仅是研究单个或有限个裂纹的扩展问题，而是要研究大量裂纹群的扩展、相互作用及其贯通形式，包括这些裂纹群的最初萌生机制。用解析力学方法（如断裂力学理论等）求解岩石的破裂问题，常把岩石作为均匀介质处理，岩石的力学参数在空间分布和时间尺度上是一成不变的，即使些非连续介质力学理论（如块体理论）也难以考虑岩石宏观破裂过程中宏观、细观的力学参数变化。过去利用连续介质力学研究岩石变形过程中微破裂的时间序列特征是基于平均场的概念，它忽略了微破裂之间的相互作用。尽管微破裂的集体效应可以由简单的求和方式表示，但这只是在低损伤阶段适用。实际上微破裂之间的相互作用不可避免地存在于岩石介质的整个变形破坏过程之中。特别在高损伤阶段，相邻微破裂之间的相互作用更为突出。然而在目前数学力学发展水平的基础上，用解析方法还难以求解岩石类材料内部微破裂间的相互作用问题。因此，从当前岩石工程计算发展趋势来看，发展一种能够进行岩石变形和破裂全过程行为（包括裂纹萌生、扩展、贯通乃至破裂、失稳等）研究的数值模拟工具已成为研究者追求的目标。而就目前数学力学发展水平而言，一个数学方法上相对简单但能充分考虑岩石介质复杂性的数值分析方法，对于岩石破裂过程机制的研究可能更有发展前途。

令人鼓舞的是，在这方面已经出现了一些好的解决思路，即细观力学的研究方法。从岩石的细观结构出发，用若干简单的能反映岩石的基本特性的细观基元的组合整体特性模拟复杂的宏观岩石力学行为已逐渐成为数值模拟研究的方向。在材料研究领域，有限元与细观力学和材料科学相结合，产生了用有限元计算细观力学行为的研究方法，并在刚度问题、强度问题和损伤问题等方面的研究中，取得了较大进展。

随着细观力学的发展，近年来出现了一些基于细观结构考虑的数值模拟方法，应用较多的有链网或 Lattice 模型、granular 模型、Bule-based 模型等。由于这些模型将介质离散成细观单元（如杆、梁单元或颗粒等），因此很容易在模型中引入介质的非均匀性（如强度的非均匀性或弹模性质的非均匀性等），并引入相对较简单的破坏准则，这对研究非均匀性带来的材料破裂过程的复杂性颇有帮助。

3. 现场监控法

20 世纪 70 年代后期发展起来的一种地下工程设计方法，又叫信息反馈法。如损伤、神经元、位移反分析等方法曾经红火。该方法在软岩巷道支护中起到了重要作用，通过现场监测及时了解巷道变形破坏状况，修正设计，使设计更加科学、合理、可靠。

4. 实验室模拟法

通过实验室模拟法可以及时地分析现场支护设计的可靠性、合理性，为现场施工设计提供实验和理论依据。

（四）巷道不良部位的支护

1. 巷道支护不良部位的概念

支护强度决定着巷道的稳定情况。支护参数与围岩变形相耦合，即可控制围岩变形，否则围岩失稳。工程实践中，通过对支护体破坏过程分析表明：无论是初次支护的新开巷道，还是实施了多次支护的翻修巷道，其巷道支护体破坏是个过程，总是从某一个或几个部位首先产生变形、损伤、破坏，进而导致整个支护体失稳破坏。对此失稳破坏过程有关文献称是由不良岩层控制不当造成的，或称关键部位失稳破坏所致的。经理论分析和实践，认为巷道支护体破坏是因为其强度、刚度、结构、变形、二次支护时间等和围岩应力、应变不耦合造成某一个或几个部位首先产生变形、损伤、破坏，进而导致整个支护体失稳破坏的，所以称这不耦合部位为不良部位。对不良部位的变形特征、破坏力学机制、支护原理进行研究，采用耦合控制对策与巷道等强支护造成的支护强度大、支护费用高或支护强度不足、安全性差相比具有更大的技术经济效益。

2. 不良部位分类

巷道支护的破坏是由巷道支护力学特性、围岩力学特性和岩体应力荷载性质的不耦合所造成的。

对巷道支护体破坏机制分析，按变形力学机制不同，将不良部位分为四种类型。Ⅰ型不良部位是指支护体和围岩的强度不耦合，非均匀的荷载作用在等强的支护体上形成局部荷载，产生局部破坏，最终导致支护体失稳；Ⅱ型不良部位是指支护体和围岩的刚度正向不耦合，支护体刚度小于围岩刚度，围岩产生的过量变形得不到限制，使围岩剧烈变形区先损伤、刚度降低，从而将其本身所承担的荷载传递到支护体上，形成局部过载而产生破坏；Ⅲ型不良部位是指支护体和围岩的刚度负向不耦合，支护体刚度大于围岩刚度，围岩的膨胀性等能量不能充分转化为变形能量而释放，造成局部能量聚集，使支护体局部过载而首先产生破坏；Ⅳ型不良部位是指支护和围岩结构变形不耦合，支护体产生均匀的变形围岩中的结构面产生差异性滑移变形，使支护体局部发生破坏。

3. 不良部位特征的确定

研究认为，巷道在工程荷载长期作用下，围岩出现明显的变形之前，巷道围岩在一些局部部位会出现细小的工程裂纹。根据裂纹的力学性质（拉、压、剪、扭、弯）、复合力学性质（压扭性、张扭性等）和裂纹体系的配套关系可以推得，产生裂纹部位的工程荷载性质及整个巷道工程的工程荷载组合特征。据此，不仅可以进行二次组合支护对策设计，而且可以确定出合理的二次组合支护的顺序。

在巷道的不良部位，工程裂纹出现时常伴随着高应力腐蚀现象，即在支护体不良部位产生鳞片状、片状支护体剥落。高应力腐蚀分为四个阶段：鳞状剥落阶段、片状剥落阶段、块状崩裂（塑性铰出现）阶段和结构失稳（崩塌垮落）阶段。出现高应力腐蚀现象的部位就是需要二次组合支护的不良部位。因此，高应力腐蚀现象可以作为识别不良部位的标志。

4. 不良部位耦合支护技术

不良部位耦合支护技术就是根据位移反分析原理，确定支护系统二次组合支护的最佳时间（段），在不良部位实施支护体和围岩的再次组合，最大限度地发挥围岩的自承能力，从而使支护体对围岩的支护力降到最小。具体实施过程为：巷道开挖后，首先对围岩施加锚网支护，通过巷道顶底板、两帮移近量以及锚杆托盘应力的监测，确定最佳时间（段），对巷道围岩不良部位施加高预应力的锚索、锚注，提高围岩强度，使围岩和支护体达到耦合支护力学状态。其支护的特点是：最大限度地提高利用围岩的自承能力；最大限度地发挥刚性锚杆的支护能力；充分转化围岩中膨胀性塑性能；适时支护，主动促稳；围岩和支护体实现优化组合，从而使支护系统达到耦合的最佳支护状态。不良部位耦合支护成功的关键是不良部位的确定和最佳二次支护时间的确定。

第二节　软岩稳定性的影响因素分析

一、软岩的类型与属性

（一）软岩的类型

软岩岩体大致可分原生沉积岩类松散岩体、次生松软岩体、岩体中的软弱岩层、膨胀岩和高地应力作用下的岩体5种。

①原生沉积岩类松散岩体。这是一种低强度、弱胶结的原生松软岩体，大多是新生代古近纪、新近纪或第四纪的沉积岩。这类岩体在成岩过程中，只经过沉积压紧，胶结弱，是介于岩石和积土之间的过渡性岩体，如粗粒砂岩、细砂岩、粉砂岩、砂质泥岩。

②次生松软岩体。这种岩体由于受到内部结构面切割，岩体的整体强度远小于单个岩块的强度。根据岩体受结构面切割后岩石块体的大小和形状，岩体分为块状结构、块裂结构、松散结构。松散结构岩体是受到大规模和复杂的地质运动作用后形成的，整个岩体都十分破碎，块度小且均匀。

③岩体中的软弱岩层。断层破碎带中不仅岩体呈松散结构，且常含有易泥化的软弱夹层，围岩的稳定性很难控制。

④膨胀岩。遇水作用后体积膨胀、岩性软化、碎裂泥化等现象的一类岩石，如泥岩、页岩、黏土岩、泥质粉砂岩等。遇水发生物理性质变化的岩石，一般均含有强亲水性黏土矿物，如蒙脱石、伊利石、高岭石。黏土类膨胀岩的膨胀来自颗粒间或晶间的吸水扩张。膨胀性泥质岩在自然界中约占地壳岩体的50%

以上，膨胀岩的研究主要针对黏土类膨胀岩。含高岭石伊利石较多的软岩遇水作用后，主要产生软化和崩解现象，体积膨胀现象不严重。含蒙脱石较多的软岩遇水作用后，将产生比较明显的体积膨胀，有时甚至产生剧烈的膨胀，体积膨胀率可高达 100%。

⑤高地应力作用下的岩体。工程岩体强弱是相对的，地应力越高或工程开挖范围越大，围岩变形量就越大，破坏程度越严重，稳定性越难控制。高地应力作用下侧向或底部来压对巷道的影响稳定且相同，但难以估算和控制。

（二）软岩的属性

①重塑性。软岩具有强度低、结构疏松、在外力作用下可任意成形的特性。

②崩解性。含有黏土矿物的软岩浸水后发生解体现象的特性。

③胀缩性。软岩浸水后体积增大，失水后体积缩小的特性。

④触变性。软岩一触即变的现象。当岩体受到震动、搅拌、超声波等外力作用的影响时，往往使岩体呈现"液化"的悬液状态。

⑤流变性。在外部条件不变的情况下，岩体内的应力或应变随时间变化的特性。当应力不变，应变随时间变化的现象称为蠕变；当应变一定，应力随时间增加而减小的现象称为松弛。软岩巷道中软弱围岩随时间增加，往往会产生很大的不可逆流变变形。

二、软岩工程围岩稳定性的影响因素

（一）地应力（埋深）的影响

理论分析表明，深埋巷道在未受到采区扰动的情况下，深度仍是影响巷道围岩稳定的主要因素。随着矿井深度的增加，围岩松动圈的厚度开始时呈非线性增大，速度较快，以后逐渐变缓，呈近似线性增大；埋深对围岩松动圈厚度的影响程度与岩体强度关系密切，强度越大，影响越小，反之则影响越大。

（二）岩石强度的影响

影响深埋巷道围岩稳定的另一个主要因素是岩体的强度。岩体的强度对围岩的稳定影响较大，这里所涉及的岩体强度不仅包括岩体的极限强度，还包括残余强度。

当岩体的残余强度不足其极限强度的 5% ～ 10% 时，随着岩体残余强度的降低，将导致松动圈厚度的急剧增加。而当岩体的残余强度超过其极限强度的20%时，松动圈厚度的减小不明显。有关研究表明，岩体的残余强度一般远小于极限强度。因此，对于深埋巷道支护来说，我们首先应该考虑的是加固围岩以提高它的残余强度。例如，对于难支护巷道采取"三锚"支护则比"U"形钢可缩支架更有效。

（三）应变软化程度的影响

岩石的应变软化系数是描述岩石破裂后强度随应变增大衰减幅度大小的参数。当其他条件一定时，软化系数越大说明岩石的软化程度越大，对围岩稳定性影响也越大，则松动圈的厚度越大。因此，通过加固围岩减少应变软化程度可提高巷道围岩稳定性。

（四）支护强度、刚度的影响

支护强度、刚度越大则对松动圈厚度的影响越大，尤其是这种影响在支护阻力较小（同时残余强度也较小）时尤为突出。然而，在此必须探讨的是由于现有支护形式的特点（滞后性、不密贴及支护阻力小，一般仅为 0.1～0.2MPa），不可能改变围岩状态，所以即使埋深 800m 的巷道的原岩应力也已在 20MPa 以上，如果考虑集中应力影响，巷道周边围岩应力将达 40MPa，如仅依靠支架的微小阻力不可能改变深井巷道围岩的破裂状态，也不可能从根本上阻止围岩深部岩石的运动。但是这绝不能证明支护毫无用处，恰恰相反，支护在维持巷道围岩稳定中起着关键的作用。只要有足够的支护强度和刚度就可以使松动圈内岩石相互啮合，并留在原位不垮落，以免其垮落而导致松动圈的再次扩大，巷道围岩失稳破坏。

（五）水对软岩稳定性影响

水对软岩的强度有重要影响，不少软岩浸水后强度急剧下降，甚至立即碎裂或泥化。在生产实际中，按软岩在水的作用下发生解体的方式，水对软岩的稳定性简略地分为基本保持稳定、碎裂、崩解和泥化。相关统计表明，凡 YH/Rc 大于 0.5，浸水后很快碎裂和崩解的岩石，巷道维护比较困难，其无疑属于软岩的范畴；凡遇水保持稳定的岩石，即使 YH/Rc 为 0.5 时，巷道仍可能尚较稳定。按 YH/R 小于 0.5～1.0，岩石漫水后的影响程度基本保持稳定、破裂及崩解和泥化，巷道的稳定性出现基本稳定、失稳和严重失稳三种类型，可见水对软岩稳定性的影响是不可忽略的重要因素。

（六）施工质量的影响

对于深部高应力软岩巷道，施工质量的好坏也是直接影响巷道的稳定性与维护水平的重要因素，如对于深部软弱大流变围岩，保证良好的断面成型是实现良好的巷道维护的重要前提，岩性条件不良会影响巷道成型的质量，尤其是断层破碎带等区段，因此必须确保光面爆破的效果。对于大断面的开拓巷道，在采用台阶掘进时，应确保台阶连接部位的巷道成型和支护质量，减轻爆破冲击荷载对该部位围岩的多次扰动。

三、软岩巷道的围岩稳定性系数

国内外都认为巷道围岩稳定性主要取决于围岩应力与围岩强度相互作用。实践表明，软岩巷道通常在掘进期间围岩应力大于围岩强度，因而在围岩内形成较大范围的松动破坏，从而引起围岩的强烈位移。所以，判别软岩巷道的重要条件如下：

$$\sigma_M > R_p$$

式中：σ_M——掘进期间巷道围岩的最大应力；

R_p——巷道围岩岩体的瞬时强度。

因 σ_M 和 R_p 都是难以准确测定的指标，因而上式只是一个定性概念。若仅考虑自重应力而不考虑构造应力，则上式可变为下式：

$$k\gamma H \geqslant R_C$$

式中：k——巷道围岩应力增高系数，一般为 $2 \sim 2.5$；

γ——上覆岩层的平均容重，kN/m^3；

H——巷道深度，m；

R_C——围岩单轴抗压强度，kPa。

煤矿软岩的判别式如下：

$$S = {\gamma H} \Big/ {R_C} \geqslant 0.4 \sim 0.5$$

式中：S——巷道围岩稳定性系数。

巷道围岩稳定性系数 S 反映了岩层的自然状态，是地质力学参数，概括了决定巷道稳定性的基本因素和软岩的本质特征。这项指标已得到广泛应用，成为选择巷道支架形式的主要依据。经过我国煤矿实践，广大工程技术人员和学者认为围岩稳定性系数应为判别软岩质量分级的主要指标。

第三节　软岩支护技术研究

一、软岩支护结构类型

按对围岩支护结构的作用机理的不同，目前采用的支护结构可归纳为如下三类。

①外部支护：这类支护结构通常具有足够大的刚度和断面尺寸，一般用来承受强大的松动压力。通常采用砌碹、金属支架、钢筋混凝土大弧板等。

②内部加固：这类支护结构主要有锚杆、锚索和围岩注浆等，主要是通过提高围岩的内聚力和摩擦角来提高围岩的强度，从而提高围岩的自承能力。

③联合支护：在软岩工程中，一般围岩都必须实施人工支护（或称加固）才能保持其一定的稳定性。因而，软岩工程发展中的主要问题是围岩稳定性控制。现有的控制方法有：从施工方面应尽量减少对围岩的破坏，如预留光爆层等；在支护技术上，主要有锚喷支护、锚索支护、锚注支护、大弧板和"U"形钢支护以及几种方式的联合等，此外，还包括卸压技术的联合使用等。

二、围岩外部支护技术

（一）砌碹支护

砌碹支护过去是一种较常见和较简单的支护技术，约占我国地下采煤巷道支护的20%，主要材料是石料和混凝土等。在井下巷道支护中，一般以碹体的形式出现，以阻挡巷道四周来压。在浅埋低应力巷道工程中，砌碹支护能较好地维护巷道的稳定。但在软岩工程中，一般传统的砌碹支护会产生多种严重破坏，从而无法有效保证工程的长期稳定。

（二）金属支架支护

拱形可缩性金属支架用矿用特殊型钢制作，每架棚子由三个基本构件组成——一根曲率为R_1的弧形顶梁和两根上端部曲率为R_2的柱腿。弧形顶梁的两端插入或搭接在柱腿的弯曲部分上，组成一个三心拱。梁腿搭接长度为$300 \sim 400mm$，该处用两个卡箍固定。柱腿下部焊有$150mm \times 150mm \times 10mm$的铁板作为底座。

支架可缩性可以用卡箍的松紧程度来调节和控制，通常要求卡箍上的螺帽扭紧力矩大约为150N/m，以保证支架的初撑力。拱梁和柱腿的圆弧段的曲率

半径 R_1 和 R_2 的关系是 R_2/R_1=1.0 ～ 1.5（常用的比值是 1.25 ～ 1.30）。在地压作用下，拱梁曲率半径 R_1 逐渐增大，R_2 逐渐变小。当巷道地压达到某一限定值后，弧形顶梁即沿着柱腿弯曲部分产生微小的相对滑移，支架下缩，从而缓和了顶岩对支架的压力。这种支架在工作中可不止一次地退缩，可缩性比其他形式支架都大，一般在 30 ～ 35cm。在设计巷道断面、选择支架规格时，应考虑留出适当的变形量，以保证巷道的后期使用要求。

影响金属支架承载能力的因素很多，主要有以下几个方面。

①断面形状和大小。同一种材质不同形状的支架其承载能力明显不同，一般是圆形＞拱形＞梯形；在型钢与断面形状相同的条件下，支架承载能力随断面面积增加而降低。

②外载作用形式。支架在均布外载下的承载能力远远大于非均布外载的情况。

③壁后充填填实情况。"U"形钢壁后充填填实情况对发挥支架的承载能力非常重要，我国大多数矿井往往忽略了这点，因而造成支架失效。

④支架架设质量。支架失效的主要原因之一是支架架设质量不好，常见原因为卡缆螺母没有足够扭矩，支架架设不平正，不能形成"支架＋拉杆＋背板＋壁后充填"的整体结构。

（三）混凝土大弧板支护

混凝土大弧板支护是专为软岩设计的新型支护，这种支护的特点是采用了超高标号钢筋混凝土弧板，弧板混凝土强度等级达 C100。其截面含钢率为 1.3%左右，板厚 0.2 ～ 0.3m，宽 0.32 ～ 0.49m，每块重 4.8 ～ 8t，每圈根据巷道断面大小由 4 ～ 6 块弧板组成圆形支架，每 2 ～ 3 圈相接成巷。支架的每米布承载能力为 500 ～ 700kN。

弧板支护用 HP-1 型机械手架设。该机械可在轨道上行走，最大起重能力小于等于 100kN，适用于直径 4 ～ 5m 的巷道。弧板架设后，为增加其可缩性，板后充填 100mm 厚的柔性填层。在施工时如遇顶帮难以维护时，可采用锚喷支护与弧板联合支护，即先锚喷，再架设弧板。

三、围岩内部加固支护技术

（一）锚喷支护

锚喷支护是一个支护系列，和其他支护技术相比有其众多优点，它可用于不同岩性、不同断面、不同用途的各种地下工程。实践证明，它的经济效益也比较显著，该技术目前已得到广泛应用。

1. 锚喷支护的特点

①及时性。喷射混凝土、喷射水泥浆以及锚喷能及时支护甚至超前支护（插筋锚杆），因此，它能够不失时机地为工作面创造安全的工作条件。

②密贴性。喷层与围岩密贴，是一种强度高、黏结力大、抗渗性能强的薄层支护，能将围岩表面的裂隙黏成整体，防止松动，故喷层既能提高围岩的表面强度，又具有一定的支护抗力。

③封闭性。喷层及时封闭围岩，可具有防火、防水、防瓦斯、防风化的性能，从而克服了软岩怕水、怕震、怕风化的缺点，同时可及时封闭围岩，从而防止了环境效应对软岩的不良影响。

④可分性。喷层可多次喷，先喷一层薄层，使喷层具有柔性同时锚杆也有一定的让压性，通过应力调整围岩趋于稳定后，再复喷达到设计厚度。

⑤适应性。锚喷支护可用于不同岩性、不同断面、不同用途的各种地下工程。它既可作为支护体，又可作为临时加固等补强措施；既可作临时支护，又可作永久支护或永久支护中的一次支护；既能承受静荷载，又能承受动荷载，故其适应性很强。

⑥组合性。锚喷支护可以和各种支护形式相结合，如型钢、"U"形钢、砌碹、弧板、金属网、钢带等，从而组成各种形式的联合支护。

⑦经济性。锚喷支护是一种轻型支护，其重量只有一般承压式支架的 $1/15 \sim 1/6$。断面利用率高，可减少工程量 $10\% \sim 20\%$。锚喷支护每米巷道直接成本只相当碹体支护的 $1/5$，相当金属支架的 $1/8 \sim 1/7$。

⑧科学性。锚喷支护可根据围岩收敛速率判定围岩稳定程度，修正锚喷参数。新奥法的基本依据就是利用信息反馈法，克服施工的盲目性。

2. 软岩巷道对锚喷支护的要求

①不宜采用端锚。由于软岩是低强度、弱胶结、强膨胀的岩体，端锚是达不到 40kN 锚固力的，故必须采用全长锚固的锚杆。

②立即封闭围岩。软岩中，特别是泥岩，立即喷射混凝土是喷不上的，而且回弹率非常高。因此，要防止环境效应对软岩的影响，最方便的做法是用水泥浆略加些速凝剂，薄喷一层（仅 $2 \sim 3mm$），使光滑的泥岩包上一层水泥浆，然后再喷射混凝土，回弹率就会大大减小，喷层和围岩两层皮现象也可克服。

③提高锚喷的柔性。软岩初期变形大，变形速度快，常规的锚喷支护是不能适应的，必须提高锚杆和喷层的柔性，以满足软岩巷道的变形要求。

3. 喷层

喷层的作用主要是封闭、加固围岩，防止危石下落，提高围岩强度等。目前地下工程锚喷支护的喷层多为喷射混凝土或水泥砂浆，凝结硬化后为脆性材料，其柔性很差，只能承受压力，抗拉、抗剪强度极低。为满足一次支护时软岩初期变形量大、变形速度快，而且保证喷层不开裂，则要求喷层有较大的柔性。常规方法是采用钢纤维、尼龙、化学纤维以及汽车橡胶轮胎下脚料等，这些材料具有提高喷层抗剪能力、增加柔性的特点。

4. 锚杆

锚杆的作用按其作用机理的不同有悬吊、加固围岩等。锚杆的种类根据其锚固的形式分为端头锚固和全长锚固，按变形特征可分为全长摩擦式、全长黏结式和可拉伸式等多种

（二）高强预拉力锚杆支护技术

1. 锚杆类型及参数的确定

锚杆类型多种多样，每种类型都有自己的适用条件（应力状况、顶板岩性、技术条件、成本因素等）。除了一般锚杆类型外，还有用于二次支护的主动型和被动型的锚索（以钢绞线为材质）、主动型和被动型的顶板桁架系统（分别以钢材和钢绞线为材质的荷载连续传递的系统、两根普通斜锚杆和水平拉杆结合，并且荷载互相独立的系统）。

由于锚杆预拉力是形成"刚性岩梁"顶板至关重要的因素，而且改变锚杆预拉力又是提高顶板稳定性最经济的手段，因此，预拉力的确定是锚杆设计的中心内容。

利用 ANSYS 三维有限元大模型，先确定巷道的应力状况。大模型的主要输入参数包括：最大水平应力（σ_1）、最小水平应力（σ_2）、夹角（α）、相关的几何尺寸（工作面、采空区、煤柱、巷道等）、岩石力学性质和采深。

在上述大模型的基础上切割出所关心的局部区域，此区域称为子模型。子模型的边界条件由大模型输出而自动附加在子模型的边界上。在子模型中考虑锚杆单元及岩石层理单元，只要子模型的外边界选得合适，这种做法是合乎逻辑的，因为受锚杆影响的应力范围非常有限，从而避免了在大模型上进行非线性分析。子模型输入参数包括：锚杆预拉力、锚杆直径、锚杆长度、岩石层理面的力学性质、锚杆间距。锚杆预拉力与长度的确定原则如图 9-1 所示。

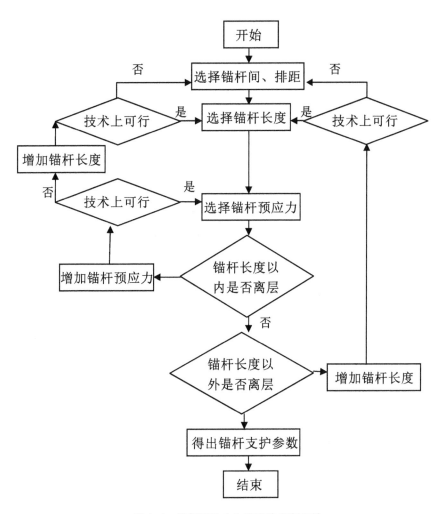

图 9-1　锚杆预拉力与长度的确定原则

锚杆间排距通常不是锚杆设计的主要参数，因为它对形成"刚性岩梁"顶板不起决定作用。通常是采用 1.2m × 1.2m 布置，这是美国 50 多年锚杆支护的经验。因此，模型输入时的锚杆间距初选值也用 1.2m。但间排距可能要根据计算后得出的所需预拉力进行调整，如所需预拉力为 10t，技术上可达到的最大预拉力为 5t，那么锚杆间排距要缩小到 0.6m。刚性岩梁顶板是保证锚杆大间距的基础。

2. 高强预拉力锚杆支护系统的开发

根据刚性岩梁理论基本观点，对目前低预拉力锚杆支护系统提出了新的技术要求，具体如下。

①锚杆杆体强度高，钢材的屈服强度应在 300MPa 以上。

②能够实现锚杆的快速安装。

③容易满足锚杆高预拉力的要求。

④锚杆、托盘、钢带三者的承载能力匹配。

⑤锚杆、托盘、钢带加工规范、系统。

锚杆应作为一种商品实现系列化、规范化、产业化，而不仅仅作为一种普通的消耗材料。我们把满足以上条件的锚杆支护系统定义为高强预拉力锚杆支护系统，主要包括以下几方面内容。

①锚杆杆体材质及表面结构的选择。

②减摩快速安装螺母的研制。

③抗撕裂大刚度钢带及其配套托盘的研制。

④提高锚杆预拉力的措施。

3.锚杆杆体材质及表面结构

（1）锚杆杆体材质

锚杆杆体的强度直接影响锚固范围内对围岩支护阻力的大小，从而影响锚杆群作用范围内围岩的承载能力和锚杆的支护效果。按照钢材的屈服强度 σ_s 可将锚杆分为 3 类：$\sigma_s < 340\text{MPa}$ 为普通锚杆；$340\text{MPa} \leq \sigma_s < 600\text{MPa}$ 为高强度锚杆；$\sigma_s \geq 600\text{MPa}$ 为超高强度锚杆。我国以往使用的锚杆材质一般为 Q235，其屈服强度为 240MPa，杆体直径一般为 14mm、16mm 和 18mm，所以锚杆破断力均在 100kN 以下。

为了改变我国长期使用低强度锚杆的状况，最近几年我国大力发展了高强度、超高强度锚杆。Q235 属于低碳钢，在低碳钢的基础上加入少量既能提高钢材强度、又能改善钢材其他性能的合金元素（如锰、硅、钒、钛等）就形成了低合金钢，如 16Mn、20MnSi 等，其屈服强度可达 330MPa，抗拉强度为 510MPa，是 Q235 的 1.4 倍。在成本增加不多的情况下，采用高强度级别的钢筋是提高锚杆强度的基本途径。高强度锚杆采用的 20MnSi II 螺纹钢化学成分和力学性质，见表 9-1。

表 9-1　20MnSi　II 螺纹钢化学成分和力学性质

项目	化学成分 /%			力学性质 /MPa		
	C	Si	Mn	σ_s	σ_b	δ_s
国家标准	017 ～ 0.25	0.4 ～ 0.8	1.2 ～ 1.5	≥ 340	≥ 510	≥ 16
实测结果	0.22	0.56	1.44	410	650	26

（2）锚杆杆体表面结构的分析

①普通螺纹钢表面存在的缺陷。对于锚杆杆体而言，要求对树脂搅拌后，必须充填密实，才能使锚杆杆体与树脂的握裹力、孔壁与树脂之间的黏结力达到最大，从而产生非常大的锚固力。由于普通的螺纹钢锚杆为表面两边带纵筋、右旋螺纹的杆体，在搅拌树脂时，主要带来如下的问题：一是由于两纵筋的存在，减小了孔壁与锚杆杆体的有效间隙，增大了搅拌时的阻力。实践证明，带有纵筋的螺纹钢杆体搅拌时的扭矩大于等于 80～100N/m。另外，由于两纵筋比螺纹高，因而降低了杆体与孔壁之间树脂的密实程度。二是右旋螺纹在旋转时，会产生将树脂从孔内旋出的力量（搅拌树脂时锚杆钻机为右旋），不利于锚固剂的充填密实，降低了锚固剂的锚固程度。

②左旋无纵筋螺纹钢锚杆。针对普通螺纹钢杆体存在的缺陷，将锚杆杆体直接加工成单向无纵筋左旋螺纹钢，使螺纹方向与搅拌树脂方向相反，这样，在搅拌树脂时，左旋螺纹会对树脂产生向孔内的推力，增加树脂的密实程度，增大锚杆的锚固力。

（三）锚索与锚注支护技术

1. 锚索支护

与锚杆支护相比，锚索支护具有锚固深度大、锚固力大、可施加较大的预紧力等诸多优点，是大松动圈巷道支护加固不可缺少的重要手段。其加固范围、支护强度、可靠性是普通锚杆支护所无法比拟的。

一般认为锚索主要起悬吊作用。锚索把下部大松动圈范围内群体锚杆形成的组合拱或者锚注形成的组合拱及组合拱之外不稳定岩层（如岩层中的层理面造成的离层等）悬吊于上部稳定的岩层。同时，由于锚索可施加较大的预紧力，可挤紧和压密岩层中的层理、节理裂隙等不连续面，增加不连续面之间的摩擦力，从而提高围岩的整体强度。对于大断面巷道、硐室，锚索还起一个重要的作用——减跨作用。

从机理上讲，锚索支护适用于各类大松动圈巷道，尤其是矩形或梯形采准巷道，大断面硐室最优，但是应考虑经济效益，能用锚杆支护则最好不用锚索支护。

综上所述，锚索主要起悬吊作用，它把下部松动圈及可能不稳定的岩层吊于上部稳定的岩层，或者大松动圈之外。因此，依据悬吊理论，锚索的总长度应按下式计算：

$$L=L_1+L_p+L_2$$

式中：L_1——锚索的锚固段长度，常取 1500mm；

L_2——锚索的外露长度，常取 150～250mm；

L_p——锚索的有效长度（松动圈的厚度值或者不稳定岩层厚度值）。

2.锚注支护

注浆锚杆安装锚固后，按所选定的浆液配方和配比调制出注浆浆液，即可通过注浆泵对巷道围岩实施锚注加固工艺。施工必须严格按有关的规程进行，并应注意各工序的先后次序及其匹配关系。一般的巷道锚注施工工艺流程如图9-2所示。

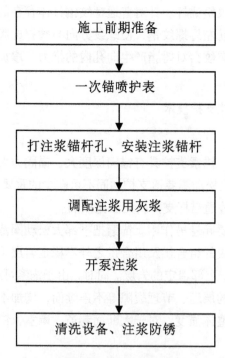

图 9-2　锚注工艺流程图

为保证锚注任务的顺利完成，中空注浆锚杆的安装和注浆过程中还必须注意下述事项。

迎头巷道成型后（视围岩情况可先出矸或后出矸），要紧跟迎头及时进行喷浆护表等一次支护。喷浆的目的是及时封闭围岩暴露面，阻止水分和空气对软弱围岩的作用与影响，并有利于注浆过程中的保浆。喷层材料可以是一般的喷射混凝土或钢纤维喷射混凝土等，喷层厚度一般应大于 30mm。

为保证注浆锚杆的锚固质量及围岩注浆过程中的封孔效果，锚杆必须按设计图纸要求的尺寸和材质加工制作。杆体的长度公差小于 ±10mm，不直度公差小于 3mm/m。

注浆锚杆按钻孔—清孔—穿圆形锚固卷于注浆锚杆上—药卷浸水—装锚杆入孔中—用捣冲管将锚固药卷捣碎—锚固锚杆于岩壁上等工艺过程进行安装。

由于锚固段除锚固作用外，在注浆过程中还起封孔作用，因此，锚固段必须捣实，不许有松动迹象。有松动迹象的锚杆不允许注浆。

锚杆注浆前必须确保其通畅，若遇有管芯堵塞的锚杆，则不允许注浆。

注浆泵水平放置在巷道底板上，不允许注浆泵在注浆过程中有晃动、倾斜等现象发生。随时注意对拉杆及行程阀杠杆等活动部位的润滑。

按特性曲线图，调节调压阀至所需要的注浆终压。QZB-50/60 型气动注浆泵气压与液压比约为 1：10。该泵具有闭环自动控制性能，可以自动调节排浆量，控制注浆压力。一般在注浆过程中，不要人为地操作、调节，在特殊情况下，如需中途改变注浆量或改变注浆压力，调节球阀或调压阀即可实现这一目的。

浆液的调制必须严格按设计的配方、配比进行，调浆前筛出水泥等干料中的杂物，并在专门的调浆容器内进行调浆工作，严禁在吸浆筒内调浆。

开泵注浆前先仔细检查注浆设备、管路、连接部位等，并用清水试机，在确保设备、连接安全可靠后，方可注浆。

注浆过程中，随时注意观察注浆泵、管路等的变化情况，如有异常，应立即停机检查，待查明原因、排除故障后，方可继续。

在单液注浆中换注双液浆时，必须先用泵吸清水，冲洗泵的过流部分 5min以上，待清除残留浆液后，再更换另一种浆液，否则，必然发生浆液凝固堵塞的故障。

注双液浆时，不可在注浆中途将液缸两端的两种浆液交换使用，以防止两种浆液在泵及管道内混合速凝。应及时补充吸浆筒内的浆液，尽量避免吸浆管吸入空气。

注浆工程宜分段分次进行，每次注浆段长度以 10～20m 为宜。注浆泵设置在分段中间，然后按从下至上的顺序，巷道两边交替由底向顶按孔眼安排注浆，每个孔眼注浆至孔边岩壁吸浆饱和（岩壁出现淋浆、吸浆管停止吸浆等）为止。

注意记录每个注浆孔的注浆参数，对锚杆编号，建立档案。记录每个孔的注浆量、注浆压力和注浆时间，观察记录异常孔眼周围所发生的各种现象，以备分析。

注浆结束前，应用清水冲洗管路及泵的过流部分，冲洗至泵的出浆管出清水为止。

如果注浆工作需间隔一段时间，则注浆泵停用24h以上，应拆出进排球阀、活塞密封等，并彻底清除残留泵渣，并涂抹干油防锈。

四、软岩联合支护

（一）联合支护的概念

联合支护是指采用多种不同性能的单一支护的组合结构，即在联合支护中各自充分发挥其所固有的性能扬长避短，共同作用，以适应围岩变形的要求，最终达到围岩和巷道稳定的目的。联合支护要与混合支架概念相区分。如果梯形支架采用钢梁木腿则是混合支架，即两种不同材质组成的单一支护体，而不是联合支护。

联合支护要与复合衬砌和复合材料的概念相区分。在砌体支护中两砌体间充以沥青或塑料板等进行复合衬砌以满足工艺要求，其不能称为联合支护。又如在同一喷层内，外层内层采用不同弹模的纤维，只能称作复合材料而不能称为联合支护，联合支护必须是多种独立的支护方法的组合，如锚喷和"U"形钢支架的联合锚喷和弧板的联合等。

联合支护结构是柔性支护与刚性支护的组合，是指采用多种不同比能的单一支护的组合结构。联合支护中单一支护各自充分发挥其所固有的性能，扬长避短，共同作用，以适应围岩变形的要求，最终达到围岩和巷道稳定的目的。通常初期支护是柔性支护，一般采用锚喷支护，最终支护采用刚性支护。

在破碎或顶板自稳时间较短的地层中，由于锚喷支护较为及时，在揭开岩石后立即施以先喷后锚支护，然后在顶板受控制的条件下，再按设计施以"U"形钢或大弧板等石材支护，也有先施以"U"形钢支架，然后喷射混凝土，构成联合支护。联合支护应先施柔性支护，待围岩收敛变形速度每日小于1.0mm后，再施以刚性支护，避免先用刚性支护由于变形量过大而破坏。由于联合支护的成本较高，设计者应收集各种资料确认后采用。

在软岩支护的系统研究中，人们进行了大量的软岩围岩特性曲线的测定以及软岩变形机制的研究，要求支护特性曲线和软岩变形曲线相匹配，以取得较好的支护效果。但是任何一种支护特性曲线都不能满足围岩变形的要求，因此，必须采取综合治理、联合支护的方法。

（二）联合支护的原则

①巷道开挖初期围岩变形速度最快、变形量大，因此，一次支护必须满足大变形的要求。

②巷道开挖后采用的各种支护方法都应是联合支护的组成部分。

③联合支护方法必须针对围岩性质及地质条件进行设计，不应千篇一律。

④各种单独支护方法相互间应刚柔相济，相辅相成。

⑤联合支护取材方法不应过于繁杂，应采取简易的组合方式，以便于现场施工。

（三）联合支护的形式

联合支护的形式主要有以下几种。

1. 各种锚杆支护的联合

锚杆在巷道支护中的作用是不同的，可分为超前锚杆、围壁插筋锚杆、径向加固锚杆，还有加固顶板的桁架锚杆。各种锚杆优选组合是最积极、最实用、最有效的方法。

2. 锚喷支护与"U"形钢支架联合

锚喷支护与"U"形钢支架联合最方便，效果也是比较好的，只要经济上允许，通常应优先采用。但必须先锚喷后支架，这样才能提高支护效果并便于回收支架。如果先支后锚喷则不仅钢材全部消耗掉，而且喷层强度也会受影响。这种方式要消耗大量优质钢材，成本较高，适合局部使用。

3. 锚喷支护与砌体支护的联合

锚砌联合中砌体包括料石、混凝土砌块以及钢筋混凝土弧板等。这种联合支护壁后充填非常重要，否则达不到预期效果。

4. 锚喷、锚注与"U"形钢联合支护

其为在锚喷支护与"U"形钢支架联合支护的基础上注浆以加固围岩。

5. "三锚"耦合支护

即同时使用锚杆、锚索和锚注技术，在大松动圈软岩巷道中，利用锚杆的挤压成拱（即组合拱）、锚索的悬吊和减跨、锚注的岩体黏聚力及摩擦角来提高岩体的抗剪强度来，从而进行联合支护，这种方法称为"三锚"耦合支护。"三锚"耦合支护要注意三种支护方式的不同作用机理，在设计施工中要注意施工的先后顺序和时机，以达到最佳耦合效果。

近年来，以锚杆、锚索和锚注为主的"三锚"支护是联合支护的典型代表，它已经成为深部矿井软岩巷道支护的重要技术，其独特的优点是，不仅主动加固围岩，而且能把深部围岩强度调动起来，和浅部支护岩体共同作用，控制巷道稳定性，这将是软岩巷道支护的主流发展方向。

五、底鼓现象的防治

（一）底鼓现象

底板向上隆起的现象称为底鼓。一般而言，小量的底鼓对巷道的稳定并不构成危害，因为在这一范围内的底鼓对井下运输和通风的影响不大。但当底鼓量较大时就会妨碍生产，而且由于底板是巷道的基础，剧烈的底鼓会导致整个巷道失稳。底鼓是软岩巷道破坏的主要形式之一。

随着我国煤炭生产规模的日益扩大，开采深度不断增加，复杂岩层开采条件也越来越多，目前几乎每个矿井都不同程度地存在巷道底鼓现象。例如，权台矿 3108 工作面的回风巷，当距工作面 120m 时巷道开始底鼓，回采结束时底鼓量达到 1200mm。为了保证该工作面的正常生产不得不使用 30 多人的专业队伍昼夜卧底。据不完全统计，我国总长约 60 000km 的煤矿巷道每年巷道维护费用就高达 10 多亿元，其中底鼓引起的维护量约占巷道总维护量的 50%。某些矿井 1m 巷道维护费用竟高达数千元甚至万元以上，因此为了治理底鼓人们花费了巨大的人力、物力、财力。

底鼓现象是巷道围岩稳定性课题中的特殊问题，长期以来在地下工程围岩稳定性理论和实践的探索研究中，无论是 20 世纪 20 年代的古典压力理论，40年代的塌落拱理论，还是 60 年代以后考虑围岩节理、裂隙及流变性质的支护 –围岩共同作用理论等。人们的注意力都主要集中在研究如何有效地支护巷道的顶板和两帮围岩，使其不破坏和不发生较大的位移以至垮落上，而对底板是否稳定未给予足够的重视。然而近年来随着煤炭资源的井下开采深度越来越大，软岩巷道的大变形、大地压、难支护的工程问题日趋严重，底鼓已是软岩巷道矿压显现的主要特征。目前普遍认为随着支护技术的发展，已经能够将顶板下沉和两帮内移控制在某种程度内，但对防治底鼓却一直缺乏既经济又有效的办法。在对底板不支护的情况下，巷道顶、底板移近量中有 2/3 ～ 3/4 是由底鼓造成的，而目前又无有效的措施防止底鼓。软岩巷道支护理论和技术是国内外公认的尚未解决的岩土工程难题之一，近年来关于软岩研究的国际国内学术会议频繁召开，而要攻克软岩巷道支护的难关就必须首先研究底鼓的机理及其防治措施。

（二）底鼓的影响因素

引起底鼓的因素很多，其中影响最大的是底板围岩性态和岩层应力，其次是水理作用、支护强度和巷道断面形状。

1. 围岩性态

围岩性质和结构状态对巷道底鼓起着决定性作用，其主要表现在以下几方面。

底板岩层的结构状态（破碎结构、薄层结构、厚层结构）决定着如前所述的巷道底鼓的类型。

底板岩层的软弱程度决定着底鼓量的大小。例如，淮南谢一矿 -780m 水平运输大巷的围岩，以泥岩和砂质泥岩为主，层理发育且有小断层影响的地段的底鼓量比位于层状灰色细砂岩地段的底鼓量要高 3 ～ 4 倍。

底板软弱岩层的厚度对底鼓量也有重要影响。无论是圆形巷道还是拱形巷道，随着直接底板软弱岩层厚度的增加，底鼓量将急剧增长。但当软弱岩层厚度超过巷道宽度时，底鼓的增长量会趋向缓和，并有收敛到一定值的趋势。实验室内的模型试验也得到类似结果。

2. 岩层应力

岩层性态是巷道底鼓的充分条件，岩层应力则为必要条件。只有岩层应力满足一定条件时才会底鼓，岩层应力越大，底鼓越严重。因此，深部开采的巷道比浅部开采的巷道底鼓严重得多，残余煤柱下的巷道和受采动影响的巷道也往往严重底鼓。同时，垂直应力和水平应力都可能引起底鼓，在地质条件完全相同的情况下，相似材料模型研究表明，当底鼓主要是由垂直应力引起时，底板岩层破坏范围呈梯形状；当底鼓主要由水平应力引起时，底板岩层的破坏范围呈倒梯形或倒三角状。

3. 水理作用

煤矿生产的特点之一是巷道底板往往积水，水的存在使得底鼓更加严重，主要表现在 3 个方面：①底板岩层浸水后其强度降低，更容易破坏。②当底板为高岭石、伊利石等为主的黏土岩时，浸水后往往会泥化、崩解、破裂，直至强度完全丧失，形成挤压流动性底鼓。③当底板为含蒙脱石和伊 / 蒙混层等膨胀岩层时会产生膨胀性底鼓。底板积水时，水不仅与暴露的底板岩体发生接触，还要通过裂隙渗入底板内部，加速底板围岩的强度丧失和体积膨胀，这又导致裂隙的进一步扩大，从而形成恶性循环。

4. 支护强度

使巷道的底板通常处于敞开不支护状态的原因是：①生产上出于安全考虑，人们总是加固或支护巷道的顶板和两帮以防止冒顶与片帮，而认为底板即使破坏也无关紧要；②挖底出碴工作量大，砌筑底拱费事；③锚固底板施工比较困难；④一旦支护控制不住底鼓，卧底时还需要清理损坏的支护，工作量更大等。这也是巷道底鼓量一般都大于顶板沉降量的重要原因。

5. 巷道断面形状

为了有效利用断面，煤矿巷道断面通常采用梯形或直墙拱顶等形状，因为底板不能形成稳定的拱形结构使得底鼓量加大。有限元计算结果表明，在所有条件都相同的情况下，直墙半圆拱的底鼓量比圆形巷道的底鼓量要大 1/3 以上。

（三）底鼓的防治

引起底鼓的主要原因有底板岩性松软、较高的岩层应力及水理作用。因此直接防治底鼓的方法主要从加固底板岩体（加固法）、降低底板围岩或整个围岩的应力（卸压法）以及建立有效的防排水措施等方面着手。

目前，用于防治巷道底鼓的方法主要有底板自钻锚杆、底板注浆、封闭式支架、混凝土反拱和卸压法及底鼓防水等。

1. 底板自钻锚杆

自钻式锚杆由钻头（锚头）、杆体、紧固装置、附属装置 4 部分组成，其钻头具有钻孔功能，杆体有边续波形螺纹，通过中空杆体可实现围岩注浆，以加固破碎岩体。相对于普通锚杆，它具有自钻、自锚、预紧和注浆的特点，比较适合软岩底板支护。在底板打锚杆有两个作用：一是当底板为层状岩体时，可以把几个岩层连接在一起组成组合梁，这样既增加了岩层的抗挠曲褶皱能力，又增加了岩层之间的抗剪切能力；二是当底板为碎裂岩体时，使用自钻式锚杆可以对围岩施加预应力和注浆加固，从而提高岩体的承载能力和减小巷道底板的破碎程度。因此，当底鼓主要是由于底板为层状岩层，在平行于层理方向的压力作用下产生挠曲褶皱时，通过打底锚杆来防治底鼓可以取得良好的效果。当底鼓主要是由于底板岩层碎裂松软，在两帮岩柱的压力和采场应力作用下挤压流动时，由于自钻式锚杆的注浆加固功能，也能有效防治底鼓。

综合国内外使用锚杆防治巷道底鼓的经验可得出如下结论。

①影响使用底板锚杆防治巷道底鼓成败的因素很多，其目前仍处于研究试验阶段。

②底板锚杆控制底鼓的成败主要取决于底板岩层的性质，当底板为中硬层状岩体时易取得成功，当底板为碎裂松软岩体时失败居多。

③锚杆的长度应使锚杆能穿透全部可能鼓起的岩层，短锚杆难以阻止底鼓。相似材料模型试验和井下矿压观测结果表明，底板岩层鼓起的深度一般为巷道宽度的 0.75～1.00 倍，因此宽度为 5m 的巷道，必须使用长 4～5m 的锚杆，由于打底锚杆施工工艺复杂，目前在国内还很难实施和推广。

2. 底板注浆

通过注浆来加固破碎的底板岩层，以提高其抗变形能力，从而阻止底鼓的发生。设底板岩体的原始强度为 V_F，底板岩体破坏后的残余强度为 R_F，则底板注浆后可能出现下列三种情况。

①注浆只取得部分效果时，新的结合强度 V_F 只稍许超过残余强度 R_F。当注浆压力过小，砂浆黏度太大，以及钻孔布置不当时，就可能出现这种情况。

②破碎岩石通过注浆得以充分加固，岩体中很细的裂缝被黏结起来，新的结合强度 V_F' 相当于原始结合强度 V_F。

③如果底板岩体碎裂成类似料石的砌体，通过注浆后形成一个完整的反拱，新的结合强度 V_F' 高于原始结合强度 V_F。

上述三种情况主要取决于注浆材料、注浆孔的布置、压力和注浆时机。第一种情况不能减小底鼓。第二种情况可以转变底鼓的类型，由挤压流动型底鼓或挠曲褶皱性底鼓转变为剪切错动型底鼓，从而使底鼓的剧烈程度明显降低。第三种情况则有可能完全阻止底鼓，至少使底鼓量大大降低，这是一种很有前途的防治底鼓的有效措施。这种措施已经通过了试验验证，并在生产实践中取得了显著效果。其施工工艺为：先向底板钻孔，注入少量炸药（一般采用药壶爆破法），爆破后在底板岩体内形成一种自然的砌块结构，注浆浆液容易渗入缝隙得以充填加固。施工次序为：爆破工作需分段进行，每隔 2～6m 爆破一次，炮眼深度和装药量以爆破时不向巷道内抛出岩块为准。然后再向已松动底板钻孔注浆，不需很大的泵压就可以使浆液充满爆破形成的裂隙。这种方法在巷道深部形成卸压区，浅部形成强度很大的反拱，苏联称之为主动卸压和加固法。反拱的支护阻力达到 1500kPa，为 300mm 厚混凝土反拱的 3 倍，而成本只有混凝土拱的 1/4。另外，是巷道掘进时就将底板按预定深度进行松动爆破，将原定的底板标高以上的矸石运出后，再向底板钻眼注浆，使破碎的底板岩层重新固定起来，形成碎石垫层反拱。

3. 封闭式支架

封闭式支架的底梁可给底板岩层施加反力，改变底板附近岩层的应力状态，从而阻止底板岩层向巷道内位移，这是我国煤矿中常用的一种防治底鼓的方法。例如，徐州权台矿 3110 工作面的回风平巷，由于煤层松软，底板为易膨胀的泥质页岩，采用"U"形钢可缩性拱形支架时，巷道受采动影响期间的围岩变形量高达 2000mm，其中底鼓量达 1600mm。采用"U"形钢可缩性方环型封闭式支架后，巷道底鼓量降低到 600mm 左右，减少了 60% 左右，取得了显著效果。

底鼓量与支护阻力有密切关系。因此，为了有效地控制底鼓，支护阻力不应低于 100kPa。大量的现场实践表明，目前封闭式支架仍是最可靠的防治底鼓的方法，尽管其用钢量较大，支护成本较高，施工比较麻烦，但与用其他支架支护后屡次被迫停产翻修比起来要经济得多。

4. 混凝土反拱

混凝土反拱是一种适用于永久性巷道的底板支护措施。其做法是在巷道底板上先挖出矩形坑槽，浇注混凝土使之成为反拱，这种反拱的优点是作用于底板的支护阻力较高且比较均匀，还可安装可伸缩底梁以加强混凝土反拱，使其获得较大的抗底鼓的残余变形阻力。通过相似材料模型试验和现场实测结果对比，得出结论。

①混凝土反拱的最大支护阻力取决于反拱的厚度，与是否有底梁无关。

②混凝土反拱的残余支承力与是否安设底梁有密切关系。无底梁时，混凝土反拱破坏后其残余强度立即下降至零；而有底梁时，在混凝土反拱破坏后，底梁迫使混凝土反拱的碎块互相啮合，从而大大提高了其残余强度抗底鼓能力。

5. 卸压法

（1）切缝卸压

底板切缝可使底板中的最大水平挤压力向围岩深部转移，使底板中可能因岩层褶皱而底鼓的范围向岩体深部转移。底板切缝的深度应大于巷道宽度的一半，切缝的宽度为 20 ～ 30cm。在切缝中用充填材料填塞，这样既可以减小巷道两帮的变形量，又可防止水对底板岩层的软化作用。但是应该指出，切缝法的使用范围是有限的，从原理上讲切缝适合于防治挠曲褶皱性底鼓，然而在中硬岩层中开挖切缝是很困难的。如果底板为碎裂软弱岩体，则切缝将很快被碎裂岩体充满而巷道继续底鼓。

（2）钻孔卸压

通过在底板打钻孔来降低直接底板中的应力峰值，从而提高底板的承载能力，防止巷道底鼓，其原理及适用条件均类似于切缝。

（3）松动爆破卸压

在底板内进行松动爆破后，出现众多的人为裂隙，从而使得底板附近的围岩与深部岩体脱离，原来处于高应力状态下的底板岩层内出现卸载区，使应力转移到围岩深部，以减少巷道的底鼓。

6. 底鼓防水

众多巷道的底鼓，多是因岩石吸水膨胀引起的，因此，治水防底鼓是非常有效的。井下水源分布广，来源多，如井下含水层的涌水；井下空气中微量水分；施工中用水，如打眼、喷雾、洒水等，都是井下水的来源。因而，治水方法不能单一，要治、要防、要管、要排相结合，方能收到良好效果。

①有水必治。井下施工巷道、掘进工作面，对出水、淋水、积水要及时采取措施；控制出水点，不能让其乱流、漫流，不能存留时间过长。哪里有水哪里治，能排则排，能导则导，能疏则疏，分段截流、分片治理，保持各类巷道无存水、积水。

②无水要防。施工巷道要有防水措施，做到预防为主。编制作业规程时，必须考虑治水方法，防水系统、防水设备和防水设施要齐全，做到有备无患。水沟要紧跟工作面，毛水沟距工作面不得超过15m、永久水沟距工作面不超过50m。使用耙斗装岩机的工作面和下山工作面，要有小水泵在工作面紧跟排水，及时排出积水。

③用水必管。施工工作面喷浆、洒水、喷雾、通风、消防、注浆等都需用水，但要管理好用水，建立严格管理制度，严格管理，防止跑、漏、冒、滴等，对用完的水，及时排人疏水系统，保持巷道干燥无水。

④积水必排。井下巷道如有积水，必须及时排入排水系统。

参考文献

[1] 余学义，张恩强 . 开采损害学 [M].2 版 . 北京：煤炭工业出版社，2010.

[2] 刘洪涛，马念杰，詹平 . 煤巷顶板锚固新结构及工程应用 [M]. 北京：煤炭工业出版社，2011.

[3] 朱建明，徐金海，张宏涛 . 围岩大变形机理及控制技术研究 [M]. 北京：科学出版社，2010.

[4] 张农，李桂臣，许兴亮 . 泥质巷道围岩控制理论与实践 [M]. 徐州：中国矿业大学出版社，2011.

[5] 方新秋 . 薄煤层无人工作面煤与瓦斯共采关键技术 [M]. 徐州：中国矿业大学出版社，2013.

[6] 刘泉声，高玮，袁亮 . 煤矿深部岩巷稳定控制理论与支护技术及应用 [M]. 北京：科学出版社，2010.

[7] 郑颖人，孔亮 . 岩土塑性力学 [M]. 北京：中国建筑工业出版社，2010.

[8] 何满潮，钱七虎 . 深部岩体力学基础 [M]. 北京：科学出版社，2010.

[9] 屠世浩，王沉，袁永 . 薄煤层开采关键技术与装备 [M]. 徐州：中国矿业大学出版社，2017.

[10] 张建国 . 平顶山矿区复杂条件煤层开采技术 [M]. 北京：煤炭工业出版社，2015.

[11] 乔卫国，宋伟杰，孟庆彬，等 . 深部高应力软岩巷道破坏机理与支护技术 [M]. 武汉：武汉大学出版社，2017.

[12] 严国超 . 近距离薄煤层群联合开采理论与工艺研究 [M]. 北京：煤炭工业出版社，2013.

[13] 王波 . 软岩巷道变形机理分析与钢管混凝土支架支护技术研究 [M]. 徐州：中国矿业大学出版社，2016.

[14] 张军，段绪华，刘瑜 . 复杂高应力软岩巷道围岩特性及支护技术研究与应用 [M]. 北京：煤炭工业出版社，2014.

[15] 屠世浩，袁永 . 厚煤层大采高综采理论与实践 [M]. 徐州：中国矿业大

学出版社，2012.

[16] 曾开华，鞠海燕，盛国君，等.巷道围岩弹塑性解析解及工程应用 [J].煤炭学报，2011（5）：752-755.

[17] 王波，高延法，夏方迁.流变特性引起围岩应力场演变规律分析 [J].采矿与安全工程学报，2011（3）：441-445.

[18] 高峰，李纯宝，张树祥.复合顶板巷道变形破坏特征与锚杆支护技术 [J].煤炭科学技术，2011（8）：23-25.

[19] 胡社荣，蔺丽娜，黄灿，等.超厚煤层分布与成因模式 [J].中国煤炭地质，2011（1）：1-5.

[20] 王金华.全煤巷道锚杆锚索联合支护机理与效果分析 [J].煤炭学报，2012（1）：1-7.